精品课程新形态教材
21世纪应用型人才培养系列教材
新时代创新型人才培养精品教材

主编 尹根 陈恒星 冯明辉

Linux 操作系统

Linux CAOZUO
XITONG

湖南大学出版社·长沙

图书在版编目(CIP)数据

Linux 操作系统/尹根,陈恒星,冯明辉主编.
长沙：湖南大学出版社,2025.8.--ISBN 978-7-5667-3988-9
Ⅰ.TP316.89
中国国家版本馆 CIP 数据核字第 20252M0N67 号

Linux 操作系统
LinuxCAOZUO XITONG

主　　编：	尹　根　陈恒星　冯明辉
责任编辑：	张建平
印　　装：	北京俊林印刷有限公司
开　　本：	787 mm×1092 mm　1/16　　印　张：17.5　　字　数：415 千字
版　　次：	2025 年 8 月第 1 版　　　　　　印　次：2025 年 8 月第 1 次印刷
书　　号：	ISBN 978-7-5667-3988-9
定　　价：	49.00 元

出 版 人：李文邦
出版发行：湖南大学出版社
社　　址：湖南·长沙·岳麓山　　　邮　编：410082
电　　话：0731-88822559(营销部),88820006(编辑室),88821006(出版部)
传　　真：0731-88822264(总编室)
网　　址：http://press.hnu.edu.cn
电子邮箱：1176142336@qq.com

版权所有,盗版必究
图书凡有印装差错,请与营销部联系

《Linux 操作系统》编委会

主　编：尹　根　　陈恒星　　冯明辉

副主编：朱斌滨　　刘军华　　符　军　　陈　林
　　　　解建华　　张慧斌　　张雷蕾

党的二十大报告指出,"科技是第一生产力、人才是第一资源、创新是第一动力"。大国工匠和高技能人才作为人才强国战略的重要组成部分,在现代化国家建设中起着重要作用。当今时代对于科技与创新的重视,揭示了人才培养的关键地位,在现代高等教育中,培养网络技能型人才的实践能力和创新意识尤为重要。

Linux 作为一种开源、多用户、多任务操作系统,具有广泛的应用领域和强大的稳定性,已经成为计算机行业不可或缺的一部分。如今,Linux 已进入企业的多种业务应用领域:数据库、电子邮件、Web 服务、防火墙以及多种商业应用等。无论是中小企业还是政府部门,都已将 Linux 作为长期需要的可行选择。

本教材以项目化教学为核心理念,通过实际案例和项目实践,引导学生从理论到实践的过程,培养学生的动手能力和解决问题能力。全书共分为八大项目,内容涵盖了安装配置、系统管理、网络应用、远程控制等多个方面的内容。

本教材的编写旨在贯彻习近平总书记提出的科技创新理念,充分发挥科技的第一生产力作用。在项目化教学中,学生通过实际操作和团队协作,不仅能够更好地巩固所学知识,还能培养创新思维和解决问题的能力。同时,本教材将理论知识与实际应用相结合,只有在实践中学以致用,学生才能真正掌握技能并发挥其最大的价值。

本书由湖南邮电职业技术学院尹根、陈恒星、江苏海事职业技术学院冯明辉担任主编,湖南邮电职业技术学院朱斌滨、刘军华、符军、湖南民族职业学院陈林、中通服创发科技有限责任公司解建华、忻州师范学院张慧斌、齐齐哈尔理工职业学院张雷蕾担任副主编。

在编写本教材的过程中,我们参考了多位业界专家和教育工作者的意见,参阅了部分教材和教学资料,在此特向所有作者表示衷心的感谢。

感谢读者选择本教材,并欢迎读者对本教材内容提出批评和改进建议。

编 者

2025 年 4 月

目录

项目一　认识与安装 Linux 操作系统　　1
　　任务一　认识 Linux 操作系统　　1
　　任务二　安装 Linux 操作系统　　17

项目二　Linux 操作系统文件与权限管理　　36
　　任务一　Linux 操作系统文件管理　　36
　　任务二　Linux 操作系统权限管理　　64

项目三　Linux 编辑器与 Shell 编程　　82
　　任务一　Linux 编辑器　　82
　　任务二　Shell 编程　　94

项目四　账户与磁盘管理　　112
　　任务一　Linux 用户与用户组管理　　112
　　任务二　磁盘管理　　122

项目五　软件包与进程管理　　144
　　任务一　软件包管理　　144
　　任务二　进程管理　　158

项目六　配置网络与防火墙　　171
　　任务一　配置网络　　171
　　任务二　配置防火墙　　184

1

项目七　使用 Docker 实现 Linux 应用容器化 199
任务一　Docker 的安装与使用 199
任务二　基于 Docker 的 Linux 应用容器化实践 224

项目八　Linux 远程控制与 Zabbix 系统监控 237
任务一　远程工具安装与使用 237
任务二　Zabbix 分布式系统监控 252

参考文献 271

项目一 认识与安装 Linux 操作系统

任务一 认识 Linux 操作系统

任务背景

随着信息技术等科技的发展，我们的生活越来越便利，各种应用软件极大地拓宽了我们获取信息的渠道，我们在日常生活中接触到的应用软件，如 QQ 音乐、百度贴吧、网易云等，都离不开服务器。服务器的操作系统不同于个人计算机中的 Windows 操作系统，它被称为 Linux 操作系统。我们在本任务中会探索 Linux 操作系统的发展历史、系统构成、发行版本，以及 Red Hat Enterprise Linux 9 操作系统。本书以 Red Hat Enterprise Linux 9 为理论授课和实训学习的操作平台。

素质小课堂

自由软件运动的精神领袖理查德·斯托尔曼（Richard Stallman）认为：如果能与他人分享源代码，那么便可以让其他人从中学习，并回馈给原始创作者。封锁源代码虽然可以程度不一地保障"智慧可能衍生的财富"，却减少了使用者从中学习和修正错误的机会。

《阿里巴巴 Java 开发手册》是阿里巴巴技术团队的集体智慧结晶和经验总结，经历了多次大规模一线实战的检验及不断完善，公开到业界后，由众多社区开发者踊跃参与打磨，系统化地整理成册。现代软件行业的高速发展对开发者的综合素质要求越来越高，除了个人编程能力，其他因素也会影响到软件的最终交付质量。例如，五花八门的错误码会人为地增加排查问题的难度；数据库的表结构和索引设计缺陷会带来系统架构缺陷或性能风险；工程结构混乱导致后续项目维护艰难；没有鉴权的漏洞代码容易被黑客攻击等。2017 年杭州云栖大会上发布了配套的开发规约 IDE 插件，下载量高达 275 万人次，成为众多具有精益求精的工匠精神、严谨求实的新时代程序员首选开发规范。

开源不仅是开放源代码，还是一种分享的态度和沟通方式。开源精神是"人人为我，我为人人"的体现，你会因为使用了别人的开源工具而大幅度提升自己的效率。同时，你也会因为别人在使用你的开源工具而感到自豪。

开源精神是相信团结的力量，世界上从来不缺乏天才，但不管哪个天才，他的成功都离不开别人的帮助。个人的力量始终是有限的，只有团结的力量才是无穷的。成就千秋伟业需要开源精神。

一、操作系统概述

（一）计算机原理

现代计算机大部分都是基于冯·诺依曼结构的，该结构的核心思想是将程序和数据都存放在计算机中，按存储器的存储程序首地址执行程序的第一条指令，并进行数据的计算处理。

计算机五大基本部件如图 1-1 所示，计算机应包括运算器、控制器、存储器、输入设备和输出设备五大基本部件。

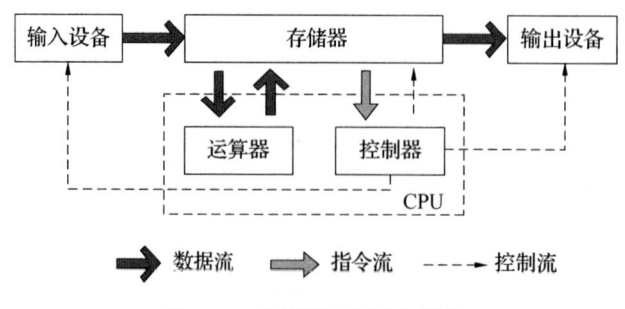

图 1-1 计算机五大基本部件

计算机内部采用二进制来表示指令和数据，将编写好的程序存入存储器并启动计算机工作，无需操作人员干预，就能自动逐条取出指令和执行指令。

计算机是由软件和硬件组成的，计算机的组成部分如图1-2所示，硬件主要由中央处理器（Central Processing Unit，CPU）、存储设备、输入输出设备组成，软件包括操作系统、其他系统软件和应用软件。

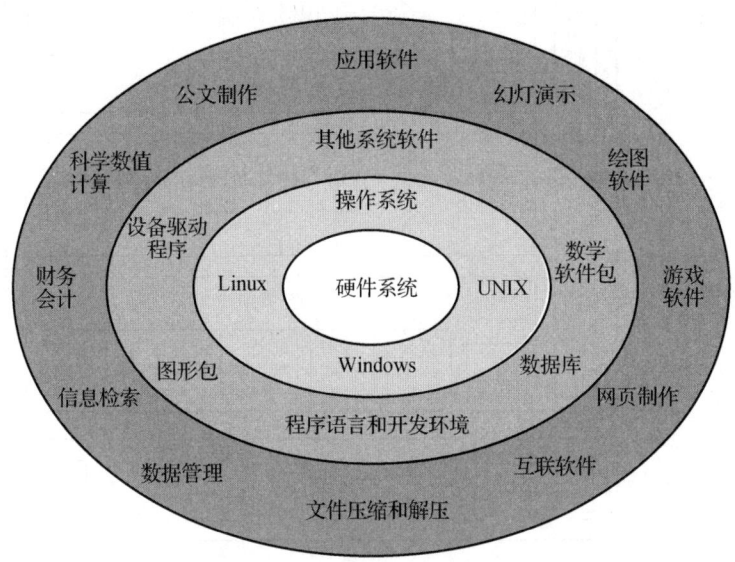

图1-2　计算机的组成部分

（二）操作系统概述

操作系统（Operating System，OS）是管理计算机硬件与软件资源的计算机程序，同时也是计算机系统的内核与基石。简单来说，操作系统就是一个程序，这个程序和我们平时使用的程序略有不同，其作用是帮助我们协调、管理和控制计算机硬件和软件。没有操作系统的计算机称为"裸机"。操作系统运行在裸机上，任何其他软件都需要在操作系统的支持下才能运行。

操作系统的存在意义是使编程变得更简单。如果没有操作系统，那么程序员编写应用程序时需要先编写一个可以操控计算机硬件的程序，再在这个程序的基础上编写应用程序，而要想编写一个操控计算机硬件的程序，需要了解计算机各硬件的工作原理，调用相应的指令对其进行控制。

操作系统是一个基础软件，其作用在于提供简明的交互界面与开发接口，降低底层硬件复杂度对用户的影响。操作系统的基础软硬件架构如图1-3所示，一个完整的操作系统主要由用户界面（外壳）、系统调用、进程管理、存储管理、设备与网络管理、文件管理（后五者统称内核）六大模块构成。操作系统作为底层硬件与应用程序的控制器，提供应用程序接口，通过调度算法进行多用户及多任务资源分配，协调并分配硬件资源，同时管理文件、输入输出（Input/Output，I/O）设备及网络等。依据特性、优化目标和运行环境，不同主流操作系统在传统意义上可分为计算机(PC端、工作站、服务器)操作系统、移动设备操作系统和嵌入式操作系统。此外，随着新兴技术的发展与应用，衍生出了如云操作系统与物联网操作系统等新形态。

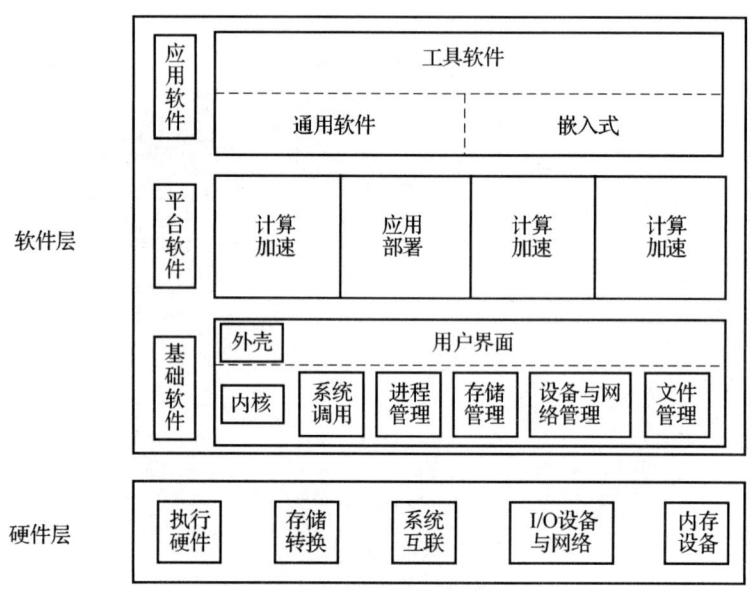

图1-3 基础软硬件架构

(三)操作系统类型

操作系统发展至今，可以按照不同的标准进行分类。最常见的分类方式包括基于用途的分类和基于结构的分类，这里按用途将其分为桌面操作系统、服务器操作系统、嵌入式操作系统、移动设备操作系统。

1. 桌面操作系统

桌面操作系统主要用于个人计算机(Personal Computer，PC)或工作站，提供图形用户界面和各种应用程序支持。在桌面操作系统诞生之前，最有名的操作系统就是磁盘操作系统(Disk Operating System，DOS)，但是DOS的操作界面十分不友好，仅仅是代码而已，为此，微软公司推出了它们的第一个图形用户界面操作系统——Windows 1.0。尽管Windows 1.0只有256色，但是它在当时已经非常出色了。经过数十年的发展，大致形成了macOS、Windows、Linux三足鼎立的局面。

微软公司的Windows操作系统一直是桌面领域的主导者，Windows 11是目前最新版本。微软公司不断推出更新，同时也在开发下一代Windows操作系统。

苹果公司的macOS在苹果硬件上广受欢迎，提供流畅的用户体验和强大的生产力工具。苹果公司持续推出新版本，并逐渐转向使用自家的芯片。

Linux桌面操作系统在技术领域和开发者社区中得到广泛应用，如Ubuntu、Fedora、Debian等发行版本不断更新，提供更好的用户体验和兼容性。

此外，还有谷歌公司的 Chrome OS，主要用于 Chromebook 等设备，专注于云计算和网络应用，越来越受到学校和企业的青睐。

除上述主流桌面操作系统外，还有一些小众桌面操作系统，如 BSD、Haiku 等，它们在特定领域或用户群体中有一定的市场份额。

2. 嵌入式操作系统

嵌入式系统是一种"完全嵌入受控器件内部，为特定应用而设计的专用计算机系统"，随着物联网、智能家居、智能制造等领域的快速发展，嵌入式操作系统在连接设备和处理数据方面扮演着越来越重要的角色，如 μClinux(嵌入式 Linux)、WinCE(微软嵌入式、移动计算平台)、RTOS(嵌入式实时操作系统，用于军事航空领域)，以及一些专门针对特定硬件和应用场景的嵌入式操作系统(如 FreeRTOS、μC/OS 等)，它们在各自领域具有一定的影响力。未来，随着技术的不断演进，嵌入式操作系统可能会更加注重安全性、低功耗、实时性等方面的发展。

3. 服务器操作系统

服务器操作系统一般指的是安装在大型计算机上的操作系统，如 Web 服务器、应用服务器和数据库服务器等，是企业信息技术(Information Technology，IT)系统的基础架构平台。服务器操作系统主要分为四大流派：UNIX、Linux、Windows Server 和 NetWare。

4. 移动设备操作系统

移动设备操作系统是指安装在智能手机、平板电脑和其他移动设备上的操作系统。目前应用在手机上的操作系统主要有 Android(谷歌)、iOS(苹果)、HarmonyOS(华为鸿蒙)、Windows Mobile(微软)等。

Android：作为全球市场占有率最高的移动设备操作系统，Android 操作系统不断更新迭代，提供更好的性能、安全性和用户体验。同时，它也在不断扩大到其他设备领域，如智能手表、智能家居等。

iOS：苹果公司的 iOS 操作系统在 iPhone 和 iPad 等设备上广受欢迎，每年都会推出新版本，提供更多功能。

HarmonyOS：华为公司推出的全场景分布式操作系统，旨在实现各种设备之间的无缝连接和协同工作。

Windows Mobile：微软公司的 Windows 操作系统也在一定程度上进入了平板电脑和二合一设备领域。

此外，还有一些小众的移动设备操作系统，如 Symbian、BlackBerry OS、Firefox OS、Ubuntu Touch 等，它们虽然市场份额较小，但在特定领域仍有一定应用。

二、初识 Linux

Linux，全称为 GNU/Linux，是一种免费使用和自由传播的类 UNIX 操作系统，其内核由林纳斯·本纳第克特·托瓦兹(Linus Benedict Torvalds)于 1991 年 10 月 5 日首次发布，它主要受到 MINIX 和 UNIX 思想的启发，是一个多用户、多任务、支持多线程和多 CPU 的操作系统。它能运行主要的 UNIX 工具、应用程序和网络协议，支持 32 位和 64 位硬件。Linux 继承了 UNIX 以网络为核心的设计思想，是一个性能稳定的多用户网络操作系统。

三、Linux 的诞生与发展

20 世纪 80 年代，计算机硬件的性能不断提高，PC 的市场不断扩大，当时在荷兰当教授的美国人安德鲁·斯图尔特·塔嫩鲍姆（Andrew Stuart Tanenbaum）编写了一个名为 MINIX 的操作系统，来向学生讲述操作系统内部工作原理。MINIX 虽然很好，但只是一个用于教学的简单操作系统，并不是一个强有力的实用操作系统。然而，它最大的好处就是开源，全世界学计算机的学生都通过钻研 MINIX 源代码来了解计算机中运行的 MINIX 操作系统，芬兰赫尔辛基大学的学生 Linus Benedict Torvalds 就是其中一个。在吸收了 MINIX 精华的基础上，他于 1991 年写出了属于自己的 Linux 操作系统——Linux 0.01，它是 Linux 时代开始的标志。他利用 UNIX 的内核，去除繁杂的核心程序，改写成适用于一般计算机的 x86 操作系统，并放在网络上供大家下载。1994 年，他推出完整的内核 Linux 1.0，至此，Linux 逐渐成为功能完善、稳定的操作系统，并被广泛使用。Linux 标识如图 1-4 所示。

图 1-4　Linux 标识

四、Linux 的应用领域

Linux 在诸多行业中都有应用，包括但不限于服务器和数据中心、超级计算机和科学研究、嵌入式系统、移动设备、桌面计算机和工作站等。Linux 的稳定性、安全性和灵活性使其成为许多企业和组织的首选操作系统，为各种领域的用户提供了稳定、可靠的操作系统基础。

（一）服务器和数据中心

Linux 在服务器和数据中心有广泛的应用。由于其稳定性、安全性和灵活性，Linux 已成为许多企业和组织首选的操作系统。在服务器领域，Linux 通常用于托管网站、应用程序和数据库。它还用于构建云计算基础设施，如 OpenStack 和 Kubernetes 等。在数据中心领域，Linux 用于管理和存储大量数据，运行虚拟化和容器化工作负载，以及支持各种网络服务和应用程序。

（二）超级计算机和科学研究

Linux 在超级计算机和科学研究领域有着重要的应用。由于其开源、高度可定制性和强大的性能，Linux 成为了超级计算机的首选操作系统。许多世界顶尖的超级计算机都在运行 Linux，用于模拟复杂的物理现象、执行大规模的数据分析和处理，以及进行科学研究和工程计算等。Linux 还广泛应用于科学研究领域，包括物理学、天文学、生物学等各个领域。科学家使用 Linux 来开发和运行各种模拟程序、数据处理工具和实验控制系统；科研人员可以根据特定需求进行定制和优化，从而更好地支持研究工作。

(三)嵌入式系统

Linux 在嵌入式系统领域有着广泛的应用。嵌入式系统是指集成在各种设备和机器中的计算机系统，通常用于控制、监测和执行特定功能。Linux 在智能手机、平板电脑、路由器、工业控制系统等各种嵌入式设备中被广泛采用。开源、灵活性和强大的社区支持使得 Linux 成为嵌入式系统的首选操作系统之一。开发人员可以根据特定需求对 Linux 进行定制，为各种嵌入式系统提供所需的功能和性能。

(四)移动设备

Linux 在移动设备领域有着重要的应用，其中最显著的例子就是 Android 操作系统。Android 是基于 Linux 内核开发的，它被广泛应用于智能手机、平板电脑和其他移动设备中。除了 Android，一些其他移动设备和平台也采用了定制的 Linux 操作系统作为其操作系统。Linux 在移动设备领域为用户提供了稳定、灵活的平台，支持各种应用程序和功能的运行，因此在移动设备领域具有重要的地位。

(五)桌面计算机和工作站

Linux 在桌面计算机和工作站领域的应用逐渐增加。尽管在这一领域中，Windows 和 macOS 仍然占据主导地位，但 Linux 作为免费、开源的操作系统，越来越受到一些用户和组织的青睐。许多 Linux 发行版本(如 Ubuntu、Fedora、Debian 等)提供了友好的图形用户界面，使得普通用户能够轻松使用 Linux 进行日常办公、互联网浏览和娱乐活动。此外，对于专业人士和开发人员来说，Linux 在工作站领域有着广泛的应用，可用于开发、编程、科学计算等方面。随着开源软件和云计算的兴起，Linux 在桌面计算机和工作站领域的应用也在不断增加。

(六)路由器和网络设备

Linux 在路由器和网络设备领域被广泛应用。许多路由器和网络设备采用定制的 Linux 操作系统作为其操作系统，这些设备利用 Linux 的开源特性和丰富的功能，为用户提供网络连接、安全功能和数据传输等服务。由于 Linux 的开源特性和社区支持，厂商可以根据特定需求对 Linux 进行定制，以满足不同网络设备的要求。因此，Linux 在路由器和网络设备领域发挥着重要作用，为构建稳定、高效的网络基础设施提供了可靠的操作系统支持。

(七)安全和网络管理

在安全和网络管理领域，Linux 被广泛应用。许多网络设备和安全工具都基于 Linux 操作系统开发，用于构建防火墙、入侵检测系统(Intrusion Detection System，IDS)、虚拟专用网络(Vitual Private Network，VPN)等网络安全设备。同时，许多网络服务器也在运行 Linux 操作系统，用于提供安全的网络服务，如虚拟专用服务器(Vitual Private Server，VPS)和网络存储等。此外，许多安全工具和软件，如 Snort(网络入侵检测系统)、

Wireshark(网络协议分析工具)等,也是在 Linux 操作系统上开发和运行的。Linux 在安全和网络管理领域发挥着重要作用,为安全专家和网络管理员提供了丰富的工具和资源来保护和管理网络系统。

(八)云计算和容器化

Linux 在云计算和容器化领域具有重要地位。在云计算领域,Linux 作为操作系统,被广泛用于构建和运行云平台,如 OpenStack 和 OpenShift。它为云计算提供了强大的性能和可靠的基础设施。许多云服务提供商使用 Linux 作为其基础设施的操作系统,如 Amazon Web Services(AWS)和 Google Cloud Platform(GCP)。在容器化领域,Linux 提供了诸多核心功能,如命名空间和控制组,为容器化技术(如 Docker 和 Kubernetes)的发展提供了重要支持。容器化技术基于 Linux 命名空间和控制组,提供了轻量级、可移植和可扩展的应用程序部署和管理解决方案。

(九)教育和科研

Linux 在教育和科研领域有着广泛的应用。在教育领域,许多学校和教育机构使用 Linux 作为学生和教师的计算机操作系统,因为它是开源的,可以免费获取,并且提供了丰富的教育资源和工具。学生可以通过使用 Linux 操作系统来学习编程、计算机科学和其他相关领域的知识,同时可以获得对开源软件和操作系统的深入了解。在科研领域,Linux 被广泛用于科学计算、数据分析和实验控制系统,许多科学研究项目和实验室都依赖于 Linux 操作系统来支持其工作。

(十)媒体和娱乐

Linux 在媒体和娱乐领域有着广泛的应用。许多媒体制作和后期制作工作室使用 Linux 作为其创意和生产工具的基础。视频编辑、音频处理、动画制作等专业软件在 Linux 操作系统上得到了广泛支持和开发。此外,许多开源的媒体播放器和娱乐软件也在 Linux 操作系统上得到支持,如 VLC 媒体播放器和 Blender 3D 动画软件。

(十一)物联网

Linux 在物联网(Internet of Things,IOT)领域也扮演着重要的角色。物联网设备通常需要一个轻量级、可定制和可靠的操作系统,而 Linux 提供了许多适用于物联网设备的发行版本和定制化的解决方案。Linux 可以在各种嵌入式设备(如智能家居设备、传感器、监控系统等)上运行,为物联网应用提供支持。

(十二)虚拟化和服务器集群

Linux 在虚拟化和服务器集群领域也有广泛应用。虚拟化技术,如 KVM(Kernel-based Virtual Machine)和 Xen,基于 Linux 内核,提供了高性能和安全的虚拟化环境。服务器集群使用 Linux 来管理和协调多台服务器,实现负载均衡、故障恢复和高可用性等功能。

(十三)开源软件开发和社区

Linux 的开源特性使得它成为开发人员和技术爱好者的首选。许多开源软件开发项目和社区使用 Linux 作为开发和部署平台。开发人员可以在 Linux 上编写和调试软件，使用开源工具和库，贡献代码，参与开源社区的活动。

（十四）大数据和人工智能

在大数据领域，Linux 扮演着至关重要的角色。大数据平台和工具通常需要在稳定、可靠的操作系统上运行，以确保处理海量数据时的性能和可靠性。由于其稳定性和良好的性能表现，Linux 成为了大数据处理和分析的首选操作系统之一。许多大数据平台，如 Apache Hadoop 和 Apache Spark，以及消息队列系统，如 Apache Kafka，都是在 Linux 操作系统上开发和部署的。此外，许多企业级数据库系统，如 MySQL、PostgreSQL 等，也常常在 Linux 上运行。Linux 还提供了强大的网络和存储支持，能够满足大数据应用对于高速数据传输和大规模数据存储的需求。同时，Linux 的开源和可定制性也使得开发人员能够根据特定需求进行定制和优化，以满足大数据应用的特定需求。

Linux 在人工智能领域同样有着广泛的应用。许多人工智能平台和工具，如 TensorFlow、PyTorch 等，都是在 Linux 操作系统上开发和部署的。由于其稳定性和良好的性能表现，Linux 成为了人工智能算法训练和推理的首选操作系统之一。同时，许多大型人工智能项目和研究工作也依赖于 Linux 操作系统来支持其工作。谷歌在其人工智能研究和开发中广泛采用了 Linux 操作系统。例如，谷歌开源的深度学习框架 TensorFlow 就是在 Linux 上开发和部署的，它为许多机器学习和人工智能项目提供了强大的支持。此外，谷歌旗下的 AlphaGo 人工智能团队也使用了 Linux 操作系统来进行人工智能算法的研究和开发，最终取得了在围棋比赛中击败人类冠军的成就。

五、Linux 的版本

Linux 版本分为两类。

（一）内核版本

内核版本是免费的，它只是操作系统的内核，负责控制硬件、管理文件系统和程序进程等，并不给用户提供各种工具和应用软件。内核版本的命名是遵循一定规律的，其版本号共由 3 组数字组成：

第一组数字.第二组数字.第三组数字

其中，第一组数字表示目前发布的内核主版本号；第二组数字中偶数表示稳定版本，奇数表示开发中版本；第三组数字表示错误修补的次数。

例如，2.6.32-754.2.1.el6.x86_64 中，第一组数字 2 为主版本号；第二组数字 6 为次版本号，表示稳定版本（因为有偶数）；第三组数字 32 为修订版本号，表示修改的次数；754.2.1 表示发行版本的补丁版本，这里是 CentOS 6.10；el6 表示用户正在使用的内核是 Red Hat/CentOS 系列发行版本专用内核；x86_64 表示 64 位 CPU。

(二)发行版本

发行版本不一定是免费的,除了操作系统内核外,它还包含一套强大的软件,如C/C++编译器和库等。以Linux内核为中心,集成各种各样的系统管理软件或应用工具软件,组成一套完整的操作系统,如此的组合便被称为Linux发行版本,常见的Linux发行版本如图1-5所示。

图1-5 常见的Linux发行版本

Linux的发行版本大体可以分为两类,一类是商业公司维护的发行版本,以著名的Red Hat Enterprise Linux(RHEL)为代表;另一类是社区组织维护的发行版本,以Debian为代表。

1. RHEL

RHEL全称是Red Hat Enterprise Linux,是Red Hat公司开发的企业级Linux操作系统。Red Hat是一家全球领先的开源技术解决方案提供商。他们提供基于Linux操作系统的企业级解决方案,包括操作系统、中间件、虚拟化、云计算和容器技术等,被用户亲切地称为"小红帽"。RHEL是收费版本,它提供了广泛的功能和特性,包括高级安全性、可靠性、可扩展性和性能优化等。RHEL还提供了广泛的软件包和工具,支持各种应用程序和工作负载。作为一款企业级操作系统,RHEL提供了全面的支持和服务,包括安全更新、技术支持和培训等。RHEL广泛应用于各种企业和组织中,包括金融、医疗、政府机构等,是一款非常受欢迎的Linux操作系统。

Fedora Core就是由原来的Red Hat桌面版本发展而来的,是一个免费的版本。CentOS是RHEL的社区克隆版本,是免费的。在稳定性方面,RHEL和CentOS的稳定性非常好,适合服务器使用,但是Fedora Core的稳定性较差,只适合桌面应用。

2. Debian

Debian系列包括Debian和Ubuntu等。Debian是社区类Linux的典范,是迄今为止最遵循GNU规范的Linux操作系统。Debian最早由伊恩·默多克(Ian Murdock)于1993年创建。

3. Ubuntu

严格来说，Ubuntu 不能算一个独立的发行版本，Ubuntu 是基于 Debian 的 unstable（不稳定）版本加强而来的，可以说是一个拥有 Debian 所有的优点，以及自己所加强而来的优点的近乎完美的 Linux 操作系统。

六、国产操作系统的发展

（一）国产操作系统的发展历程

我国国产操作系统的发展历程可以分为 4 个阶段。

启蒙阶段（1989—1995 年）：在这一阶段，确定了基于 UNIX 操作系统的开发模式，并将其正式列入"八五"国家科技攻关计划。COSIX1.0 操作系统于 1989—1993 年正式推出，后续推出 COSIX V2.0，该系统具有中文处理能力、微内核和系统安全性等。这一阶段，国内的操作系统还处于研究的初级阶段，仍在不断探索。

起步阶段（1996—2009 年）：虽然 COSIX 项目在国内实验性工作及人才培育方面已经取得了很好的成绩，但是基于 UNIX 操作系统的开发模式已经不能满足该阶段的发展趋势。自 90 年代以来，伴随着 Linux 开源在国际上的兴起，Linux 很快就占据了操作系统技术的制高点，并逐渐取代了 UNIX。从 1999 年开始，中软 Linux、红旗 Linux、蓝点 Linux 相继发布，而其他中小型企业也相继推出了基于 Linux 操作系统的产品。在此阶段，国内操作系统已经建立起了以 Linux 为核心的技术路线，并从探索阶段过渡到实用化阶段。

发展阶段（2010—2017 年）：在 Linux 操作系统兴起的热潮后，受国内外经济政策的影响，国内操作系统的发展逐渐趋于平静，部分发展过热、缺少商业化运作的操作系统逐渐退出了市场。而经过一轮行业洗牌，留下的技术扎实、运营合理的国产操作系统有了长足的发展。2010 年中标普华与银河麒麟品牌合并后，中标麒麟操作系统正式诞生并延续至今。在这一阶段，国产操作系统日趋成熟，逐步成为真正可用的产品。

壮大阶段（2018 年至今）：2018 年后，操作系统的国产化替代成为焦点。经过 20 多年的发展，国内操作系统从"可用"到"好用"，已经有了很大的飞跃。以深度（deepin）操作系统为代表的国产产品，历经数次技术的更新换代，软件生态持续升级。到目前为止，我国自主开发并被列入国产化名录的操作系统已经有 39 个。这一阶段，国产操作系统借助国家国产化项目工程及信息技术应用创新产业的发展，向市场化发起冲击。

（二）国产操作系统发展的必要性和机遇

在政策方面，我国始终坚持创新在我国现代化建设全局中的核心地位，把科技自立自强作为国家发展的战略支撑，出台一系列相关政策指导操作系统发展。《数字中国建设整体布局规划》强调要健全社会主义市场经济条件下关键核心技术攻关新型举国体制，加强企业主导的产学研深度融合。《"十四五"数字经济发展规划》指出要以数字技术与实体经济深度融合为主线，加强数字基础设施建设，完善数字经济治理体系，协同推进数字产业化和产业数字化，赋能传统产业转型升级，培育新产业新业态新模式。《"十四五"软件和信息技术服务业发展规划》强调加强操作系统总体架构设计和技术路径规划，推动芯片设计、操作系统、系统集成企业与科研院所、高校开展操作系统关键技术联合攻关，提升操作系统与底层硬件的兼容性、与上层应用的互操作性。《"十四五"国家信息化规划》强调发展重点软件、基础软件，同时针对相关工作给出明确的关键节点。《操作系统政府采购需求标准（征求意见稿）》对国产操作系统标准进一步规范。此外，各地方政府对落实国央企信息化系统的安全可信改造做出了全面努力，从政策出台和产业支持两方面促进我国操作系统产业发展，由宏观支撑向专项政策奖励过渡。

发展操作系统是社会需求与产业发展的必然结果。聚焦内部，《中华人民共和国国民经济和社会发展第十四个五年规划和2035年远景目标纲要》强调坚持创新在我国现代化建设全局中的核心地位，把科技自立自强作为国家发展的战略支撑。放眼全球，复杂多变的国际形势体现了国家科技自立自强的重要性。大国博弈的新重心集中于前沿科技产业，而前沿技术的发展又很大程度上依赖于基础研究能力。操作系统作为基础软件应用中最重要的一环，其应用能力关系到整个软硬件产业链的未来发展。操作系统目前已具备突破性发展的产业机遇。一方面，近年来我国基于"操作系统+基础硬件+生态应用"的产业生态链已初步成形，支持操作系统发展的基础硬件产业行业集中率不断提升，呈现较强的规模效应；其他生态应用产业（如数据库、中间件、集成商等）规模持续壮大，适配能力逐渐提高，结合国内需求的辅助引导，有助于协同发展，促进产业发展。另一方面，万物互联模式对操作系统提出新需求，新业务形态促使传统操作系统进行转型，以云计算、大数据、物联网、移动互联网、人工智能为主的新技术及新业态促使传统操作系统向着多端互联、低功耗、模块化、高安全性等方向进化。此外，云计算、人工智能等新技术的涌现也为我国操作系统"弯道超车"提供了条件。

（三）国产系统发展现状及展望

操作系统本质上是一种系统软件程序，对内管理资源，对外提供交互。广义的操作系统包括桌面操作系统、嵌入式操作系统、服务器操作系统、移动设备操作系统（如Android）等。完整的操作系统包含了三个主要部分：内核、系统库与服务、应用软件。根据内核代码是否开源，操作系统可划分为开源操作系统和闭源操作系统。目前我国开源操作系统多基于Linux内核开发，如统信UOS、麒麟KylinOS等。

开源社区是开源操作系统的创新源泉和主要的开发场所，对于供应链安全极其重要。国产操作系统全部采用开源技术路线，其内核、基础函数库、网络协议、图形库、浏览器引擎等底层代码，都基于开源代码，并不是自主开发的。一旦发生开源社区闭源的情况，基于国外开源社区开发的国产操作系统就会面临"休克"的危险。

2021年12月31日，开源操作系统CentOS 8正式停止使用且不再受社区支持，取而代之的是滚动版本CentOS Stream，而CentOS 7也于2024年结束其最后一个维护周期。CentOS停服给我国开源社区发展带来新机遇，华为云、阿里云、腾讯云等云计算厂商率先在国内成立开源社区，努力掌握其在底层系统软件方面的话语权。

桌面操作系统头部企业统信软件于2022年5月宣布打造首个中国桌面操作系统根社区deepin；麒麟软件于2022年6月宣布成立中国桌面操作系统根社区openKylin。根社区基于Linux内核和其他开源组件构建，不依赖上游发行版本社区，采用开源社区运行模式，有大量的外部个人贡献者与企业参与，被广泛认可，衍生出不同分支或下游社区，保证与各开源组件社区沟通畅通，并拥有持续回馈自身的能力。

在桌面操作系统方面，deepin社区有着清晰明确的发展路线和规划：2008年基于Ubuntu社区发布deepin版本；2015年脱离Ubuntu社区，基于Debian社区打造国内外知名的deepin 15；2022年开始脱离Debian社区，基于Linux内核打造立足中国、面向世界的桌面操作系统根社区。

在服务器操作系统方面，统信软件对国内各操作系统社区持开放中立态度，积极参与社区建设，并汲取各社区优势特性和成果，作为统信服务器操作系统研发上游。统信软件同时是欧拉开源社区（OpenEuler）、龙蜥社区（OpenAnolis）双社区的参与者和贡献者，其中，欧拉开源社区已经汇聚了超过350家全球企业成员，覆盖全产业链，包括芯片、部件、整机、操作系统集成商、各行业的独立软件开发商等；吸引了近万名开源贡献者参与社区技术创新和版本开发；来自全球120多个国家、1500多个城市的用户的累计下载量超过57万次（社区版本下载量），装机量达到170万。龙蜥社区汇聚了30万名社区用户、200多家上下游合作伙伴，2022年龙蜥操作系统下载量实现5倍增长，装机量达到130万。50余家产品与Anolis OS完成适配；多个厂商基于Anolis OS发布衍生版本，服务了政务、金融、能源、运营商、交通等多个领域的企事业单位。

从发展趋势上来看，生态建设是操作系统产业的核心竞争要素。国产操作系统采取了成熟的开源操作系统Linux的技术路线，同时投入了大量研发，在性能上已经较好地实现了追赶，基本达到了"好用"阶段。然而，导致国产操作系统受制于人的关键问题不在于技术能力，而在于生态建设。当前，国内主流操作系统厂商都具备了内核之外代码的开发能力，造成受制于人局面的主要原因在于产业链上下游没有建立良性的生态系统，或者说使用者太少。操作系统产业的核心在于生态建设，而近几年国产操作系统生态建设将接近临界规模，生态系统建设的核心在于尽快突破临界规模。一旦突破临界规模，用户就会因为应用软件的丰富而加入，应用软件开发商也因为用户基础而投入更多资源进行与操作系统的适配，从而形成良性循环。目前国产操作系统完成适配的应用软件数量与国外的macOS和Windows操作系统相比，仍然存在数量级上的差距，根据《2022年国产操作系统发展研究报告》中的数据，macOS拥有超过360万个应用软件，Windows 10更是拥有3500万个应用软件以及超过1.75亿个软件版本，对比之下，统信软件和麒麟软件的适配应用软件数量分别只有53万和44万，但随着信息技术应用创新产业的推进，操作系统生态的问题可以逐步被解决。预计近1~2年内，国产操作系统软硬件生态适配数量将突破百万。

(四)国产操作系统发展的建议

开源社区的发展需要经历触发期、发展期、协作期、结晶期与流行期五个阶段，我国操作系统社区处在发展期与协作期的过渡阶段，部分社区开启了商业化拓展。Debian 于 1993 年首次发布，有着将近 30 年的历史沉淀。尽管我国正在逐步构建操作系统根社区且取得了一定成果，但相较于 Debian、Fedora 等成熟的根社区，我国操作系统根社区成立时间较短，从社区运营到产品发布都还有很多需要完善的地方，未来我国可以采取如下措施来推动操作系统的发展。

1. 产学结合，增强行业发展内生动力

从产业链出发，建立体系化的人才培养方案。通过校企合作和实践项目加快人才培育进程，鼓励学生参与开源项目，贡献代码。同时，高校应增设与操作系统开发和测试认证相关的课程，为学生从学校到企业的顺利过渡提供支持。此外，企业可以与学校合作建立开发测试培训基地，提供相应的培训班和行业技能大赛，激励优秀开发人员和团队，加强职业技能培训。从人才培育出发，推动我国操作系统技术的发展和科研成果的落地应用。

2. 多措并举，推动生态产业良性互动

生态建设需要各方协同推进，从行业标准、产业生态及服务场景三个方面入手。

在行业标准方面，政府部门可带头联合行业相关专家制定和推广统一的行业标准和接口协议，建立成熟的行业评价测试体系，减少适配成本，促进产业链上下游的无缝连接和高效协作。

在产业生态方面，需要加强上下游产业协同合作，硬件产业应持续优化硬件产品，确保其技术与国际标准相符，提升兼容性，吸引更多国际硬件厂商的关注和合作；软件产业应针对电子设计自动化（Electronic Design Automation，EDA）、企业资源规划（Enterprise Resource Planning，ERP）等特定行业工具类软件，加大研发投入，推动技术迭代创新，同时与具体行业紧密合作，了解行业需求，定制化开发相应的应用软件，提升适配性和用户体验；操作系统产业应继续倡导和强化开源精神，促进知识共享和技术创新，共同推动产业链的健康发展。

在服务场景方面，多终端设备互联将成为未来的发展重点，它对协议支持、低功耗、模块化、功能丰富度、安全性等方面都提出了要求。微内核分布式架构可实现多场景差异化部署，能够有效节约资源，针对多终端设备迅速定制，是重要的研究方向。

3. 场景融合，衍生操作系统创新形态

未来，云原生操作系统，特别是支持容器化和微服务架构的操作系统将成为主流。操作系统可以从分布式计算、自动化部署和弹性扩展等方面进行研究，满足云环境下的高效能和可靠性需求。同时，操作系统也可以在云管理和跨云运营方面进行创新，提供更加统一和智能的资源管理工具，以适应多云和混合云策略的需求。

同时，随着人工智能技术的进步，操作系统也将集成更多智能功能，如预测性维护、资源优化和自动化安全管理等。操作系统将利用机器学习算法，优化系统性能和资源分配，提高能效比和处理效率。智能化的安全管理能力也将成为重点，操作系统能够自动检测和响应安全威胁，提高整体的安全性。此外，操作系统也可以加强对于大语言模型和实时分析智能算法的支持，帮助用户从海量资源中获取洞察，支持决策制定。

4. 服务出海，建设国际一流产业质量

随着我国操作系统技术的成熟与创新，服务出海将成为其发展的重要方向。国际市场对于高效、安全、可靠的操作系统的需求日益增长，我国操作系统凭借其技术创新和成本效益优势，有机会在全球范围内赢得更多认可和应用。

在产业方面，可以先行建立与国际技术社区的合作桥梁，加强与全球科技公司和研究机构的交流合作。通过参与国际技术标准制定、开源项目合作等方式，提升我国操作系统在国际舞台的影响力。同时，利用国际展会、技术论坛和网络平台等多种渠道，展示技术优势和相关应用案例，增强国际知名度。通过不断的技术迭代和市场拓展，我国操作系统服务出海的道路将更加宽广，同时也将为全球信息技术生态的多元化和创新发展做出贡献。

总的来说，我国操作系统发展还处于初期阶段，未来开源力量将推动操作系统更好地发展，希望读者能好好学习专业技能，将来为开源社区贡献自己的一份力量。

任务设计与准备

一、任务设计

任务目的：
- 了解 Linux 体系结构；
- 了解 RHEL 9 操作系统。

任务内容：
- 学习 Linux 体系结构；
- 学习 RHEL 9 操作系统。

二、任务准备

计算机系统由硬件系统和软件系统两大部分组成。硬件是指组成计算机的任何机械的、磁性的、电子装置或部件。硬件也称为硬设备。硬件系统由五部分组成：控制器、运算器、存储器、输入设备、输出设备。软件是为了方便用户和充分发挥计算机效能的各种程序的总称。软件系统由系统软件、应用软件组成。

Linux 操作系统一般有 3 个主要部分：内核（Kernel）、命令解释层（Shell）或其他操作环境、实用工具。

任务实施

Linux 的诞生离不开 UNIX。Linux 继承了 UNIX 的许多优点，并凭借开源的特性迅速发展壮大。请读者查阅相关资料，了解 Linux 与 UNIX 的区别与联系。

RHEL 9 操作系统是一个非常优秀的 Linux 发行版本，具有稳定、开源、免费的特点。请读者查阅相关资料，了解 RHEL 的演变过程。

任务总结

通过对 Linux 的介绍，读者可以清晰地认识到 Linux 的发展历程，以及它的内部系统的组成，了解 Linux 操作系统的内核版本和发行版本的特点，以及 RHEL 在 Linux 操作系统中的定位是用于服务器的配置。

思考与练习

一、填空题

1. 计算机的五大基本部件分别是_____、_____、_____、_____、_____。
2. 计算机由_____和_____组成。
3. 大数据平台_____和_____是做 Linux 操作系统上开发和部署的。
4. 没有操作系统的计算机称为_____。

二、判断题

1. 计算机内部采用十进制来表示指令和数据。（　　）
2. 将编写好的程序送入存储器，并启动计算机工作，计算机需要操作人员操作才能取出指令和执行指令。（　　）
3. 内核版本是免费的，它只是操作系统的内核，负责控制硬件、管理文件系统和程序进程等，并不给用户提供各种工具和应用软件。（　　）
4. Linux 发行版本是指以 Linux 内核为中心，集成各种各样的系统管理软件或应用工具软件，组成的一套完整的操作系统。（　　）
5. Ubuntu 是 Red Hat 公司开发的企业级 Linux 操作系统。（　　）

三、选择题

1. 下面哪一项不属于计算机硬件？（　　）
   A. CPU　　　　　B. 存储设备　　　　C. 操作系统　　　　D. 输入设备
2. 下面不属于操作系统的是（　　）。
   A. Windows　　　B. Unity　　　　　C. Linux　　　　　D. Android

3. Linux 版本中，第( )组数字代表修改的次数。
A. 1　　　　　　B. 2　　　　　　C. 3　　　　　　D. 4
4. RHEL 9 所需的最低硬件配置需要( )GB RAM。
A. 1　　　　　　B. 2　　　　　　C. 3　　　　　　D. 4
5. 下面哪一项不属于 Linux 操作系统的主要部分？( )
A. CPU　　　　　　　　　　　　B. 命令解释层
C. 内核　　　　　　　　　　　　D. 其他操作环境

四、简答题

1. Linux 操作系统中有哪些重要的分区？
2. Linux 的版本号由哪些部分组成？
3. 简述 Linux 的 5 个应用领域。

任务二　安装 Linux 操作系统

任务背景

高职院校组建了学校的校园网，需要架设具有 Web、FTP、DNS、DHCP、VPN 等功能的服务器来为校园网用户提供服务，现在需要选择一种既安全又易于管理的服务器操作系统。因此，我们选择使用 RHEL 9 来搭建一个服务器操作系统，本书的核心内容就是 RHEL 9 操作系统的安装、配置与使用。本任务主要介绍安装与配置 RHEL 9 操作系统的相关知识和基本技能。通过该任务的学习，学生将达到以下的职业能力目标和要求：

● 掌握如何安装虚拟机；
● 掌握如何安装 RHEL 9 操作系统。

素质小课堂

2019 年，华为被列入美国商务部实体清单，虽然受到美国的制裁，但华为当年依旧实现营收 8588 亿元、同比增长 19% 的成绩。电信和互联网科技领域，甚至很多制造业、消费品领域的企业家纷纷掀起了向华为学习的热潮，把任正非和华为作为自己深入研究的对象，希望能从华为身上学到它不断壮大的真谛。

那么华为是靠什么如此底气十足地活着,实现一次又一次逆风翻盘的壮举的呢?我们可以从华为30余年的"学习史"中找到答案。在华为流传一句话:如果华为只留下一项核心能力,那一定是学习能力。华为学习对象分为五大类:向西方学习、向军队学习、向市场学习、向客户学习、向自然万物学习。

早在华为创立初期,任正非就经常去国外,拜访IBM、惠普等国际化大公司,了解最新的行业动态,学习大公司的管理经验,为华为以后快速扩张、产品的研发打下了坚实的制度基础,使华为从几百人扩张到十几万人,依然能够高效有序合作。从1998年至今,华为已向全球顶尖咨询公司支付超过400亿学费,华为人经过20余年的奋斗,最终站在了巨人的肩膀上。

在研发投入方面,华为研发投入在全球企业中位居第二,近十年累计投入的研发费用超过8450亿元。正是因为任正非有着不断学习、自我超越的理念,华为才成为一家重视学习和进步、重视科研投入的公司,创造了令人瞩目的成就。可以说,任正非领导的华为不断吸收着最新的技术和管理经验,华为也因此青出于蓝而胜于蓝,在和世界级的公司的竞争中,立于不败之地。

知识准备

一、安装前的准备

RHEL 9是Red Hat公司于2022年5月发布的最新正式版操作系统,是一个稳定的,有高预测性、高管理性、高重复性的Linux操作系统。RHEL 9基于Linux 5.14内核,为用户提供一个稳定的、安全的、一致的基础以跨越混合云部署,并支持传统和新兴工作负载所需的工具。在安装之前,需要知道RHEL 9所需的最低硬件配置:

- 2 GB RAM(2 GB内存大小)。
- 64位x86架构。
- 2 GHz或2 GHz以上的CPU,以及20 GB硬盘空间。

二、RHEL 9的安装过程

(一)多重引导

Linux和Windows的多操作系统共存有多种实现方式。用户可以通过Linux的GRUB或者LILO实现Windows、Linux多操作系统引导。

(二)安装方式

在本任务中,使用虚拟机进行安装。

(三)规划分区

在本任务中,分区方案越简单越好,所以最好的选择就是为 Linux 准备 3 个分区:用户保存操作系统和数据的根分区(/)、启动分区(/boot)和交换分区,Linux 常用分区方案如图 1-6 所示。

图 1-6　Linux 常用分区方案

任务设计与准备

一、任务设计

任务目的:
- 学会在虚拟机中安装 RHEL 9 操作系统。

任务内容:
- 安装虚拟机;
- 安装 RHEL 9 操作系统。

二、任务准备

虚拟机是指通过软件模拟的、具有完整硬件系统功能的、运行在一个完全隔离环境中的完整计算机系统。在实体计算机中能够完成的工作在虚拟机中都能够实现。

本任务需要的设备和软件如下:
- 安装有 Windows 10 操作系统的计算机;
- RHEL 9.3 映像文件;
- VMware Workstation 15.5 Pro 软件。

任务实施

一、安装与配置 VMware 虚拟机

下载并安装好虚拟机之后,打开虚拟机,如图 1-7 所示,在这个界面中,单击"创建新的虚拟机"选项,并在弹出的"新建虚拟机向导"界面中选择"典型(推荐)(T)"单选按钮,单击"下一步(N)"按钮。"新建虚拟机向导"界面如图 1-8 所示。

图 1-7　打开虚拟机

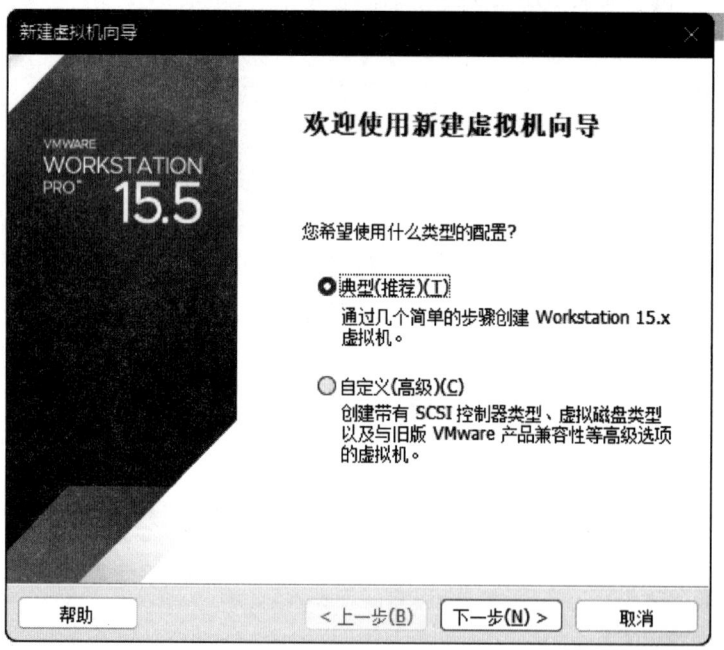

图 1-8　"新建虚拟机向导"界面

"安装客户机操作系统"界面如图 1-9 所示,选择"稍后安装操作系统(S)"单选按钮,单击"下一步(N)"按钮。

图 1-9 "安装客户机操作系统"界面

在如图 1-10 所示的"选择客户机操作系统"界面中，将客户机操作系统选择为"Linux(L)"，由于 VMware Workstation 15.5 Pro 发布时最高只支持到 RHEL 8，因此，将版本选择为"Red Hat Enterprise Linux 8 64 位"，这不会影响本操作系统（RHEL 9）的使用，单击"下一步(N)"按钮。

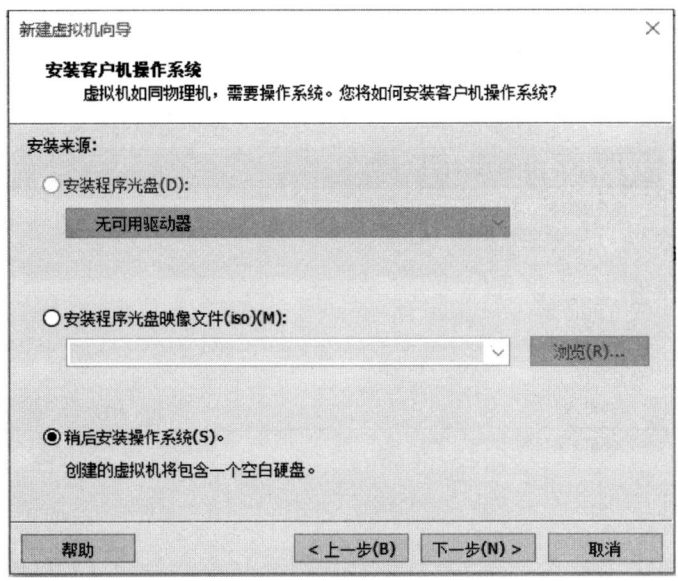

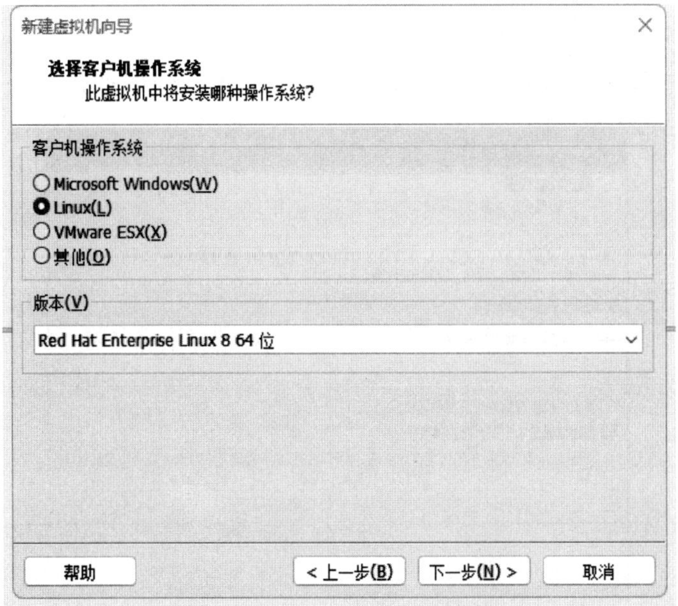

图 1-10 "选择客户机操作系统"界面

在如图 1-11 所示的"命名虚拟机"界面中，填写虚拟机名称，并在选择安装位置之后单击"下一步(N)"按钮，一般情况下要选择空间比较大的硬盘，这样才可以有足够的空间容纳操作系统，读者可以根据自己的计算机情况进行安装。

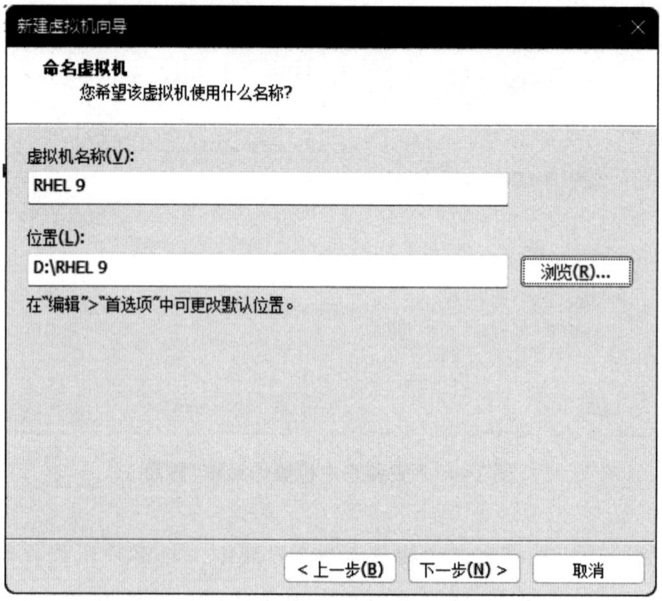

图 1-11 "命名虚拟机"界面

在如图 1-12 所示的"指定磁盘容量"界面中，填写最大磁盘大小为 30 GB，可以根据硬盘的情况选择将磁盘存储为单个文件或拆分为多个文件，拆分磁盘后，可以更轻松地在计算机之间移动虚拟机，但可能会降低大容量磁盘的性能，单击"下一步(N)"按钮。

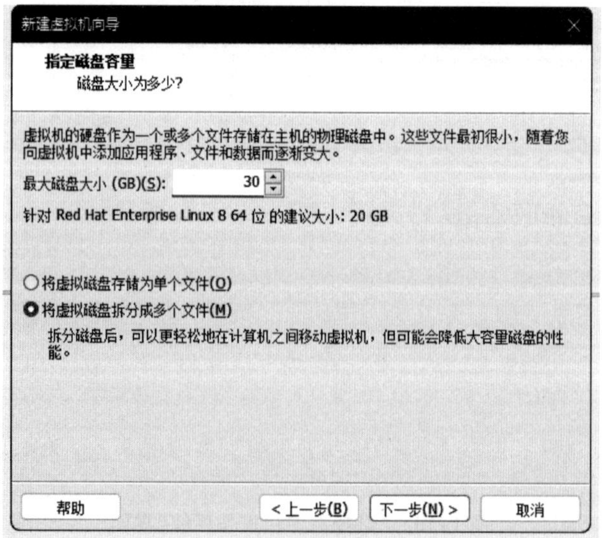

图 1-12 "指定磁盘容量"界面

在如图 1-13 所示的"已准备好创建虚拟机"界面中，单机"自定义硬件（C）..."按钮，可以配置虚拟机各硬件。

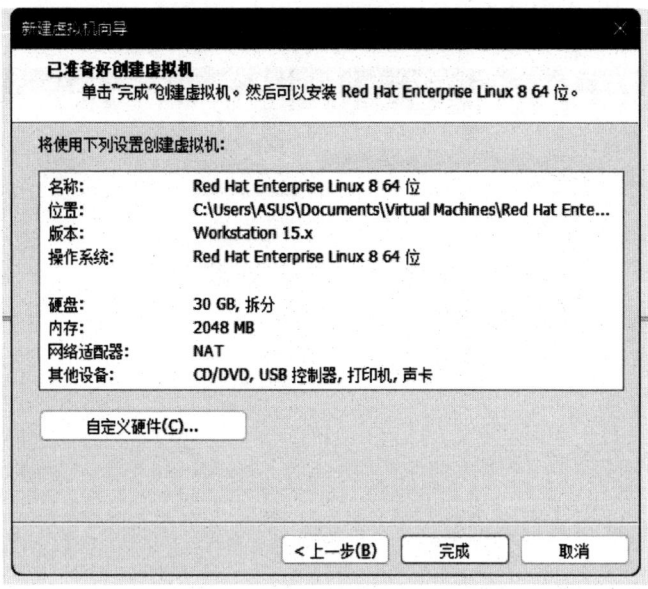

图 1-13 "已准备好创建虚拟机"界面

在弹出的"硬件"界面中配置内存，如图 1-14 所示，建议将虚拟机的内存设置为 2 GB（2048 MB），最低不应低于 1 GB。

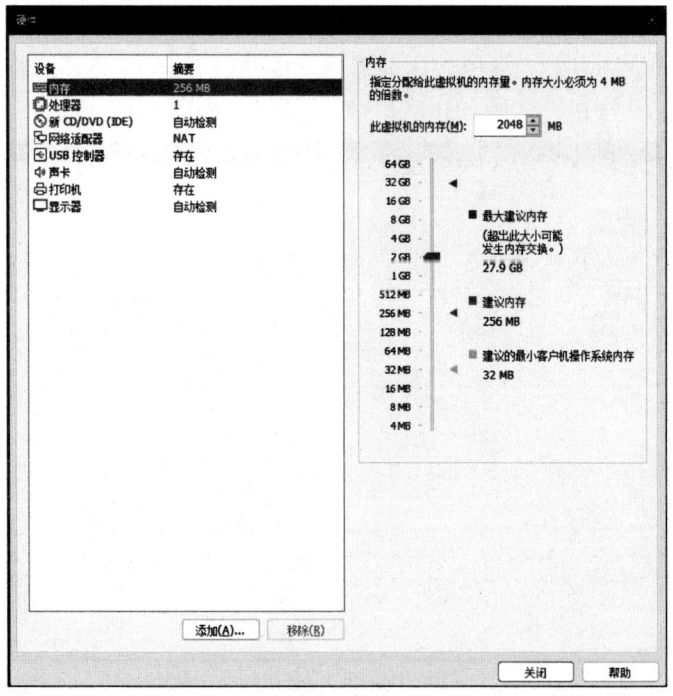

图 1-14 配置内存

配置处理器，如图 1-15 所示，根据自己计算机的情况选择合适的处理器数量和每个处理器的内核数量，此处配置处理器数量为 1，每个处理器的内核数量为 2，之后单击"关闭"按钮。

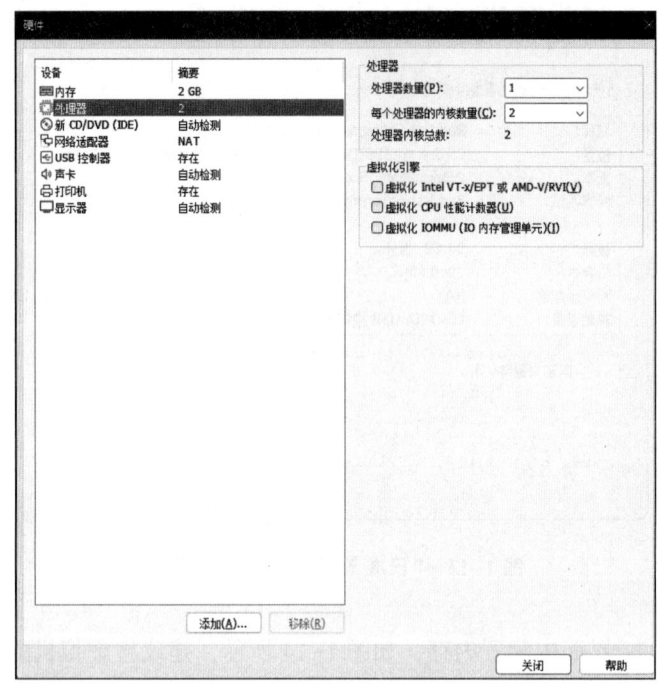

图 1-15　配置处理器

选择"新 CD/DVD(IDE)"选项，在右侧部分选择"使用 ISO 映像文件(M)"单选按钮，并单击"浏览(B)..."按钮，选择 RHEL 9.3 映像文件，如图 1-16 所示。

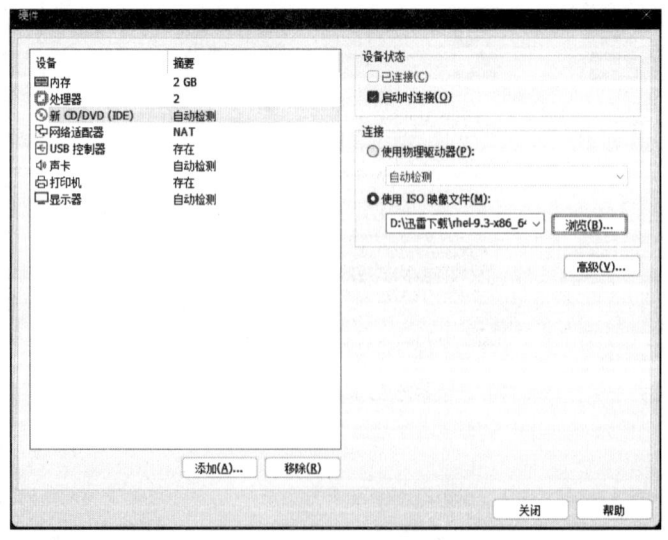

图 1-16　选择 RHEL 9.3 映像文件

选择"网络适配器"选项，设置网络连接模式，如图 1-17 所示。VMware 虚拟机软件为用户提供了多种可选的网络连接模式，这里选择"NAT 模式（N）"，之后单击"关闭"按钮，完成虚拟机配置，如图 1-18 所示。

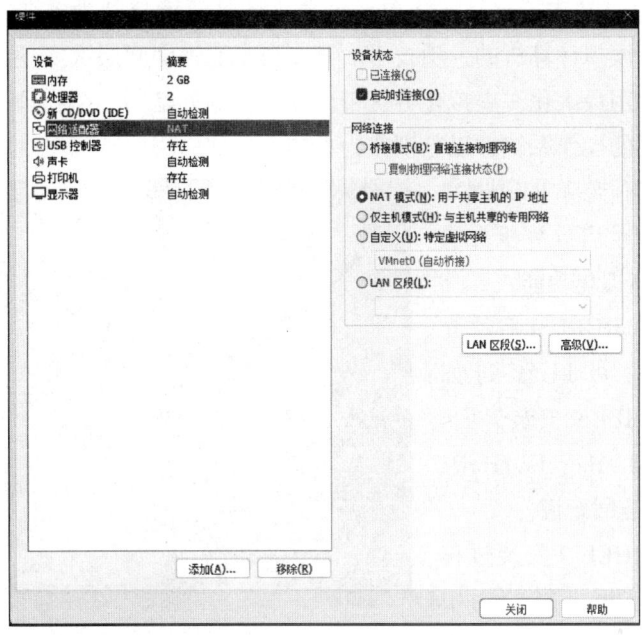

图 1-17　设置网络连接模式

图 1-18　完成虚拟机配置

当看到如图 1-18 所示的界面时，就说明虚拟机已经配置成功了。

二、安装 RHEL 9

安装 RHEL 9 操作系统时，计算机的 CPU 需要支持虚拟化技术（Virtualization Technology，VT）。CPU 虚拟化是指将单台计算机软件环境分割为多个独立分区，每个分区均可以按照需要模拟计算机的一项技术。其实质是通过中间层次实现计算资源的管理和再分配，使资源利用最大化。虚拟化分区带来的最大好处是同一个物理平台能够同时运行多个同类或不同类的操作系统，以分别作为不同业务和应用的支撑平台。如果开启虚拟机后依然提示"CPU 不支持 VT 技术"等报错信息，则应重启计算机并进入 BIOS 开启 VT 虚拟化功能。

当操作系统从 RHEL 9 启动介质启动之后，就可以看到如图 1-19 所示的 RHEL 9 安装界面。选择"Install Red Hat Enterprise Linux 9.3"选项并按回车键。

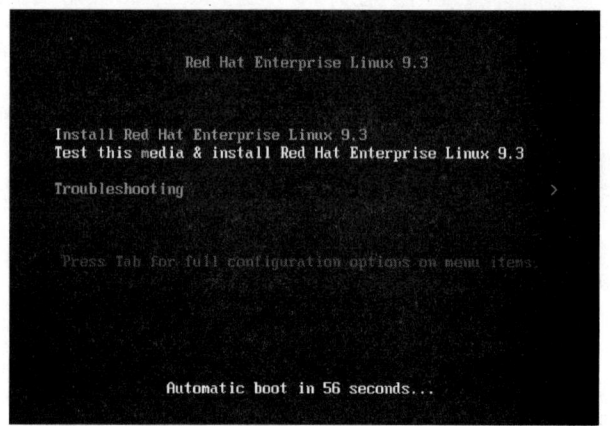

图 1-19 RHEL 9 安装界面

选择想要在 RHEL 9 安装过程中使用的语言，这里选择使用中文，单击"继续（C）"按钮，选择语言类型如图 1-20 所示。

图 1-20 选择语言类型

在如图1-21所示的"安装信息摘要"界面中，提供了"键盘(K)""时间和日期(T)""安装源(I)"和"软件选择(S)"等选项。黄色的提示符表明需要先设置好"安装目的地(D)""root密码(R)""创建用户(U)"，然后才能进行下一步的安装，先单击"安装目的地(D)"，弹出"安装目标位置"界面，如图1-22所示，选择"本地标准磁盘"，"存储配置"选择"自定义(C)"，单击"完成(D)"按钮。

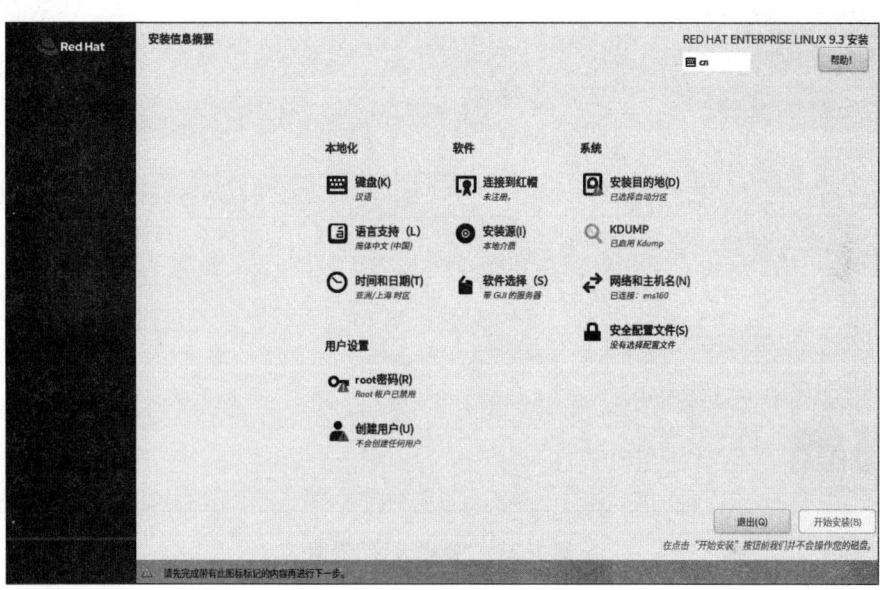

图1-21 "安装信息摘要"界面

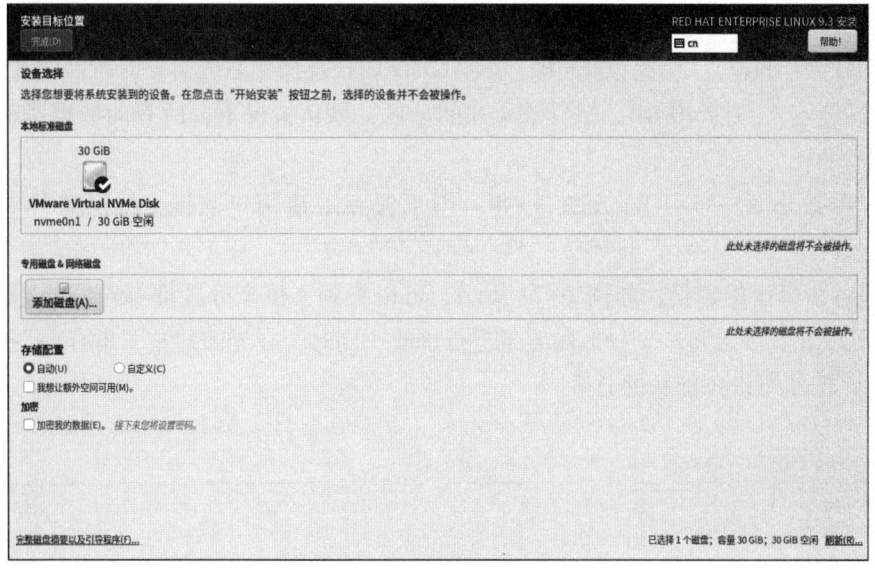

图1-22 "安装目标位置"界面

弹出"手动分区"界面，如图 1-23 所示，在"手动分区"界面中，先单击方框中的选项，然后进行下一步。

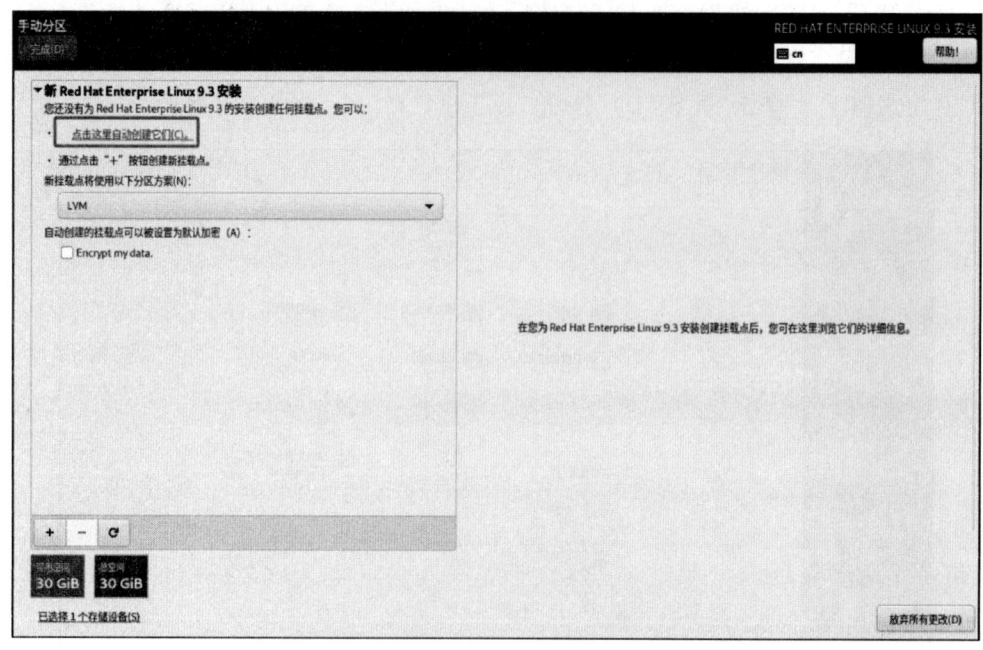

图 1-23 "手动分区"界面

Linux 的分区并不像 Windows 一样分成 C、D、E 等盘，下面介绍几个重要的分区。

交换分区(swap)：至少 1 GB，虚拟内存分区，物理内存容量不足时启用虚拟内存保存操作系统正在处理的数据，建议大小为 4 GB。

启动分区(/boot)：至少 500 MB，包含 Linux 内核及操作系统引导时所需的文件。

根分区(/)：至少 10 GB，根目录所在的分区，默认情况下，所有的数据都被写在这个分区中。

用户数据分区(/home)：至少 4 GB，用于保存本地用户数据，根据实际需求确定容量。

调整各个分区的容量，如图 1-24 所示，可以看到，每个分区都有对应的"期望容量(C)"，可以在其中对每一个分区的容量进行修改；同时，在界面的左下角有"+"按钮，单击这个"+"按钮可以添加新的分区。

项目一　认识与安装 Linux 操作系统

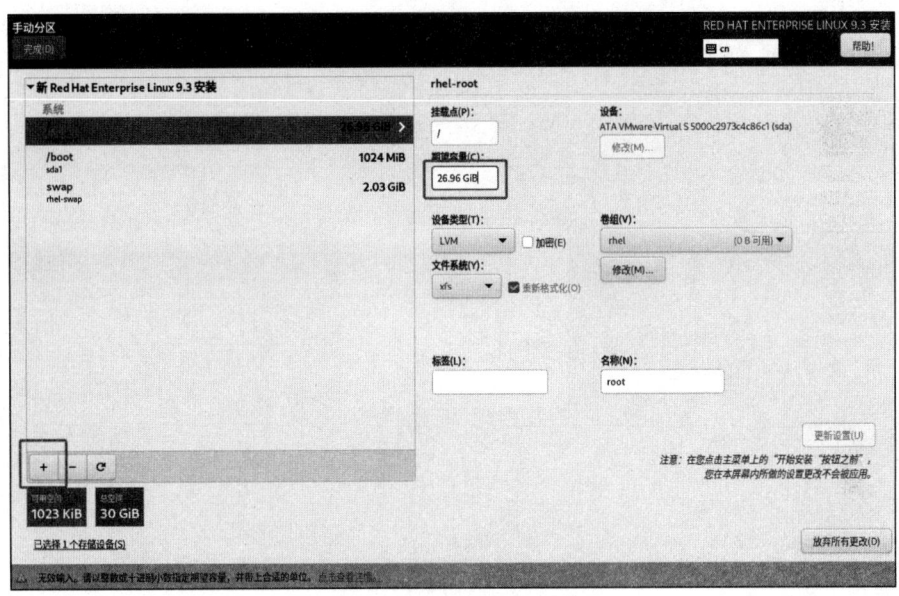

图 1-24　调整各个分区的容量

在已有的分区上进行容量调整后,各个分区的容量大小如图 1-25 所示,在设置了已有的每个分区的容量之后,留下了 5 GB 的可用空间,单击"+"按钮,添加新的分区,如图 1-26 所示,将这个分区设置为"/home",分配 5 GB 的容量,并单击"添加挂载点(A)"按钮。

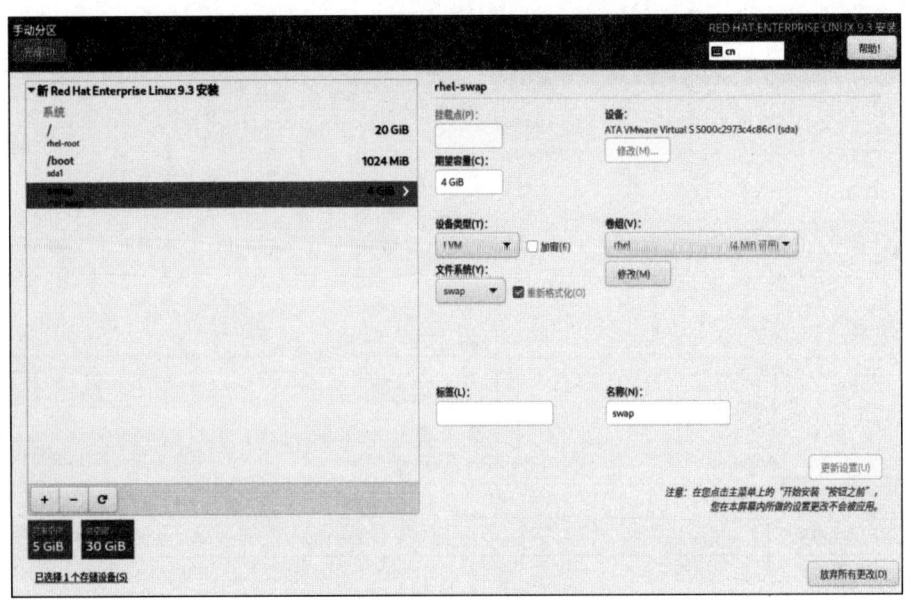

图 1-25　各个分区的容量大小

29

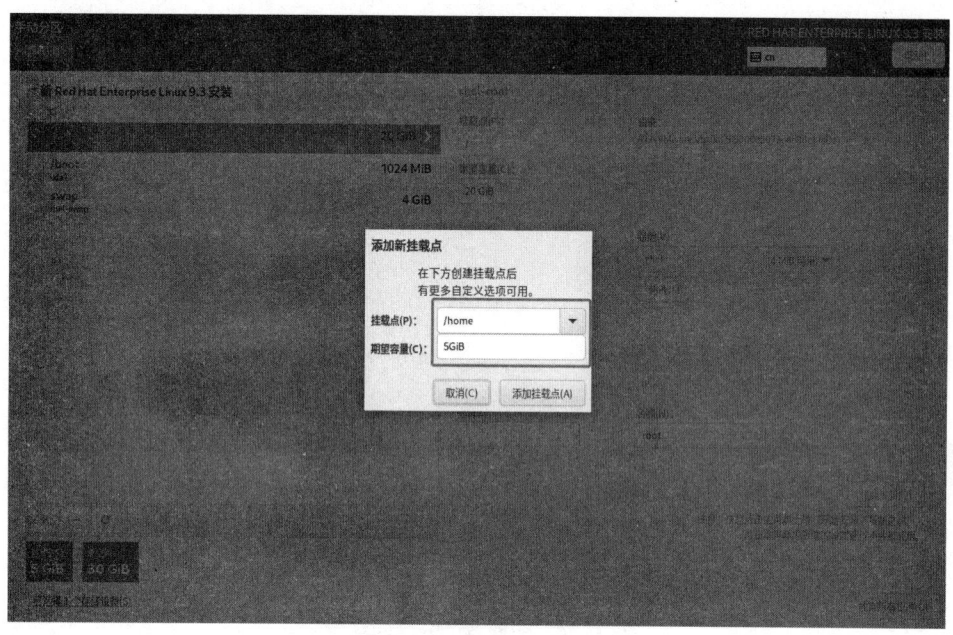

图 1-26 添加新的分区

此时，分区划分完成，如图 1-27 所示，单击"完成(D)"按钮，弹出"更改摘要"界面，单击"接受更改(A)"按钮，开始更改各分区大小，如图 1-28 所示。

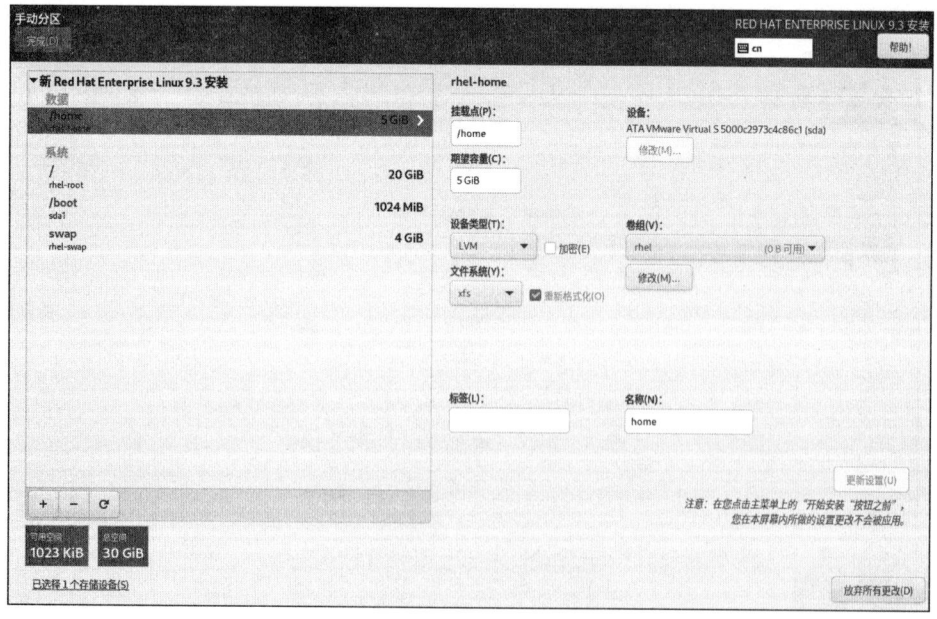

图 1-27 分区划分完成

项目一　认识与安装 Linux 操作系统

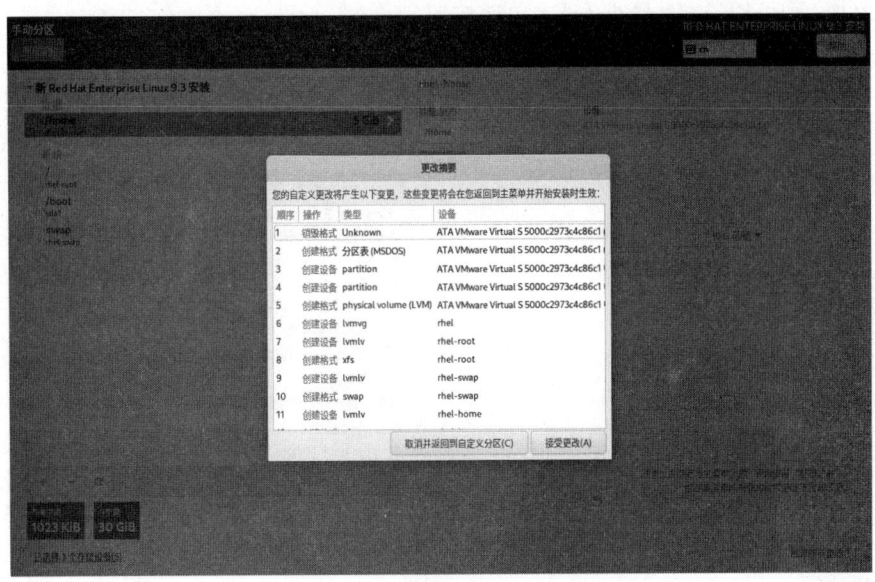

图 1-28　开始更改各分区大小

在完成安装目标位置的配置之后，会回到"安装信息摘要"界面，如图 1-29 所示，这时可以看到，"安装目的地（D）"上的黄色的提示符已经消失了，接下来继续配置其他的选项。

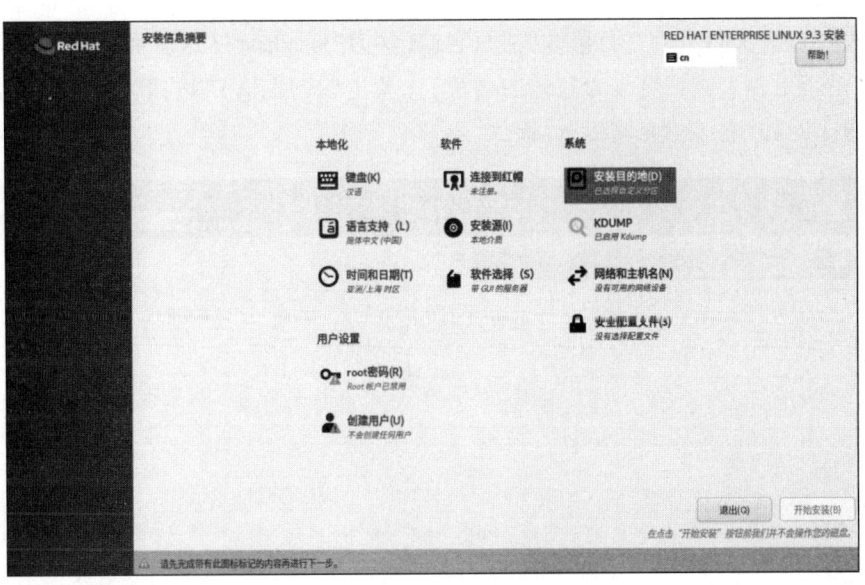

图 1-29　回到"安装信息摘要"界面

单击"软件选择（S）"。在如图 1-30 所示的"软件选择"界面中，选择"带 GUI 的服务器"单选按钮后，单击"完成（D）"按钮，回到"安装信息摘要"界面。如果想安装尽可能少

31

的额外软件,则可以选择"最小安装"单选按钮。

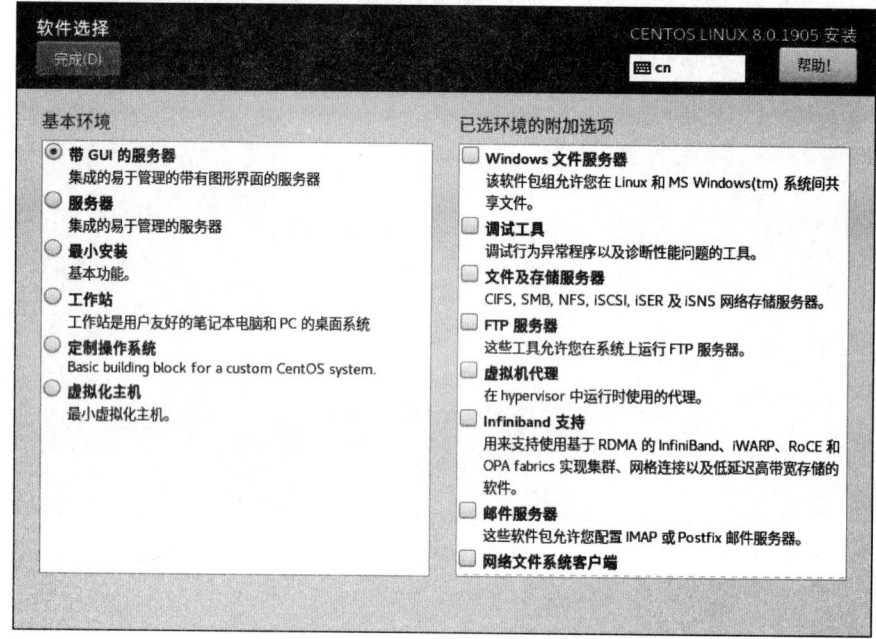

图 1-30 "软件选择"界面

单击"网络和主机名(N)",在如图 1-31 所示的"网络和主机名(_N)"界面中把"以太网(ens160)"的开关打开,并且修改"主机名(H)"为"localhost"(这里可以根据自己的实际情况选择是否更改、应该更改为怎样的名称),单击"应用(A)"按钮,完成后单击"完成(D)"按钮,回到"安装信息摘要"界面。

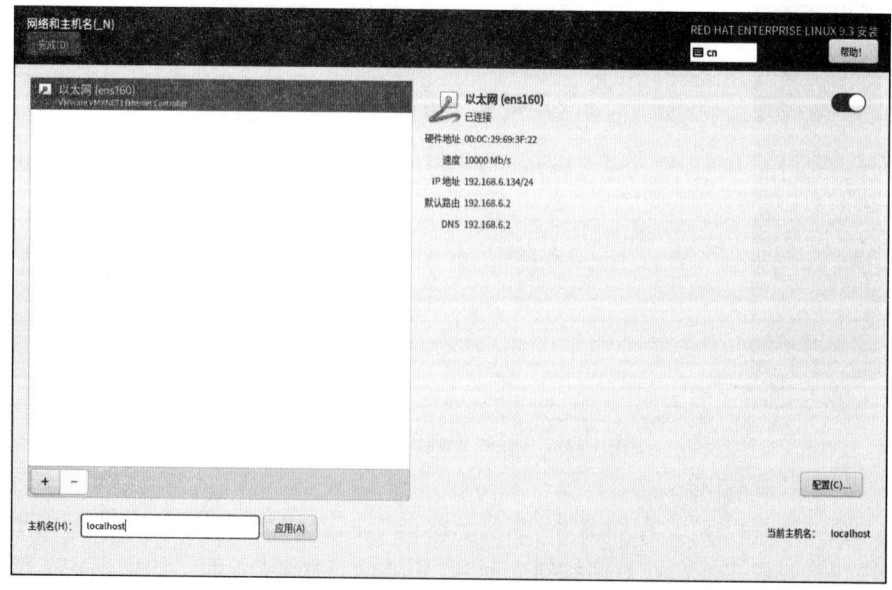

图 1-31 "网络和主机名(_N)"界面

单击"时间和日期(T)",可以对时间和日期进行修改,如图 1-32 所示。

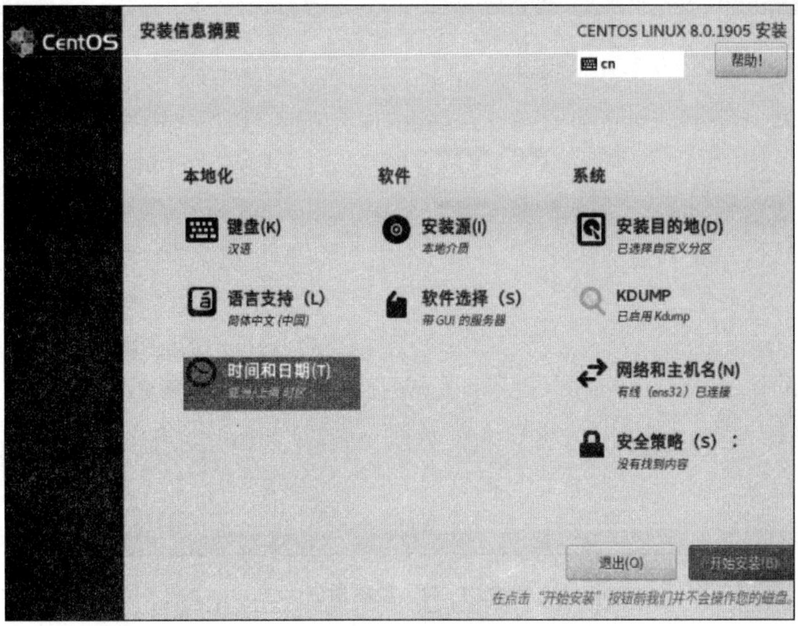

图 1-32 开始安装

分别单击"root 密码(R)"和"创建用户(U)"之后,即可分别设置 root 密码和创建用户,如图 1-33 和如图 1-34 所示,完成后即可返回"安装信息摘要"界面,单击"开始安装(B)"按钮,开始安装,如图 1-35 所示。

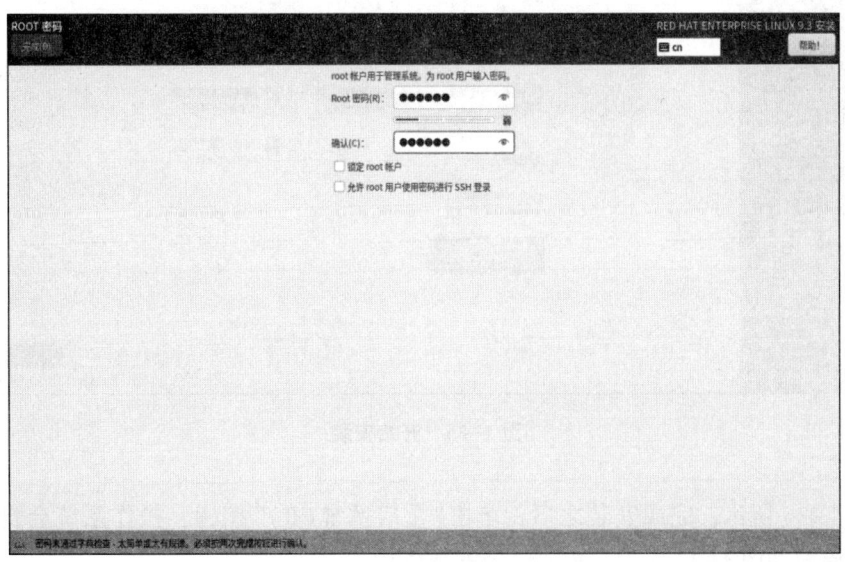

图 1-33 设置 root 密码

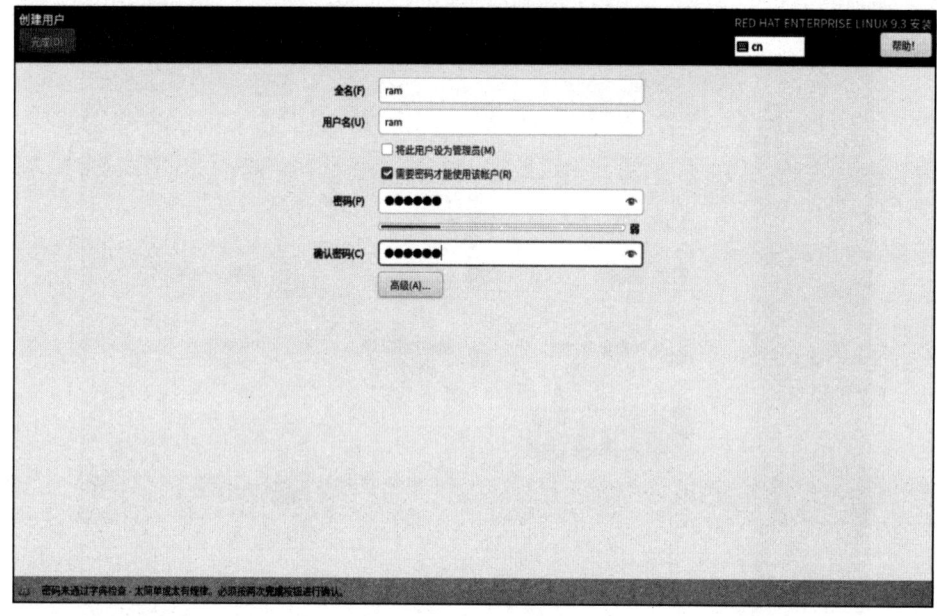

图 1-34 创建用户

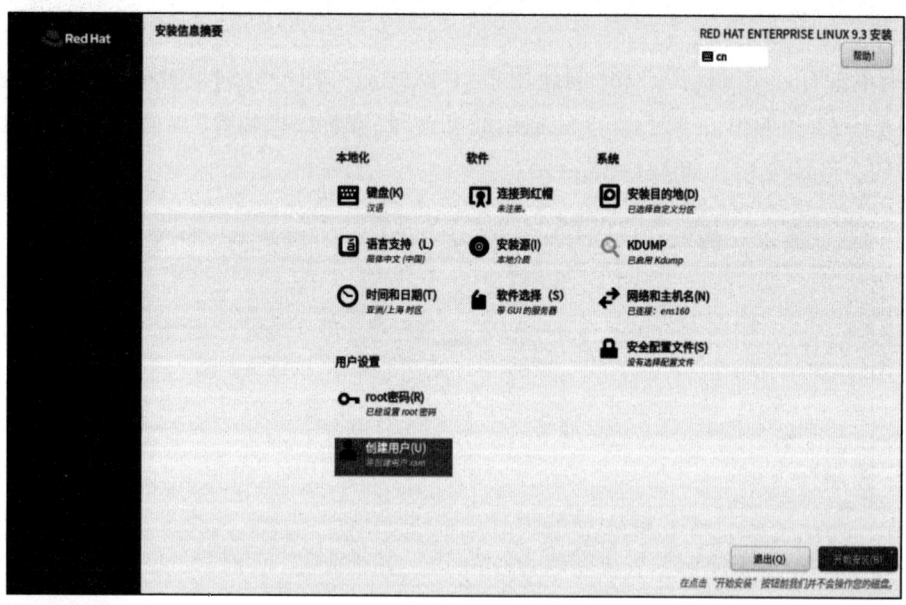

图 1-35 开始安装

如图 1-36 所示，完成安装之后，单击"重启系统(R)"按钮，操作系统会自动重启，重启后的界面如图 1-37 所示，表明已经安装成功。

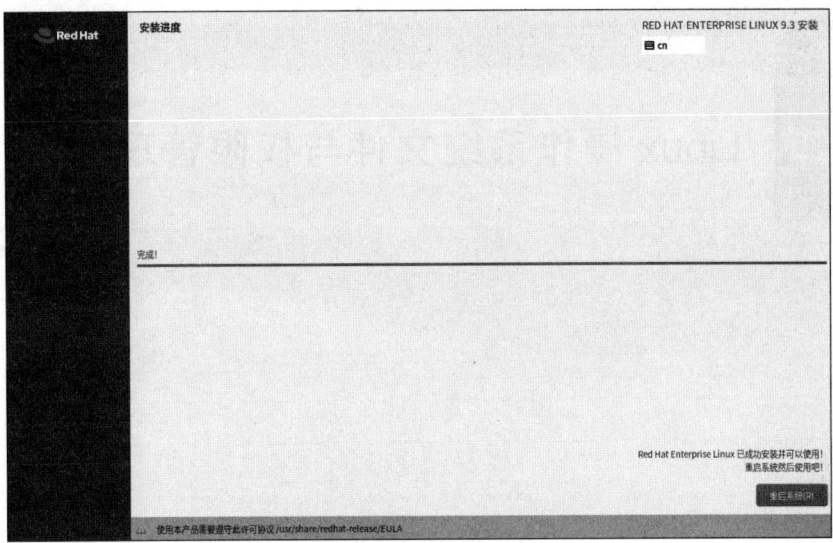

图 1-36 完成安装

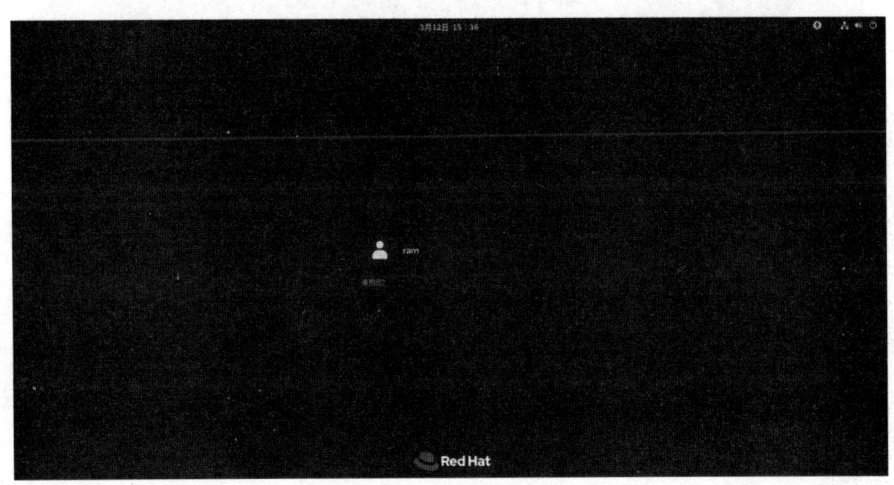

图 1-37 重启后的界面

任务总结

1. 学习了如何在虚拟机中配置一个新的虚拟机；
2. 学习了如何在虚拟机中安装 RHEL 9；
3. 学习了怎样在 RHEL 9 中设置 root 密码和创建用户。

思考与练习

1. 虚拟机的网络连接方式有哪几种？
2. 怎样在 RHEL 9 中设置 root 密码和用户？

项目二　Linux 操作系统文件与权限管理

任务一　Linux 操作系统文件管理

任务背景

某公司组建了园区网，准备搭建服务器，公司选择 Linux 作为服务器的操作系统。现在需要安排一名技术员进行操作系统的配置，以便部署后续的业务系统，技术员一般要进行目录操作、文件操作、系统状态的查看、监控与管理、软件包的查看与管理等。对这些进行管理通常有字符界面和图形界面两种操作模式，也称作命令行界面（Command Line Interface，CLI）和图形用户界面（Graphical User Interface，GUI）。本任务主要使用 Linux 命令来实现 RHEL 9 操作系统的文件管理功能。

素质小课堂

建设数字中国是推进中国式现代化的重要引擎，是构筑国家竞争新优势的有力支撑。习近平总书记在党的二十大报告中强调："加快建设制造强国、质量强国、航天强国、交通强国、网络强国、数字中国。"加快建设数字中国，需要充分发挥数据要素作用，也需要防范数据泄露、窃取、篡改、滥用等给个人、企业、社会乃至国家利益带来损害。

Linux 操作系统在数据安全方面有许多优势，这些优势使得它成为许多安全关键环境中的首选。例如，Linux 引入了强大的权限和访问控制机制，每个文件和目录都有所有者、所属组和其他用户的权限，通过适当设置权限，可以确保只有授权用户才能访问敏感数据。Linux 允许管理员创建不同的用户和用户组，并为它们分配不同的权限。这有助于实施最小权限原则，确保每个用户都只能访问他们需要的资源。

学习 Linux 操作系统的文件管理与权限管理，有助于提升数据安全意识。同学们应深入贯彻党的二十大精神，提升数据安全治理效能，多措并举维护数据安全，为数字中国建设保驾护航。

知识准备

一、Linux 常用命令

Linux 命令是对 Linux 操作系统进行管理的命令。对于 Linux 操作系统来说，无论是中央处理器、内存、磁盘驱动器、键盘、鼠标，还是用户等，都是文件，Linux 命令是它正常运行的核心。

（一）常见的目录类命令

目录类命令是对 Linux 操作系统下的目录进行查看、增加、删除、修改等操作的命令。

1. ls 命令

ls 是英文"list"的缩写，用于显示当前目录或指定目录的内容。

语法：

```
ls[参数][目录名]
```

参数说明：

- -a：显示所有文件及目录；
- -l：除文件名称外，将文件形态、权限、所有者、文件大小等信息详细列出；
- -r：将文件以相反次序显示（默认以英文字母次序显示）；
- -t：将文件以建立时间的先后次序列出；
- -A：同-a，但不列出"."（当前目录）及".."（父目录）；
- -F：在列出的文件名称后加一个符号，如可执行文档加"*"，目录加"/"；
- -R：若目录下有文件，则目录下的文件也都会按照顺序列出。

示例：显示根目录的详细信息，如图 2-1 所示。

```
[root@localhost ~]# ls -l /
total 40
drwxr-xr-x.    7 root root   86 Jun 13 05:21
lrwxrwxrwx.    1 root root    7 Mar  5 14:52 ->
dr-xr-xr-x.    5 root root 4096 Mar  5 15:00
drwxr-xr-x.    2 root root   41 May 22 06:37
drwxr-xr-x.   19 root root 3280 Aug  4 06:13
drwxr-xr-x.  142 root root 8192 Aug  4 06:15
drwxr-xr-x.    3 root root   18 Mar  5 15:00
lrwxrwxrwx.    1 root root    7 Mar  5 14:52 ->
lrwxrwxrwx.    1 root root    9 Mar  5 14:52 ->
drwxr-xr-x.    2 root root    6 Apr 10  2018
drwxr-xr-x.    2 root root    6 Apr 10  2018
drwxr-xr-x.    3 root root   16 Mar  5 14:55
dr-xr-xr-x.  178 root root    0 Aug  4 06:12
drwxr-xr-x.    2 root root   84 Apr 20 04:24
dr-xr-x---.   10 root root 4096 Jun 13 23:35
drwxr-xr-x.   41 root root 1240 Aug  4 06:13
lrwxrwxrwx.    1 root root    8 Mar  5 14:52 ->
drwxr-xr-x.    2 root root    6 Apr 10  2018
```

图 2-1 显示根目录的详细信息

2. pwd 命令

pwd 是英文"print work directory"的缩写，用于显示工作目录，可立刻得知用户当前所在的工作目录的绝对路径。

语法：

```
pwd
```

示例：显示当前操作目录，如图 2-2 所示，结果为/root。

```
[root@localhost ~]#
[root@localhost ~]# pwd
/root
[root@localhost ~]#
```

图 2-2 显示当前操作目录

3. cd 命令

cd 是英文"change directory"的缩写，用于切换目录，后面加要切换到的目录路径。

语法：

```
cd[目录名]
```

参数说明：

- cd 后面不加目录名：直接回到用户主目录；
- ~：表示用户主目录(home)；
- /：表示根目录；
- .：表示当前所在的目录；
- ..：表示当前目录位置的上一层目录(父目录)。

示例：切换目录，如图 2-3 所示，先切换到根目录，显示当前路径；再切换到用户主目录，显示当前路径。

```
[root@localhost ~]# cd /
[root@localhost /]# pwd
/
[root@localhost /]# cd
[root@localhost ~]# pwd
/root
[root@localhost ~]#
```

图 2-3　切换目录

4. mkdir 命令

mkdir 是英文"make directory"的缩写，用于创建目录。

语法：

mkdir[参数][目录名]

参数说明：

- -p：需要确保目录名存在，若不存在则新建一个目录。

示例：创建 tmp1 目录及其子目录 tmp2，如图 2-4 所示。

```
[root@localhost tmp]#
[root@localhost tmp]# mkdir tmp1/tmp2
mkdir: cannot create directory 'tmp1/tmp2': No such file or directory
[root@localhost tmp]#
[root@localhost tmp]# mkdir -p tmp1/tmp2
[root@localhost tmp]# ls

[root@localhost tmp]# ls tmp1

[root@localhost tmp]#
```

图 2-4　创建 tmp1 目录及其子目录 tmp2

5. rmdir 命令

rmdir 是英文"remove directory"的缩写，用于删除空的目录。

语法：

rmdir[参数][目录名]

参数说明：

- -p：若目录的子目录被删除后其本身会变为空目录，则连其本身一并删除。

示例：删除 tmp1 目录及其子目录 tmp2，如图 2-5 所示。

```
[root@localhost tmp]# rmdir tmp1
rmdir: failed to remove 'tmp1': Directory not empty
[root@localhost tmp]# rmdir -p tmp1/tmp2
[root@localhost tmp]# ls
[root@localhost tmp]#
```

图 2-5　删除 tmp1 目录及其子目录 tmp2

(二)常见的文件类命令

文件类命令是对 Linux 操作系统下的文件进行查看、生成、删除、修改、移动、复制等操作的命令。

1. cat 命令

cat 是英文"concatenate"的缩写,用于滚屏显示文件的内容,或将多个文件合并到一个文件中。

语法:

```
cat[ 参数 ][ 文件名 ]
```

参数说明:

- -n 或--number:由 1 开始对所有输出的行编号;
- -b 或--number-nonblank:和-n 相似,只不过对于空白行不编号;
- -s 或--squeeze-blank:当遇到连续两行以上的空白行时,将其替换为一行的空白行;
- -v 或--show-nonprinting:使用^和 M-符号(除 LFD 和 TAB 之外);
- -E 或--show-ends:在每行结束处显示 $;
- -T 或-show-tabs:将 TAB 字符显示为 I;
- -A,--show-all:等价于-vET;
- -e:等价于-vE;
- -t:等价于-vT。

示例:以输出行号的方式显示 anaconda-ks.cfg 文件内容,如图 2-6 所示。

```
[root@localhost ~]# cat -n anaconda-ks.cfg
     1  #version=DEVEL
     2  # System authorization information
     3  auth --useshadow --enablemd5
     4  # Install OS instead of upgrade
     5  install
     6  # Use CDROM installation media
     7  cdrom
     8  # Use graphical install
     9  graphical
    10  # Firewall configuration
    11  firewall --enabled
    12  firstboot --disable
    13  ignoredisk --only-use=sda
    14  # Keyboard layouts
    15  # old format: keyboard us
    16  # new format:
    17  keyboard --vckeymap=us --xlayouts='us'
    18  # System language
```

图 2-6 以输出行号的方式显示 anaconda-ks.cfg 文件内容

2. touch 命令

touch 命令用于修改文件或者目录的时间属性，包括存取时间和更改时间。若文件不存在，则系统会建立一个新的文件。

语法：

touch[参数][文件名]

参数说明：
- -a：改变文件的读取时间记录；
- -m：改变文件的修改时间记录；
- -c：假如目标文件不存在，则不会建立新的文件，与--no-create 的效果一样；
- -f：不使用，为了与其他 UNIX 操作系统兼容而保留；
- -r：使用参考文件的时间记录；
- -d：设定时间与日期，可以使用不同的格式；
- -t：设定文件的时间记录，格式与 date 命令相同；
- --no-create：不会建立新文件；
- --help：列出命令格式；
- --version：列出版本信息。

示例：先显示目录内容，并用 touch 命令创建 test1.txt 文件，再显示目录就可以看到 test1.txt 文件已经存在。

3. mv 命令

mv 是英文"move"的缩写，用于为文件或目录改名，或将文件或目录移至其他位置。

语法：

mv[参数][原文件名或目录名][目标文件名或目录名]

参数说明：
- -b：当目标文件或目录存在时，在对其执行覆盖前，会为其创建一个备份；
- -i：如果指定移动的原文件或目录与目标文件或目录同名，则会先询问是否覆盖旧文件，输入"y"表示直接覆盖，输入"n"表示取消该操作；
- -f：如果指定移动的原文件或目录与目标文件或目录同名，则不会询问，直接覆盖旧文件；
- -n：不要覆盖任何已存在的文件或目录；
- -u：当原文件比目标文件要新或者目标文件不存在时，才执行移动操作。

示例：把 test1.txt 文件改名为 test2.txt 文件，如图 2-7 所示。

```
[root@localhost tmp]# ls -l
total 0
-rw-r--r--. 1 root root 0 Aug  4 19:06 test1.txt
[root@localhost tmp]# mv test1.txt test2.txt
[root@localhost tmp]# ls -l
total 0
-rw-r--r--. 1 root root 0 Aug  4 19:06 test2.txt
[root@localhost tmp]#
```

图 2-7 把 test1.txt 文件改名为 test2.txt 文件

4. cp 命令

cp 是英文 "copy" 的缩写，主要用于复制文件或目录。

语法：

```
cp [参数][原文件名或目录名][目标文件名或目录名]
```

参数说明：

- -a：通常在复制目录时使用，它保留链接及文件属性，并复制目录下的所有内容，其作用相当于-pdr；
- -d：复制时保留链接。这里所说的链接相当于 Windows 操作系统中的快捷方式；
- -f：覆盖已经存在的目标文件而不给出提示；
- -i：与-f 相反，在覆盖目标文件之前给出提示，要求用户确认是否覆盖，输入"y"时目标文件将被覆盖；
- -p：除复制文件的内容外，把修改时间和访问权限也复制到新文件中；
- -r：若给出的原文件是一个目录文件，则将复制该目录下所有的子目录和文件；
- -l：不复制文件，只生成链接文件。

示例：复制 test2.txt 文件，并改名为 test3.txt 文件，如图 2-8 所示。

```
[root@localhost tmp]# ls -l
total 0
-rw-r--r--. 1 root root 0 Aug  4 19:06 test2.txt
[root@localhost tmp]# cp test2.txt test3.txt
[root@localhost tmp]#
[root@localhost tmp]# ls
test2.txt   test3.txt
[root@localhost tmp]# ls -l
total 0
-rw-r--r--. 1 root root 0 Aug  4 19:06 test2.txt
-rw-r--r--. 1 root root 0 Aug  4 19:31 test3.txt
[root@localhost tmp]#
```

图 2-8 复制 test2.txt 文件，并改名为 test3.txt 文件

5. rm 命令

rm 是英文 "remove" 的缩写，用于删除一个文件或者目录。

语法：

rm[参数][文件名或目录名]

参数说明：

- -i：删除前逐一询问并确认；
- -f：即使原文件属性为"未读"，也直接删除，无须逐一确认；
- -r：将目录及其下的文件逐一删除。

示例：删除 test3.txt 文件，如图 2-9 所示。

```
[root@localhost tmp]# ls -l
total 0
-rw-r--r--. 1 root root 0 Aug  4 19:06 test2.txt
-rw-r--r--. 1 root root 0 Aug  4 19:31 test3.txt
[root@localhost tmp]# rm test3.txt
rm: remove regular empty file  test3.txt'? y
[root@localhost tmp]# ls -l
total 0
-rw-r--r--. 1 root root 0 Aug  4 19:06 test2.txt
[root@localhost tmp]#
```

图 2-9　删除 test3.txt 文件

6. more 命令

more 命令以分屏方式显示文件内容。该命令的作用类似 cat，只不过 more 命令会以一页一页的形式显示，更方便逐页阅读，其基本操作是按空格键显示下一页，按 B 键显示上一页。

语法：

more[参数][文件名]

参数说明：

- -num：一次显示的行数；
- -d：提示用户，在屏幕下方显示"Press space to continue, 'q' to quit."，如果用户按错键，则会显示"Press 'h' for instructions."而不是发出"哔"声；
- -f：计算的行数为实际行数，而非自动换行后的行数（有些字数太长的单行会被扩展为两行或两行以上）；
- -p：不以滚动的方式显示每一页，而是先清空屏幕再显示内容；
- -c：跟-p 相似，不同的是-c 先显示内容再清除其他旧的内容；
- -S：当遇到连续两行以上的空白行时，将其替换为一行的空白行；
- -u：不显示下划线（根据环境变量 TERM 指定的终端而有所不同）；
- +num：从第 num 行开始显示。

示例：从第 10 行开始显示 anaconda-ks.cfg 文件内容，如图 2-10 所示。

```
[root@localhost ~]# more +10 anaconda-ks.cfg
# Firewall configuration
firewall --enabled
firstboot --disable
ignoredisk --only-use=sda
# Keyboard layouts
# old format: keyboard us
# new format:
keyboard --vckeymap=us --xlayouts='us'
# System language
lang en_US.UTF-8

# Network information
network --bootproto=dhcp --device=link --activate
network --hostname=localhost.localdomain
# Reboot after installation
reboot
# Root password
rootpw --iscrypted $1$Yk4ro7Bu$poxoAHi37PjzY1YuOX1gK/
# System services
```

图 2-10　从第 10 行开始显示 anaconda-ks.cfg 文件内容

7. less 命令

使用 less 命令可以随意浏览文件，在查看文件之前不会加载整个文件。

语法：

less[参数][文件名]

示例：使用 less 命令打开 anaconda-ks.cfg 文件，如图 2-11 所示，可以上下翻页查看文件。

```
[root@localhost ~]# ls -l
total 16
-rw-------. 1 root root 2761 Mar  5 15:00 anaconda-ks.cfg
-rw-r--r--. 1 root root  645 Jun 13 18:41 derby.log
drwxr-xr-x. 5 root root  133 Jun 13 18:41 metastore_db
-rw-------. 1 root root 2041 Mar  5 15:00 original-ks.cfg
drwxr-xr-x. 2 root root    6 Jun 13 17:36 spark-warehouse
-rw-r--r--. 1 root root   20 Apr 20 04:22 words.txt
[root@localhost ~]# less anaconda-ks.cfg
```

图 2-11　用 less 命令打开 anaconda-ks.cfg 文件

8. head 命令

head 命令用于查看文件开头部分的内容，常用的参数 -n 用于指定显示行数，默认显示 10 行的内容。

语法：

head[参数][文件名]

示例：使用 head 命令打开 anaconda-ks.cfg 文件，如图 2-12 所示，只显示前面 10 行的内容。

```
[root@localhost ~]# ls -l
total 16
-rw-------. 1 root root 2761 Mar  5 15:00 anaconda-ks.cfg
-rw-r--r--. 1 root root  645 Jun 13 18:41 derby.log
drwxr-xr-x. 5 root root  133 Jun 13 18:41 metastore_db
-rw-------. 1 root root 2041 Mar  5 15:00 original-ks.cfg
drwxr-xr-x. 2 root root    6 Jun 13 17:36 spark-warehouse
-rw-r--r--. 1 root root   20 Apr 20 04:22 words.txt
[root@localhost ~]# head anaconda-ks.cfg
#version=DEVEL
# System authorization information
auth --useshadow --enablemd5
# Install OS instead of upgrade
install
# Use CDROM installation media
cdrom
# Use graphical install
graphical
# Firewall configuration
[root@localhost ~]#
```

图 2-12 使用 head 命令打开 anaconda-ks.cfg 文件

9. tail 命令

tail 命令用于查看文件末尾的内容，常用的参数-f 用于查阅正在改变的日志文件。

语法：

tail[参数][文件名]

参数说明：

● -f filename：显示 filename 文件末尾的内容并且不断刷新，只要 filename 文件更新就可以看到最新的文件内容。

示例：使用 tail 命令打开 anaconda-ks.cfg 文件，如图 2-13 所示，显示文件末尾的内容。

```
[root@localhost ~]# ls -l
total 16
-rw-------. 1 root root 2761 Mar  5 15:00 anaconda-ks.cfg
-rw-r--r--. 1 root root  645 Jun 13 18:41 derby.log
drwxr-xr-x. 5 root root  133 Jun 13 18:41 metastore_db
-rw-------. 1 root root 2041 Mar  5 15:00 original-ks.cfg
drwxr-xr-x. 2 root root    6 Jun 13 17:36 spark-warehouse
-rw-r--r--. 1 root root   20 Apr 20 04:22 words.txt
[root@localhost ~]# tail anaconda-ks.cfg
make
open-vm-tools
patch
python

%end

%addon com_redhat_kdump --enable --reserve-mb='auto'

%end
[root@localhost ~]#
```

图 2-13 使用 tail 命令打开 anaconda-ks.cfg 文件

10. diff 命令

diff 命令用于比较文件的差异。如果指定了要比较的目录，则 diff 命令会比较目录中有相同文件名的文件，但不会比较其中的子目录。

语法：

> diff[参数][文件名 1 或目录名 1][文件名 2 或目录名 2]]

示例：使用 cp 命令把 anaconda-ks.cfg 文件备份为 anaconda-bak.cfg 文件后，在 anaconda-bak.cfg 文件中增加一行"Hello"内容。使用 diff 命令比较两个文件命令，如图 2-14 所示，显示两个文件不一样的内容。

```
[root@localhost ~]# ls -l
total 16
-rw-------. 1 root root 2761 Mar  5 15:00 anaconda-ks.cfg
-rw-r--r--. 1 root root  645 Jun 13 18:41 derby.log
drwxr-xr-x. 5 root root  133 Jun 13 18:41 metastore_db
-rw-------. 1 root root 2041 Mar  5 15:00 original-ks.cfg
drwxr-xr-x. 2 root root    6 Jun 13 17:36 spark-warehouse
-rw-r--r--. 1 root root   20 Apr 20 04:22 words.txt
[root@localhost ~]# cp anaconda-ks.cfg anaconda-bak.cfg
[root@localhost ~]# echo "Hello" >> anaconda-bak.cfg
[root@localhost ~]# diff anaconda-ks.cfg anaconda-bak.cfg
102a103
> Hello
[root@localhost ~]#
```

图 2-14 使用 diff 命令比较两个文件

（三）常见的系统管理类命令

系统管理类命令是对 Linux 操作系统下的系统状态进行查看、监控、管理等操作的命令。

1. free 命令

free 命令用于显示内存的使用情况，包括实体内存、虚拟的交换文件内存、共享内存区段，以及操作系统内核使用的缓冲区等。

语法：

> free[参数][-s<间隔秒数>]

参数说明：

- -b：以 Byte 为单位显示内存使用情况；
- -k：以 KB 为单位显示内存使用情况；
- -m：以 MB 为单位显示内存使用情况；
- -O：不显示缓冲区调节列；
- -t：显示内存总和列；
- -V：显示版本信息；

- -s<间隔秒数>：持续观察内存使用状况。

示例：显示以 MB 为单位、间隔 10 秒的内存情况，如图 2-15 所示。

```
[root@localhost ~]#
[root@localhost ~]# free -m -s 10
              total        used        free      shared  buff/cache   available
Mem:            972         541          62          10         368         205
Swap:          2047           0        2047

              total        used        free      shared  buff/cache   available
Mem:            972         541          62          10         368         205
Swap:          2047           0        2047
```

图 2-15　显示以 MB 为单位、间隔 10 秒的内存情况

2. ps 命令

ps 是英文 "process status" 的缩写，用于显示当前进程的状态，类似于 Windows 的任务管理器。

语法：

```
ps[参数]
```

参数说明：

- -A：列出所有的进程；
- -W：显示区域加宽，可以显示较多的信息；
- -au：显示较详细的信息；
- -aux：显示所有进程，包括其他用户的进程。

示例：显示当前进程情况，如图 2-16 所示。

```
[root@localhost ~]#
[root@localhost ~]# ps -aux
USER        PID %CPU %MEM    VSZ   RSS TTY      STAT START   TIME COMMAND
root          1  0.0  0.6 128140  6840 ?        Ss   19:25   0:01 /usr/lib/systemd/systemd
root          2  0.0  0.0      0     0 ?        S    19:25   0:00 [kthreadd]
root          3  0.0  0.0      0     0 ?        S    19:25   0:00 [ksoftirqd/0]
root          5  0.0  0.0      0     0 ?        S<   19:25   0:00 [kworker/0:0H]
root          7  0.0  0.0      0     0 ?        S    19:25   0:00 [migration/0]
root          8  0.0  0.0      0     0 ?        S    19:25   0:00 [rcu_bh]
root          9  0.0  0.0      0     0 ?        R    19:25   0:00 [rcu_sched]
root         10  0.0  0.0      0     0 ?        S<   19:25   0:00 [lru-add-drain]
root         11  0.0  0.0      0     0 ?        S    19:25   0:00 [watchdog/0]
root         13  0.0  0.0      0     0 ?        S    19:25   0:00 [kdevtmpfs]
root         14  0.0  0.0      0     0 ?        S<   19:25   0:00 [netns]
root         15  0.0  0.0      0     0 ?        S    19:25   0:00 [khungtaskd]
root         16  0.0  0.0      0     0 ?        S<   19:25   0:00 [writeback]
root         17  0.0  0.0      0     0 ?        S<   19:25   0:00 [kintegrityd]
root         18  0.0  0.0      0     0 ?        S<   19:25   0:00 [bioset]
root         19  0.0  0.0      0     0 ?        S<   19:25   0:00 [bioset]
root         20  0.0  0.0      0     0 ?        S<   19:25   0:00 [bioset]
```

图 2-16　显示当前进程情况

3. top 命令

top 命令用于实时显示进程的动态。

语法：

```
top[参数]
```

参数说明：

• -d：改变显示页面的更新速度，或在交互式命令列（COMMAND）按 S 键；

• -q：没有任何延迟的显示速度，如果用户有超级用户的权限，则 top 命令将以最高的优先级执行；

• -c：切换显示模式，共有两种显示模式，一种是只显示名称，另一种是累积模式，显示完整的路径与名称，并会将已完成或消失的子进程（dead child process）占用的 CPU 时间累积起来；

• -s：安全模式，将交互式命令取消以避免潜在的危机；

• -i：不显示任何闲置（idle）或无用（zombie）的进程；

• -n：更新的次数，完成后将会结束 top 命令；

• -b：批处理模式，搭配 -n 参数一起使用，可以将 top 命令的执行结果输出到文件内。

示例：实时显示进程动态，如图 2-17 所示。

```
[root@localhost ~]# top
top - 23:53:11 up  4:27,  2 users,  load average: 0.04, 0.03, 0.05
Tasks: 160 total,   1 running, 159 sleeping,   0 stopped,   0 zombie
%Cpu(s):  0.3 us,  0.3 sy,  0.0 ni, 99.3 id,  0.0 wa,  0.0 hi,  0.0 si,  0.0 st
KiB Mem :   995896 total,    78728 free,   553316 used,   363852 buff/cache
KiB Swap:  2097148 total,  2096884 free,      264 used.   212048 avail Mem

  PID USER      PR  NI    VIRT    RES    SHR S %CPU %MEM     TIME+ COMMAND
    1 root      20   0  128140   6840   4172 S  0.0  0.7   0:01.77 systemd
    2 root      20   0       0      0      0 S  0.0  0.0   0:00.00 kthreadd
    3 root      20   0       0      0      0 S  0.0  0.0   0:00.29 ksoftirqd/0
    5 root       0 -20       0      0      0 S  0.0  0.0   0:00.00 kworker/0:0H
    7 root      rt   0       0      0      0 S  0.0  0.0   0:00.00 migration/0
    8 root      20   0       0      0      0 S  0.0  0.0   0:00.00 rcu_bh
    9 root      20   0       0      0      0 S  0.0  0.0   0:00.52 rcu_sched
   10 root       0 -20       0      0      0 S  0.0  0.0   0:00.00 lru-add-drain
   11 root      rt   0       0      0      0 S  0.0  0.0   0:00.08 watchdog/0
   13 root      20   0       0      0      0 S  0.0  0.0   0:00.00 kdevtmpfs
   14 root       0 -20       0      0      0 S  0.0  0.0   0:00.00 netns
   15 root      20   0       0      0      0 S  0.0  0.0   0:00.01 khungtaskd
```

图 2-17 实时显示进程动态

4. shutdown 命令

shutdown 命令用于执行关机程序。

语法：

```
shutdown[参数]
```

参数说明：

- -t seconds：设定在几秒钟之后执行关机程序；
- -k：并不会真地关机，只是将警告信息传送给所有用户；
- -r：关机后重新开机；
- -h：关机后停机；
- -n：不采用正常程序来关机，强制结束所有执行中的程序后自行关机；
- -c：取消正在进行的关机动作；
- -f：关机时，不检查 Linux 文件系统；
- -F：关机时，强迫检查 Linux 文件系统；
- time：设定关机的时间；
- message：传送给所有用户的警告信息。

示例：使用 shutdown 命令指定 10 分钟后关机，如图 2-18 所示。

```
[root@localhost ~]#
[root@localhost ~]# shutdown -h 10
Shutdown scheduled for Sat 2023-08-05 00:13:07 PDT, use 'shutdown -c' to cancel.
[root@localhost ~]#
Broadcast message from root@localhost (Sat 2023-08-05 00:03:07 PDT):

The system is going down for power-off at Sat 2023-08-05 00:13:07 PDT!
```

图 2-18　使用 shutdown 命令指定 10 分钟后关机

5. reboot 命令

reboot 命令用于重新启动计算机。

示例：使用 reboot 命令重启当前计算机，如图 2-19 所示。

```
[root@localhost ~]#
[root@localhost ~]# reboot
```

图 2-19　使用 reboot 命令重启当前计算机

6. halt 命令

halt 命令用于关闭计算机，相当于 shutdown -h。

示例：使用 halt 命令关闭当前计算机，如图 2-20 所示。

```
[root@localhost ~]#
[root@localhost ~]# halt
```

图 2-20　使用 halt 命令关闭当前计算机

7. poweroff 命令

poweroff 命令用于关闭计算机并切断电源。

示例：使用 poweroff 命令关闭当前计算机并切断电源，如图 2-21 所示。

```
[root@localhost ~]#
[root@localhost ~]# poweroff
```

图 2-21　使用 poweroff 命令关闭当前计算机并切断电源

8. time 命令

time 命令用于显示特定命令执行时所需的时间及系统资源等信息。

示例：使用 time 命令显示当前计算机的系统资源消耗时间，如图 2-22 所示。

```
[root@localhost ~]#
[root@localhost ~]# time

real    0m0.000s
user    0m0.000s
sys     0m0.000s
```

图 2-22　使用 time 命令显示当前计算机的系统资源消耗时间

9. date 命令

date 命令用于显示或设定计算机的日期和时间。

示例：使用 date 命令显示当前计算机的日期和时间，如图 2-23 所示。

```
[root@localhost ~]#
[root@localhost ~]# date
Sat Aug  5 00:33:38 PDT 2023
```

图 2-23　使用 date 命令显示当前计算机的日期和时间

10. cal 命令

cal 命令用于显示公历日历，如果只有一个参数，则该参数表示年份（1~9999）；如果有两个参数，则两个参数分别表示月份和年份。

语法：

```
cal[参数]
```

参数说明：

- -3：显示前一个月、当前月、后一个月的日历；
- -m：显示星期一为第一列；
- -j：显示在当年的第几天；
- -y[year]：显示当前年份（year 年）的日历。

示例：使用 date 命令显示 2023 年的日历，如图 2-24 所示。

```
[root@localhost ~]# cal -y 2023
                              2023
       January               February                 March
Su Mo Tu We Th Fr Sa    Su Mo Tu We Th Fr Sa    Su Mo Tu We Th Fr Sa
 1  2  3  4  5  6  7              1  2  3  4              1  2  3  4
 8  9 10 11 12 13 14     5  6  7  8  9 10 11     5  6  7  8  9 10 11
15 16 17 18 19 20 21    12 13 14 15 16 17 18    12 13 14 15 16 17 18
22 23 24 25 26 27 28    19 20 21 22 23 24 25    19 20 21 22 23 24 25
29 30 31                26 27 28                26 27 28 29 30 31

        April                   May                    June
Su Mo Tu We Th Fr Sa    Su Mo Tu We Th Fr Sa    Su Mo Tu We Th Fr Sa
                   1        1  2  3  4  5  6              1  2  3
 2  3  4  5  6  7  8     7  8  9 10 11 12 13     4  5  6  7  8  9 10
 9 10 11 12 13 14 15    14 15 16 17 18 19 20    11 12 13 14 15 16 17
16 17 18 19 20 21 22    21 22 23 24 25 26 27    18 19 20 21 22 23 24
23 24 25 26 27 28 29    28 29 30 31             25 26 27 28 29 30
30
```

图 2-24　使用 date 命令显示 2023 年的日历

(四)常见的软件包管理类命令

软件包管理类命令是对 Linux 操作系统下的软件包使用状态进行查看、安装、升级、移除等操作的命令。

1. tar 命令

tar 是英文 "tape archive" 的缩写，用于建立、还原备份文件。

语法：

```
tar[参数]文件名或目录名
```

参数说明：

- -A 或 --catenate：新增文件到已存在的备份文件中；
- -c 或 --create：建立新的备份文件；
- -C<目标目录>或 --directory<目标目录>：切换到指定的目录；
- -d 或 --diff 或 --compare：对比备份文件内和文件系统上的文件的差异；
- -f 或 --file=ARCHIVE：指定备份文件；
- -k 或 --keep-old-files：解开备份文件时，不覆盖已有的文件；
- -K<文件>或 --starting-file=<文件>：从指定的文件开始还原；
- -t 或 --list：列出备份文件的内容；
- -u 或 --update：用新增的文件取代备份文件，若无要更新的内容，则将其追加到备份文件末尾；
- -v 或 --verbose：显示命令执行过程；
- -x 或 --extract 或 --get：从备份文件中还原文件；

- -z 或 --gzip 或 --ungzip：通过 gzip 命令处理备份文件；
- --version：显示版本信息。

示例：使用 tar 命令把目录 spark-warehouse/ 打包到 docs.tar 文件中，如图 2-25 所示。

```
[root@localhost ~]# ls
anaconda-bak.cfg  anaconda-ks.cfg  derby.log  metastore_db  original-ks.cfg  spark-warehouse
[root@localhost ~]# tar -cvf docs.tar spark-warehouse/
spark-warehouse/
[root@localhost ~]# ls
anaconda-bak.cfg  derby.log     metastore_db     spark-warehouse
anaconda-ks.cfg   docs.tar      original-ks.cfg  words.txt
[root@localhost ~]#
```

图 2-25　使用 tar 命令把目录 spark-warehouse/ 打包到 docs.tar 文件中

2. rpm 命令

rpm 是英文"redhat package manager"的缩写，用于管理套件。这种套件管理方式使 Linux 操作系统易于安装与升级，间接提升了 Linux 操作系统的适用度。

语法：

```
rpm[参数]软件包
```

参数说明：

- -f<软件包>：查询有指定文件的软件包；
- -h 或 --hash：软件包安装时列出标记；
- -i<软件包>或--install<软件包>：安装指定的软件包；
- -q：使用询问模式，当遇到任何问题时，rpm 命令会先询问用户；
- -R：显示软件包的关联信息；
- -U<软件包>或--upgrade<软件包>：升级指定的软件包；
- -V：显示命令执行过程。

示例：使用 rpm 命令安装 vsftpd 软件包，如图 2-26 所示。

```
[root@wfb ~]# ls
anaconda-bak.cfg  derby.log    metastore_db     spark-warehouse                words.txt
anaconda-ks.cfg   docs.tar     original-ks.cfg  vsftpd-3.0.2-28.el7.x86_64.rpm
[root@wfb ~]# rpm -ivh vsftpd-3.0.2-28.el7.x86_64.rpm
Preparing...                          ################################# [100%]
        package vsftpd-3.0.2-29.el7_9.x86_64 (which is newer than vsftpd-3.0.2-28.el7.x8
led
        file /usr/sbin/vsftpd from install of vsftpd-3.0.2-28.el7.x86_64 conflicts with
d-3.0.2-29.el7_9.x86_64
        file /usr/share/man/man5/vsftpd.conf.5.gz from install of vsftpd-3.0.2-28.el7.x8
e from package vsftpd-3.0.2-29.el7_9.x86_64
```

图 2-26　使用 rpm 命令安装 vsftpd 软件包

3. yum 命令

yum 是英文"Yellow dog Updater, Modified"的缩写，它是存在于 Fedora、Red Hat 和 SUSE 中的 Shell 前端软件包管理器，基于 RPM 软件包管理器，能够从指定的服务器中自动下载并安装软件包，可以自动处理依赖关系，并且一次安装所有依赖的软件包，无须烦琐地一次次下载、安装。

语法：

```
yum[参数]命令项[软件包]
```

参数说明：

- -h：显示帮助信息；
- -y：当安装过程中提示选择时全部选择"yes"；
- -q：不显示安装的过程。

yum 提供了查找、安装、删除某一个或一组，甚至全部软件包的命令，这些命令简洁又好记。

常用命令：

- yum check-update：列出可更新的软件清单；
- yum update：更新所有软件包；
- yum install<软件包>：仅安装指定的软件包；
- yum update<软件包>：仅更新指定的软件包；
- yum list：列出可安装的软件包清单；
- yum remove<软件包>：删除软件包；
- yum search<软件包>：查找软件包；
- yum clean packages：清除缓存目录下的软件包；
- yum clean headers：清除缓存目录下的 headers；
- yum clean oldheaders：清除缓存目录下旧的 headers；
- yum clean, yum clean all：清除缓存目录下的软件包及旧的 headers。

示例：使用 yum 命令安装 vsftpd 软件包，如图 2-27 所示。

```
[root@localhost ~]# rpm -q vsftpd
package vsftpd is not installed
[root@localhost ~]# yum search vsftpd
Loaded plugins: fastestmirror, langpacks
Repodata is over 2 weeks old. Install yum-cron? Or run: yum makecache fast
Determining fastest mirrors
 * base: mirrors.bfsu.edu.cn
 * extras: mirrors.bfsu.edu.cn
 * updates: mirrors.bfsu.edu.cn
=============================== N/S matched: vsftpd ===============================
vsftpd-sysvinit.x86_64 : SysV initscript for vsftpd daemon
vsftpd.x86_64 : Very Secure Ftp Daemon

  Name and summary matches only, use "search all" for everything.
[root@localhost ~]# yum install vsftpd -y
Loaded plugins: fastestmirror, langpacks
Loading mirror speeds from cached hostfile
 * base: mirrors.bfsu.edu.cn
 * extras: mirrors.bfsu.edu.cn
 * updates: mirrors.bfsu.edu.cn
```

图 2-27 使用 yum 命令安装 vsftpd 软件包

若出现如下信息："本系统尚未在权利服务器中注册。可使用 subscription-manager 进行注册。"则使用"sudo subscription-manager register --username=用户名 --password=密码 --auto-attach"命令来注册系统(其中,用户名为在 Red Hat 官网注册的账号,密码为对应的账号密码)。

二、Linux 文件系统

文件系统(File System)是磁盘上有特定格式的一块区域,操作系统利用文件系统保存和管理文件。不同的操作系统需要使用不同的文件系统,为了与其他操作系统兼容,通常操作系统都支持多种类型的文件系统。

(一)Linux 常见文件系统

Linux 操作系统能够支持的文件系统非常多,除 Linux 默认文件系统 Ext2、Ext3 和 Ext4 之外,还支持 FAT16、FAT32、NTFS(需要重新编译内核)等 Windows 文件系统。也就是说,Linux 可以通过挂载的方式使用 Windows 文件系统中的数据。Linux 能够支持的文件系统在/usr/src/kemels/当前系统版本/fs 目录下(需要在安装时选择),该目录下的每个子目录都是一个可以识别的文件系统。Linux 常见文件系统如表 2-1 所示。

表 2-1　Linux 常见文件系统

文件系统	描述
Ext	Linux 中最早的文件系统,由于在性能和兼容性上具有很多缺陷,现在已经很少使用
Ext2	Ext 文件系统的升级版本,Red Hat Linux 7.2 版本以前的文件系统默认都是 Ext2 文件系统。Ext2 于 1993 年发布,支持最大 16 TB 的分区和最大 2 TB 的文件(1 TB=1024 GB=1024×1024 KB)
Ext3	Ext2 文件系统的升级版本,带日志功能,以便在操作系统突然停止运行时提高文件系统的可靠性。Ext3 支持最大 16 TB 的分区和最大 2 TB 的文件
Ext4	Ext3 文件系统的升级版。Ext4 在性能、伸缩性和可靠性方面进行了大量改进。Ext4 的变化可以说是翻天覆地的,如向下兼容 Ext3、最大 1 EB 文件系统和 16 TB 文件、无限数量子目录、Extents 连续数据块概念、多块分配、延迟分配、持久预分配、快速 FSCK、日志校验、无日志模式、在线碎片整理、inode 增强、默认启用 barrier 等。它是 CentOS 6.3 的默认文件系统
xfs	被业界称为最先进、最具有可升级性的文件系统,由 SGI 公司设计,目前 CentOS 7 默认使用的就是此文件系统
swap	swap 是 Linux 中用于交换分区的文件系统(类似于 Windows 中的虚拟内存),当内存不够用时,使用交换分区暂时替代内存。其一般大小为内存的 2 倍,但是不能超过 2GB。它是 Linux 的必需分区
NFS	NFS 是网络文件系统(Network File System)的缩写,是用来实现不同主机之间文件共享的一种网络服务,本地主机可以通过挂载的方式使用远程共享的资源
iso9660	光盘的标准文件系统。Linux 要想使用光盘,就必须支持 iso9660 文件系统
FAT	就是 Windows 下的 FAT16 文件系统,在 Linux 中识别为 FAT
VFAT	就是 Windows 下的 FAT32 文件系统,在 Linux 中识别为 VFAT,支持最大 32 GB 的分区和最大 4 GB 的文件

续表

文件系统	描述
NTFS	就是 Windows 下的 NTFS 文件系统,Linux 默认是不能识别 NTFS 文件系统的,如果需要识别,则需要重新编译内核。它比 FAT32 文件系统更加安全、速度更快,支持最大 2 TB 的分区和最大 64 GB 的文件
ufs	Sun 公司的操作系统 Solaris 和 SunOS 所采用的文件系统
proc	Linux 中基于内存的虚拟文件系统,用来管理内存存储目录 /proc
sysfs	和 proc 一样,也是基于内存的虚拟文件系统,用来管理内存存储目录 /sys
tmpfs	也是一种基于内存的虚拟文件系统,不过也可以使用 swap 交换分区

(二)Linux 文件系统挂载

Linux 下的设备不挂载就不能使用,不挂载的设备相当于没有门和窗户的房子(进不去、出不来),挂载相当于给设备创造了一个入口(挂载点,一般为目录)。挂载通常是将一个存储设备挂接到一个已经存在的目录上,访问这个目录就是访问该存储设备中的内容。一般可以通过命令来实现文件系统的挂载和卸载。

1. mount 命令

mount 命令用于挂载 Linux 操作系统外的文件系统。

语法:

```
mount[参数]设备名 目录名
```

参数说明:

- -t:指定挂载类型;
- -1:显示已挂载的文件系统列表;
- -h:显示帮助信息并退出;
- -n:挂载没有写入文件/etc/mtab 的文件系统;
- -r:以只读模式挂载文件系统;
- -a:挂载文件/etc/fstab 中描述的所有文件系统。

用 mount 命令把光盘挂载到/mnt 目录下,没有则提示找不到光盘,如图 2-28 所示。

```
[root@localhost ~]# mount /dev/cdrom /mnt
mount: no medium found on /dev/sr0
[root@localhost ~]#
```

图 2-28 使用 mount 命令把光盘挂载到/mnt 目录下

2. umount 命令

umount 是英文"unmount"的缩写。umount 命令用于卸载已安装的文件系统、目录或文件,与 mount 命令作用相反。

语法：

> umount[参数]已挂载目录

参数说明：
- -a：卸载所有文件系统；
- -t：指定挂载类型；
- -h：显示帮助信息并退出；
- -n：不写入文件/etc/mtab。

示例：使用 umount 命令把已挂载目录/mnt 卸载，如图 2-29 所示，若目录下没有挂载光盘则提示无挂载。

```
[root@localhost ~]# ls /mnt/
[root@localhost ~]# umount /mnt
umount: /mnt: not mounted
[root@localhost ~]#
```

图 2-29 使用 umount 命令把已挂载目录/mnt 卸载

（三）Linux 文件系统目录结构

Linux 操作系统中的所有文件都存储在文件系统中，它们被组织到一个目录树中，该目录树的树根在顶部，树根的下方延伸出目录和子目录。Linux 文件系统目录树如图 2-30 所示。

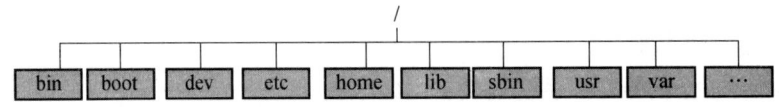

图 2-30 Linux 文件系统目录树

"/"是根目录，位于文件系统目录树的顶部。"/"的子目录用于标准化，以便根据文件的用途组织文件。常用目录及作用如下：

- /boot：用于存储引导文件；
- /bin：用于存储二进制可执行命令；
- /dev：用于存储设备特殊文件；
- /etc：用于存储系统管理和配置文件；
- /home：用户主目录的基点，如用户 administrator 的主目录就是/home/administrator；
- /lib：标准程序设计库，又叫动态链接共享库；
- /sbin：超级管理命令，这里存放的是管理员使用的管理程序；
- /tmp：公共的临时文件存储目录；
- /root：管理员的主目录；

- /mnt：用于临时挂载其他文件系统；
- /lost+found：该目录平时是空的；
- /proc：虚拟的目录，是内存的映射，可直接访问该目录来获取操作系统信息；
- /var：某些大文件的溢出区，如各种服务的日志文件；
- /usr：最庞大的目录，要用到的应用程序和文件几乎都在该目录下。

三、Linux 绝对路径与相对路径

在操作系统中，路径指的是文件的存储位置，如 Windows 中的 C:\Users\HEAD 表示 HEAD 目录的路径。在 Linux 中的路径与之类似，只是路径的描述方式有区别，如/home/scg 表示 scg 目录的路径。在任何命令中，只要给出要操作的文件的路径，就能找到那个文件。Linux 操作系统存在绝对路径和相对路径。

（一）绝对路径

绝对路径指的是由根目录(/)开始写的路径，目录层级用斜杠(/)来分隔，如/usr/local/mysql 就是绝对路径。

示例：通过绝对路径访问/etc/sysconfig/network-scripts 目录，如图 2-31 所示。

```
[root@localhost ~]# pwd
/root
[root@localhost ~]# cd /etc/sysconfig/network-scripts/
[root@localhost network-scripts]# ls
ifcfg-ens33    ifdown-ippp    ifdown-sit       ifup-bnep    ifup-plip    ifup-Team
ifcfg-lo       ifdown-ipv6    ifdown-Team      ifup-eth     ifup-plusb   ifup-TeamPort
ifdown         ifdown-isdn    ifdown-TeamPort  ifup-ib      ifup-post    ifup-tunnel
ifdown-bnep    ifdown-post    ifdown-tunnel    ifup-ippp    ifup-ppp     ifup-wireless
ifdown-eth     ifdown-ppp     ifup             ifup-ipv6    ifup-routes  init.ipv6-global
ifdown-ib      ifdown-routes  ifup-aliases     ifup-isdn    ifup-sit     network-functions
[root@localhost network-scripts]#
```

图 2-31　通过绝对路径访问/etc/sysconfig/network-scripts 目录

（二）相对路径

相对路径是以当前路径的相对位置来表示的。相对路径不是从"/"写起的。例如，用户当前在/usr 目录下，则先进入/，再进入 etc，然后进入 sysconfig，最后进入 network-scripts。第一个 cd 命令后跟/etc，第二个 cd 命令后跟 sysconfig（并没有斜杠），这个 sysconfig 是相对于/etc 目录来讲的，所以叫作相对路径。

示例：当前在/usr 目录下，通过相对路径访问/etc/sysconfig/network-scripts 目录，如图 2-32 所示。

```
[root@localhost ~]# pwd
/root
[root@localhost ~]# cd /etc
[root@localhost etc]# cd sysconfig/
[root@localhost sysconfig]# cd network-scripts/
[root@localhost network-scripts]# ls
ifcfg-ens33    ifdown-ippp    ifdown-sit        ifup-bnep    ifup-plip     ifup-Team
ifcfg-lo       ifdown-ipv6    ifdown-Team       ifup-eth     ifup-plusb    ifup-TeamPort
ifdown         ifdown-isdn    ifdown-TeamPort   ifup-ib      ifup-post     ifup-tunnel
ifdown-bnep    ifdown-post    ifdown-tunnel     ifup-ippp    ifup-ppp      ifup-wireless
ifdown-eth     ifdown-ppp     ifup              ifup-ipv6    ifup-routes   init.ipv6-global
ifdown-ib      ifdown-routes  ifup-aliases      ifup-isdn    ifup-sit      network-functions
[root@localhost network-scripts]#
```

图 2-32　通过相对路径访问/etc/sysconfig/network-scripts 目录

相对路径中还有以下两种特殊表示方法：./指的是当前目录，不存在歧义的时候可以省略；../指的是当前目录的上一级目录。

示例：当前在/usr 目录下，通过相对路径访问/etc/sysconfig/network-scripts 目录，如图 2-33 所示。

```
[root@localhost ~]# pwd
/root
[root@localhost ~]# cd ../
[root@localhost /]# pwd
/
[root@localhost /]# cd ./etc
[root@localhost etc]# cd ./sysconfig/
[root@localhost sysconfig]# cd ./network-scripts/
[root@localhost network-scripts]# ls
ifcfg-ens33    ifdown-ippp    ifdown-sit        ifup-bnep    ifup-plip     ifup-Team
ifcfg-lo       ifdown-ipv6    ifdown-Team       ifup-eth     ifup-plusb    ifup-TeamPort
ifdown         ifdown-isdn    ifdown-TeamPort   ifup-ib      ifup-post     ifup-tunnel
ifdown-bnep    ifdown-post    ifdown-tunnel     ifup-ippp    ifup-ppp      ifup-wireless
ifdown-eth     ifdown-ppp     ifup              ifup-ipv6    ifup-routes   init.ipv6-global
ifdown-ib      ifdown-routes  ifup-aliases      ifup-isdn    ifup-sit      network-functions
[root@localhost network-scripts]#
```

图 2-33　通过相对路径访问/etc/sysconfig/network-scripts 目录

知识扩展

自动补全

- 当敲出文件、目录或者命令的前几个字母之后，按 Tab 键，如果输入的内容没有歧义，则系统会自动补全；
- 当切换目录或者使用命令时，如果不确定当前目录下有那些子目录或者其他命令，则可以通过按两次 Tab 键查看。

项目二 Linux 操作系统文件与权限管理

任务设计与准备

一、任务设计

任务目的：
- 掌握 Linux 的命令行操作方法；
- 掌握 Linux 的常见命令使用方法；
- 了解 Linux 文件系统及目录结构；
- 掌握通过命令行管理文件系统的方法。

任务内容：
- 目录创建、移动、删除、压缩等基本操作；
- 文件创建、移动、删除、查看等基本操作；
- 使用 yum 命令安装软件。

二、任务准备

公司园区网已经组建完成，服务器的 Linux 操作系统也已经安装完毕。技术员在掌握了 Linux 目录操作、文件操作，系统状态的查看、监控与管理，网络监控与管理，软件包的查看与管理等技能后，充分认识到在 Linux 操作系统中所有内容都是以文件的形式保存和管理的，即"一切皆文件"，普通文件是文件，目录是文件，硬件设备是文件，网络通信等资源也都是文件。

任务实施

步骤一：在主目录下创建目录 mydir 和 mydir1，随后进入 mydir，分别采用相对路径和绝对路径两种方式进入目录/home，如图 2-34 所示。

```
[root@localhost ~]# mkdir mydir
[root@localhost ~]# mkdir mydir1
[root@localhost ~]# cd ../../home
[root@localhost home]# cd
[root@localhost ~]# cd /home
[root@localhost home]#
```

图 2-34 进入目录/home

步骤二：在主目录下创建目录 mydir/java/docs 和 mydir/shell/docs，如图 2-35 所示。

```
[root@localhost ~]# mkdir -p mydir/java/docs
[root@localhost ~]# mkdir -p mydir/shell/docs
[root@localhost ~]# ls -l
total 212
-rw-------. 1 root root  2767 Aug  4 21:37 anaconda-bak.cfg
-rw-------. 1 root root  2761 Mar  5 15:00 anaconda-ks.cfg
-rw-r--r--. 1 root root   645 Jun 13 18:41 derby.log
-rw-r--r--. 1 root root 10240 Aug  5 01:19 docs.tar
drwxr-xr-x. 5 root root   133 Jun 13 18:41 metastore_db
drwxr-xr-x. 4 root root    31 Aug 16 06:07 mydir
drwxr-xr-x. 2 root root     6 Aug 16 06:03 mydir1
```

图 2-35 创建目录 mydir/java/docs 和 mydir/shell/docs

步骤三：在主目录下的目录 mydir/java/docs 中创建文件 t1（并在文件中写入内容"this file name is t1"），在目录 mydir/shell/docs 中创建文件 t2（并在文件中写入内容"this file name is t2"）。创建文件 t1 和 t2 如图 2-36 所示。

```
[root@localhost ~]# touch mydir/java/docs/t1
[root@localhost ~]# echo "this file name is t1" > mydir/java/docs/t1
[root@localhost ~]# touch mydir/shell/docs/t2
[root@localhost ~]# echo "this file name is t2" > mydir/shell/docs/t2
```

图 2-36 创建文件 t1 和 t2

步骤四：在主目录下创建目录 testUser，将其复制一份并命名为 testUser1，把目录 testUser1 重命名为 testUser.bak。复制目录如图 2-37 所示。

```
[root@localhost ~]# mkdir testUser
[root@localhost ~]# cp -r testUser/ testUser1
[root@localhost ~]# mv testUser1 testUser.bak
[root@localhost ~]# ls -l
total 212
-rw-------. 1 root  root  2767 Aug  4 21:37 anaconda-bak.cfg
-rw-------. 1 root  root  2761 Mar  5 15:00 anaconda-ks.cfg
-rw-r--r--. 1 root  root   645 Jun 13 18:41 derby.log
-rw-r--r--. 1 root  root 10240 Aug  5 01:19 docs.tar
drwxr-xr-x. 5 root  root   133 Jun 13 18:41 metastore_db
drwxr-xr-x. 4 root  root    31 Aug 16 06:07 mydir
drwxr-xr-x. 2 root  root     6 Aug 16 06:03 mydir1
-rw-------. 1 root  root  2041 Mar  5 15:00 original-ks.cfg
drwxr-xr-x. 6 root  root     6 Jun 13 17:36 spark-warehouse
-rw-r--r--. 2 user1 root     6 Aug 15 01:21 test1.txt
-rw-r--r--. 1 root  root     0 Aug 15 07:19 test5.txt
drwxr-xr-x. 2 root  root     6 Aug 16 06:19 testUser
drwxr-xr-x. 2 root  root     6 Aug 16 06:19 testUser.bak
```

图 2-37 复制目录

项目二 Linux 操作系统文件与权限管理

步骤五：在主目录下删除目录 testUser.bak，如图 2-38 所示。

```
[root@localhost ~]# rm -rf testUser.bak
[root@localhost ~]# ls -l
total 212
-rw-------.  1 root root   2767 Aug  4 21:37 anaconda-bak.cfg
-rw-------.  1 root root   2761 Mar  5 15:00 anaconda-ks.cfg
-rw-r--r--.  1 root root    645 Jun 13 18:41 derby.log
-rw-r--r--.  1 root root  10240 Aug  5 01:19 docs.tar
drwxr-xr-x.  5 root root    133 Jun 13 18:41 metastore_db
drwxr-xr-x.  4 root root     31 Aug 16 06:07 mydir
drwxr-xr-x.  2 root root      6 Aug 16 06:03 mydir1
-rw-------.  1 root root   2041 Mar  5 15:00 original-ks.cfg
drwxr-xr-x.  2 root root      6 Jun 13 17:36 spark-warehouse
-rw-r--r--.  2 user1 root     6 Aug 15 01:21 test1.txt
-rw-r--r--.  1 root root      0 Aug 15 07:19 test5.txt
drwxr-xr-x.  2 root root      6 Aug 16 06:19 testUser
```

图 2-38 删除目录 testUser.bak

步骤六：在主目录下查找所有包含"test"的普通文件，如图 2-39 所示。

```
[root@localhost ~]# ls -l | grep "test"
-rw-r--r--.  2 user1 root     6 Aug 15 01:21 test1.txt
-rw-r--r--.  1 root root      0 Aug 15 07:19 test5.txt
drwxr-xr-x.  2 root root      6 Aug 16 06:19 testUser
lrwxrwxrwx.  1 root root      9 Aug 15 04:07 text4.txt -> test3.txt
```

图 2-39 查找所有包含"test"的普通文件

步骤七：把目录 mydir/java/docs 下的 t1 文件复制一份到主目录下，将其重命名为 t3。复制、重命名文件如图 2-40 所示。

```
[root@localhost ~]# cp mydir/java/docs/t1 t3
[root@localhost ~]# ls -l
total 216
-rw-------.  1 root root   2767 Aug  4 21:37 anaconda-bak.cfg
-rw-------.  1 root root   2761 Mar  5 15:00 anaconda-ks.cfg
-rw-r--r--.  1 root root    645 Jun 13 18:41 derby.log
-rw-r--r--.  1 root root  10240 Aug  5 01:19 docs.tar
drwxr-xr-x.  5 root root    133 Jun 13 18:41 metastore_db
drwxr-xr-x.  4 root root     31 Aug 16 06:07 mydir
drwxr-xr-x.  2 root root      6 Aug 16 06:03 mydir1
-rw-------.  1 root root   2041 Mar  5 15:00 original-ks.cfg
drwxr-xr-x.  2 root root      6 Jun 13 17:36 spark-warehouse
-rw-r--r--.  1 root root     21 Aug 16 06:46 t3
```

图 2-40 复制、重命名文件

步骤八：把目录 mydir 和目录 mydir1 打包并压缩为 mydir.tar.gz。打包并压缩文件如图 2-41 所示。

61

```
[root@localhost ~]# tar cvzf mydir.tar.gz mydir mydir1
mydir/
mydir/java/
mydir/java/docs/
mydir/java/docs/t1
mydir/shell/
mydir/shell/docs/
mydir/shell/docs/t2
mydir1/
```

图 2-41 打包并压缩文件

步骤九：把目录 mydir 重命名为 mydir.old，把目录 mydir1 重命名为 mydir1.old，解包 mydir.tar.gz，以还原目录 mydir 和 mydir1。解包文件如图 2-42 所示。

```
[root@localhost ~]# mv mydir mydir.old
[root@localhost ~]# mv mydir1 mydir1.old
[root@localhost ~]# tar -zxvf mydir.tar.gz
mydir/
mydir/java/
mydir/java/docs/
mydir/java/docs/t1
mydir/shell/
mydir/shell/docs/
mydir/shell/docs/t2
mydir1/
```

图 2-42 解包文件

步骤十：使用 yum 命令安装 vsftpd 软件包，如图 2-43 所示。

```
[root@localhost ~]# rpm -q vsftpd
package vsftpd is not installed
[root@localhost ~]# yum search vsftpd
Loaded plugins: fastestmirror, langpacks
Repodata is over 2 weeks old. Install yum-cron? Or run: yum makecache fast
Determining fastest mirrors
 * base: mirrors.bfsu.edu.cn
 * extras: mirrors.bfsu.edu.cn
 * updates: mirrors.bfsu.edu.cn
=============================== N/S matched: vsftpd ===============================
vsftpd-sysvinit.x86_64 : SysV initscript for vsftpd daemon
vsftpd.x86_64 : Very Secure Ftp Daemon

  Name and summary matches only, use "search all" for everything.
[root@localhost ~]# yum install vsftpd -y
Loaded plugins: fastestmirror, langpacks
Loading mirror speeds from cached hostfile
 * base: mirrors.bfsu.edu.cn
 * extras: mirrors.bfsu.edu.cn
 * updates: mirrors.bfsu.edu.cn
```

图 2-43 使用 yum 命令安装 vsftpd 软件包

项目二 Linux 操作系统文件与权限管理

任务总结

通过对 Linux 目录操作、文件操作，系统状态的查看、监控与管理，网络监控与管理等操作的熟练掌握，能解决在 Linux 操作系统文件管理中的基本问题，为 Linux 操作系统中的服务器的配置部署打下坚实基础。

思考与练习

一、填空题

1. Linux 操作系统的常用命令主要有_____类命令、_____类命令、_____类命令和_____类命令。

2. Linux 操作系统的系统管理类命令中_____用于显示当前进程的状态，类似于 Windows 的任务管理器。

3. _____是磁盘上有特定格式的一块区域，操作系统利用文件系统保存和管理文件。

4. _____通常是将一个存储设备挂接到一个已经存在的目录上，访问这个目录就是访问该存储设备中的内容。

5. pwd 是英文"print work directory"的缩写，用于显示工作目录，可立刻得知用户当前所在的工作目录的_____名称。

二、选择题

1. Linux 操作系统的目录类命令中用于删除空的目录的命令是(   )。
   A. pwd 命令　　　　B. cd 命令　　　　C. mkdir 命令　　　　D. rmdir 命令

2. Linux 操作系统的文件类命令中 touch 命令用于修改文件或者目录的(   )属性。
   A. 位置　　　　　　B. 时间　　　　　　C. 名称　　　　　　D. 内容

3. 以下(   )不是 Linux 操作系统的软件包管理类命令。
   A. tar 命令　　　　B. rpm 命令　　　　C. halt 命令　　　　D. yum 命令

4. mount 命令用于挂载 Linux 操作系统外的文件，其中 –l 参数的作用是(   )。
   A. 显示已加载的文件系统列表
   B. 指定挂载类型
   C. 显示帮助信息并退出
   D. 加载没有写入文件/etc/mtab 的文件系统

5. Linux 文件系统目录中用于存放二进制可执行命令的目录是(   )。
   A. /boot　　　　　　B. /bin　　　　　　C. /dev　　　　　　D. /lib

三、判断题

1. Linux 的系统管理类命令中 shutdown 是关机命令，用于执行关机程序。　　(   )

2. Linux 的文件类命令中 rm 是英文"remove"的缩写，用于转移一个文件或者目录位置。
（　　）

3. Linux 的文件类命令中 less 命令浏览文件时仅能向前浏览，不能向后浏览。（　　）

4. Linux 操作系统能够支持的文件系统非常多，除 Linux 默认文件系统 Ext2、Ext3 和 Ext4 之外，还能支持 FAT16、FAT32、NTFS(需要重新编译内核)等 Windows 文件系统。
（　　）

5. 相对路径指的是由根目录(/)开始写的路径，目录层级用斜杠(/)来分隔。（　　）

四、简答题

1. 什么是 Linux？
2. Linux 有哪些目录类命令？其作用是什么？
3. 你怎么理解 Linux 中的"一切皆文件"？
4. 绝对路径和相对路径的区别是什么？
5. 如何理解 Linux 文件系统挂载的含义和意义？

任务二　Linux 操作系统权限管理

任务背景

小明在做系统管理和维护的时候，发现不同部门的用户不但可以相互访问对方的机密文件，还能够增加、删除和修改这些机密文件，这给公司带来了安全隐患。因此，小明决定根据工作性质对每个部门和每个用户在服务器上的可用空间进行限制，并对一些机密文件进行访问权限控制。

本任务主要介绍 Linux 操作系统的权限管理知识，包括权限的表示方法、基本权限设置、特殊权限设置、属性设置等。通过该任务的学习，学生将达到以下的职业能力目标和要求：

- 学会使用字符模式修改权限；
- 学会使用数字模式修改权限；
- 理解文件(目录)的各种属性信息。

项目二 Linux 操作系统文件与权限管理

素质小课堂

信息技术应用创新产业(以下简称"信创产业")是构筑数字经济的重要基石。"在整个信创产业的发展过程中,操作系统扮演着非常重要的角色。它不仅需要在核心技术研发上取得突破,还要在生态体系建设中发挥引领作用。"在2023年12月20日召开的2023中国操作系统产业大会暨统信UOS生态大会上,北京市经济和信息化局副局长王磊如是说。

据该大会披露的最新数据,截至目前,中国操作系统生态软硬件适配数突破500万,较去年同期增长400%,国产操作系统生态已步入爆发成长期。"未来10年,操作系统需要基于AI不断升级、全面进化。"统信软件技术有限公司(以下简称"统信软件")总经理刘闻欢强调,一方面,AI可加持操作系统的开发、部署、运维全流程,让操作系统更智能;另一方面,操作系统也需要适应AI的发展要求,满足通用算力和AI算力异构融合。

中国操作系统面临着新兴技术和场景带来的广阔机遇。云原生操作系统、人工智能操作系统等新形态涌现,赋予传统操作系统更多智慧功能。如传统操作系统与AI的融合,为需求侧提供了强有力的支持。数字化技术的不断发展和数字化应用的不断丰富,促进了国产操作系统原生应用的发展。

在操作系统与AI融合方面,我国企业也有所尝试,如统信UOS AI操作系统目前已接入10多个应用。同时,该操作系统未来还将搭载桌面智能AI助手、自然语言操作系统,并支持多模态输入与生成、知识问答、内容创作等功能,高效协助用户完成事务处理和内容创作。

统信软件董事长王继平认为,打造自主安全的操作系统、建设自主信息技术体系,是推动IT产业高质量发展的迫切要求和建设科技强国的必由之路。无论是大数据、云计算、物联网,还是目前火遍全球的生成式人工智能,操作系统都是支撑其产业数字化、数字产业化发展的核心和基础。

知识准备

一、文件及目录的访问权限

Linux 操作系统是多用户操作系统,能使不同的用户同时访问不同的文件,因此一定要有文件权限控制机制。一般来说,Linux 用户可以分为两类,即 root 用户(超级用户)和普通用户。其中,root 用户可以不受任何权限的约束,在 Linux 上可以"无法无天",所以在使用 root 时，要特别小心操作，不要做一些危害到操作系统或数据的操作；普通用户在 Linux 上受到权限的约束，但 Linux 操作系统的权限控制机制和 Windows 操作系统的权限控制机制有着很大的差别。Linux 操作系统的文件（或目录）被一个用户拥有时，这个用户即文件所有者（又称"文件主"）；同时，文件还被指定的用户组所拥有，这个用户组被称为文件的所属组。文件的权限由权限标志来决定，权限标志决定了文件所有者、文件所属组、其他用户对文件访问的权限。

（一）文件权限

尽管在 Linux 操作系统中一切都是文件，但是每个文件的类型不尽相同，每个文件都有其所有者和所属组，并且规定了文件所有者、文件所属组，以及其他用户对文件所拥有的可读（r）、可写（w）、可执行（x）等权限。文件和目录权限对照表如表 2-2 所示。

表 2-2 文件和目录权限对照表

权限	文件	目录
可读（r）	表示能够读取文件的实际内容	表示能够读取目录内的文件列表
可写（w）	表示能够新增、修改、删除文件的实际内容	表示能够在目录内新增、删除、重命名文件
可执行（x）	表示能够运行一个脚本程序	表示能够进入该目录进行操作

通常可使用以下两种模式表示不同的权限：
- 字符模式：4 种权限可以用 r（读权限）、w（写权限）、x（执行权限）、-（无权限）表示，这种方法称为字符模式。
- 数字模式：4 种权限可以用 4（读权限）、2（写权限）、1（执行权限）、0（无权限）表示，这种方法称为数字模式。

其中，文件所有者、文件所属组及其他用户权限之间无关联，权限者与权限项的关系如表 2-3 所示。

表 2-3 权限者与权限项的关系

权限项	可读	可写	可执行	可读	可写	可执行	可读	可写	可执行
字符	r	w	x	r	w	x	r	w	x
数字	4	2	1	4	2	1	4	2	1
权限者	文件所有者			文件所属组			其他用户		

文件权限的数字模式表示基于字符模式表示的权限计算而来，其目的是简化权限的表示。例如，若某个文件的权限为 7，则代表可读（4）、可写（2）、可执行（1）三者相加（4+2+1=7）；若某个文件的权限为 6，则代表可读（4）、可写（2）两者相加（4+2=6）。现在有这样一个文件，文件所有者拥有可读、可写、可执行的权限，文件所属组拥有可读、可写的权限，而其他用户只有可读的权限，那么，这个文件的权限就是 rwxrw-r--，用数字模式表示即为 764。需要注意的是，Linux 文件权限不是简单的三个数字相加计算出的结果，

三个数字表示的权限之间没有互通关系。

(二)特殊权限

在 Linux 操作系统中，除了常见的可读(r)、可写(w)和可执行(x)权限，还有两种特殊的权限 Set User ID(SUID)和 Set Group ID(SGID)，以及一种针对目录的特殊权限 Sticky Bit(SBIT)。这些特殊权限为文件和目录的访问提供了更细致的控制。

在 Linux 中，可以使用 chmod 命令来设置和修改文件或目录的权限，包括 SUID 和 SGID。SUID 和 SGID 权限可以通过在 chmod 命令中使用 4(SUID)和 2(SGID)来设置。SBIT 权限可以通过在 chmod 命令中使用 1 来设置。SBIT 权限通常用于临时文件目录，如/tmp。在这个目录下，所有用户都可以创建文件，但是每个用户只能删除自己的文件，不能删除其他用户的文件。

示例：查看/tmp 目录的权限，如图 2-44 所示。

```
[root@localhost /]# ls -l | grep tmp
drwxrwxrwt.  76 root root 8192 Aug 16 06:58 tmp
```

图 2-44 查看/tmp 目录的权限

(三)使用命令管理文件权限

在 Linux 操作系统中，通过操作文件属性可以管理文件，标识符及其具体含义如下：u 表示用户(user)，即文件或目录的所有者；g 表示同组(group)用户，即与文件所有者有相同组 ID 的所有用户；o 表示其他(others)用户；a 表示所有(all)用户，它是默认值。

操作符号：+，添加某个权限；-，取消某个权限；=，赋予给定权限，并取消其他所有权限(如果有)。

设置的权限可用下述字母任意组合：r(可读)；w(可写)；x(可执行)。

1. chown 命令

chown 命令用于将指定文件的所有者改为指定的用户或用户组，其中，用户可以是用户名或者用户 ID；用户组可以是组名或者组 ID；文件是以空格分开的要改变权限的文件列表，支持通配符。

语法：

```
chown[参数]文件名或目录名
```

参数说明：
- -R：对目前目录下的所有文件与子目录进行相同的所有者变更；
- -C：当该文件所有者确实已经更改时，显示其更改动作；
- -f：即使该文件所有者无法被更改，也不显示错误信息；
- -h：只对于链接(link)进行变更，而非对该链接真正指向的文件进行变更；
- -V：显示文件所有者变更的详细信息。

示例：把原本由用户 root 创建的文件 test1.txt 的所有者改为用户 user1，如图 2-45 所示。

```
[root@localhost ~]# chown user1 test1.txt
[root@localhost ~]# ls -l
total 212
-rw-------. 1 root  root      2767 Aug  4 21:37 anaconda-bak.cfg
-rw-------. 1 root  root      2761 Mar  5 15:00 anaconda-ks.cfg
-rw-r--r--. 1 root  root       645 Jun 13 18:41 derby.log
-rw-r--r--. 1 root  root     10240 Aug  5 01:19 docs.tar
drwxr-xr-x. 5 root  root       133 Jun 13 18:41 metastore_db
-rw-------. 1 root  root      2041 Mar  5 15:00 original-ks.cfg
drwxr-xr-x. 2 root  root         6 Jun 13 17:36 spark-warehouse
-rw-r--r--. 2 user1 root         6 Aug 15 01:21 test1.txt
-rw-r--r--. 1 root  root         0 Aug 15 07:19 test5.txt
-rw-r--r--. 2 user1 root         6 Aug 15 01:21 text2.txt
lrwxrwxrwx. 1 root  root         9 Aug 15 04:07 ██████ -> ██████
-rw-r--r--. 1 root  root    175944 Aug 14 18:15 vsftpd-3.0.2-28.el7.x86_64.rpm
-rw-r--r--. 1 root  root        20 Apr 20 04:22 words.txt
```

图 2-45 把原本由用户 root 创建的文件 test1.txt 的所有者改为用户 user1

2. chmod 命令

chmod 的英文原意是"change the permissions mode of a file"，简称"change mode"，用来更改文件或目录权限，但是只有文件所有者和超级用户 root 才能执行该命令。其更改权限有两种模式，一种是采用字符模式，另一种是采用数字模式。

语法：

```
chmod[参数]文件名或目录名
```

参数说明：
- -c：当该文件权限确实已经更改时，显示其更改动作；
- -f：即使该文件权限无法更改，也不显示错误信息；
- -v：显示权限变更的详细信息；
- -R：对目前目录下的所有文件与子目录进行相同的权限变更。

示例：采用字符模式把 test1.txt 文件权限改为所有用户可读、可写、可执行，如图 2-46 所示。

```
[root@localhost ~]# ls -l test1.txt
-rw-r--r--. 2 user1 root 6 Aug 15 01:21 test1.txt
[root@localhost ~]# chmod a=rwx test1.txt
[root@localhost ~]# ls -l test1.txt
-rwxrwxrwx. 2 user1 root 6 Aug 15 01:21 test1.txt
```

图 2-46 把 test1.txt 文件权限改为所有用户可读、可写、可执行

示例：采用数字模式把 test1.txt 文件权限改为文件所有者可读、可写，文件所属组成

员和其他用户可读,如图 2-47 所示。

```
[root@localhost ~]# chmod 644 test1.txt
[root@localhost ~]# ls -l test1.txt
-rw-r--r--. 2 user1 root 6 Aug 15 01:21 test1.txt
```

图 2-47　把 test1.txt 文件权限改为文件所有者可读、可写,文件所属组成员和其他用户可读

二、文件及目录的属性信息

在 Linux 操作系统中,使用 ls 命令可以查看文件和目录的权限信息。不带任何参数的 ls 命令只显示文件名,要想显示文件和目录的权限信息,需要使用 ls -l 命令显示文件和目录的详细信息,或使用 ls -al 或 ls -lhi 命令显示全部文件和目录的详细信息。Linux 操作系统中的文件或目录的属性主要包括索引节点、文件类型及权限、链接数、所属用户和用户组、文件或目录的大小、文件或目录的修改时间、实际的文件名或目录名等。文件及目录的属性信息如图 2-48 所示。

```
[root@localhost ~]# ls -lhi /
total 44K
50785893 drwxr-xr-x.   9 root root  112 Aug  9 19:14 apps
  146290 lrwxrwxrwx.   1 root root    7 Mar  5 14:52 bin -> usr/bin
      64 dr-xr-xr-x.   5 root root 4.0K Mar  5 15:00 boot
53134222 drwxr-xr-x.   3 root root   56 Aug  9 19:45 data
       3 drwxr-xr-x.  19 root root 3.3K Aug 14 18:04 dev
16777281 drwxr-xr-x. 143 root root 8.0K Aug 14 22:53 etc
      81 drwxr-xr-x.   3 root root   18 Mar  5 15:00 home
  146293 lrwxrwxrwx.   1 root root    7 Mar  5 14:52 lib -> usr/lib
      83 lrwxrwxrwx.   1 root root    9 Mar  5 14:52 lib64 -> usr/lib64
17098115 drwxr-xr-x.   2 root root    6 Apr 10  2018 media
33889237 drwxr-xr-x.   2 root root    6 Apr 10  2018 mnt
50417889 drwxr-xr-x.   3 root root   16 Mar  5 14:55 opt
       1 dr-xr-xr-x. 174 root root    0 Aug 14 18:04 proc
53137979 drwxr-xr-x.   2 root root   84 Apr 20 04:24 result
33574977 dr-xr-x---.  10 root root 4.0K Aug 14 18:15 root
```

图 2-48　文件及目录的属性信息

(一)索引节点

索引节点(index node,简称 inode)一般位于文件及目录的属性信息的第 1 列。每个 Linux 存储设备或存储设备的分区被格式化为 Ext4 文件系统之后,一般会生成两个部分,一部分为 inode,另一部分为 block。操作系统读取硬盘的时候,会以 block(块)为文件存取的最小单位,block 的大小最常见的是 4 KB;而 inode 是可以用来找 block 的索引,是 UNIX/Linux 操作系统中的一种数据结构,其本质是结构体,每一个索引节点都是一个表项,包含以下有关文件的信息(元数据)。

- 文件的字节数;
- 文件所有者的用户 ID;

- 文件所属组的组 ID；
- 文件的可读、可写、可执行权限；
- 文件的时间戳，共有 3 个：ctime——inode 上一次变动的时间，mtime——文件内容上一次变动的时间，atime——文件上一次打开的时间；
- 链接数，指向这个文件的路径个数；
- 文件数据块的位置。

文件引用的是一个 inode 编号，当用户搜索或者访问一个文件时，Linux 操作系统通过 inode 表查找正确的 inode 编号。在找到 inode 编号之后，相关的命令才可以访问该 inode，并对其进行适当的更改，因此，一个目录是目录下的文件名和文件 inode 编号之间的映射。

示例：查看文件或目录下文件的 inode 编号，如图 2-49 所示。

```
[root@localhost /]# ls -i /tmp
53137963  493e6960-fc60-43ed-89aa-2affcad29595_resources
53167538  56e17729-56ac-488d-95a0-0b071c631ed2_resources
36532039  63c82117-b765-4a3a-8ac5-30eebaff3e26_resources
18933486  73404aa6-6f9a-4456-ad2a-91fcc987773e_resources
 4071758  88ea4dfb-c620-465a-8726-79d530ed7ee3_resources
19641139  blockmgr-a74fdda9-f9e5-4a26-b558-341777cf3fd1
53137994  blockmgr-c65272d6-a226-4fc6-940a-08e48989b61b
37040560  f10f31b2-2259-4909-b4df-1e7591502b81_resources
```

图 2-49 查看文件或目录下文件的 inode 编号

（二）文件类型及权限

文件类型及权限一般位于文件及目录的属性信息的第 2 列，由 10 个字符组成，分为 4 部分，其中文件权限标志位由 3 部分组成，如 drwxr-xrw-。文件类型及权限信息如图 2-50 所示。

文件类型	文件所有者权限			文件所属组权限			其他用户权限		
0	1	2	3	4	5	6	7	8	9
d	rwx			r-x			rw-		
目录文件	可读	可写	可执行	可读		可执行	可读	可写	

图 2-50 文件类型及权限信息

其中，第 1 个字符表示文件的类型，主要字符如下：
- d：directory，表示一个目录文件；
- -：regular file，表示一个普通文件；
- l：link，表示一个链接文件；
- b：block，表示块设备和其他外围设备，是特殊类型的文件；

- c：character，表示字符设备文件；
- s：socket，表示套接字文件；
- p：name pipe，表示管道文件。

第 2~4 个字符（rwx）表示文件所有者的权限，即可读、可写、可执行；第 5~7 个字符(r-x)表示文件所属组的权限，即可读、可执行；第 8~10 个字符（rw-）表示其他用户的权限，即可读、可写。

示例：查看目录下文件的权限信息，如图 2-51 所示。

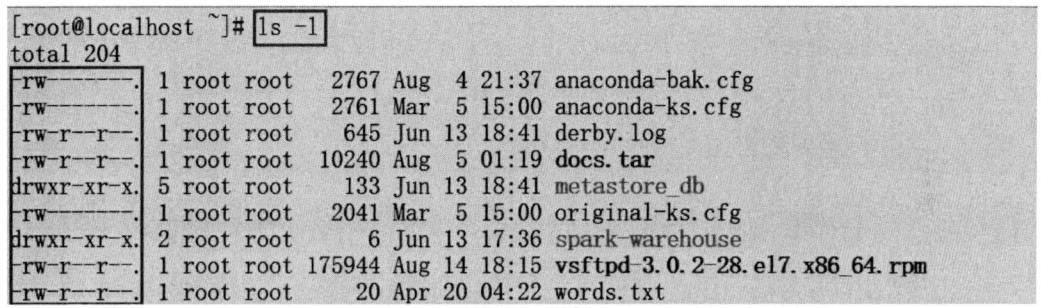

图 2-51　查看目录下文件的权限信息

(三)链接数

链接数一般位于文件及目录的属性信息的第 3 列，表示有多少文件名连接到此 inode。在 Linux 操作系统中，链接可分为两种，一种为硬链接，另一种为软链接(或符号链接)。那么什么是硬链接和软链接呢？

一般情况下，文件名和 inode 编号是一一对应的，每个 inode 编号对应一个文件名。然而，UNIX/Linux 操作系统允许多个文件名指向同一个 inode 编号，这意味着可以用不同的文件名访问同样的内容；对文件内容进行修改，会影响到所有文件名，但是删除一个文件名不影响另一个文件名的访问。这种情况就被称为"硬链接"。硬链接一般具有以下特性：

- 以文件副本的形式存在，但不占用实际空间；
- 不允许对目录创建，也不能跨分区创建；
- 创建硬链接会增加额外的记录项以引用文件；
- 每个文件引用相同的 inode 编号；
- 创建时链接数递增。

软链接，又称符号链接，和 Windows 操作系统的快捷方式类似。软链接文件只是其原文件的一个标记，当删除了原文件后，软链接文件不能独立存在，虽然仍保留文件名，但不能查看软链接文件的内容了。软链接主要有以下特性：

- 以路径的形式存在，类似于 Windows 操作系统中的快捷方式；
- 一个软链接指向另一个文件；
- 可以对一个不存在的文件名进行链接(硬链接不可以)；

- 可以使用 ls -l 命令显示链接的名称和引用的文件；
- 一个软链接的内容是它引用文件的名称；
- 可以对目录创建，也可以跨分区创建；
- 指向的是另一个文件的路径，其大小为指向的路径字符串的长度；
- 不增加或减少目标文件 inode 编号的引用计数。

1. ln 命令

可以通过 ln 命令创建链接文件，在不带参数的默认情况下，执行 ln 命令创建的是硬链接。

语法：

ln [参数] 原文件 目标文件

参数说明：

- -a：默认情况下，如果目标文件已经存在，则 ln 命令会拒绝创建链接，使用-a 可以覆盖目标文件；
- -f：强制创建链接，覆盖已有的目标文件；
- -i：交互式操作，如果目标文件已经存在，则询问用户是否覆盖；
- -n：如果目标文件已经存在，则不覆盖，直接退出；
- -s：创建软链接；
- -v：显示详细操作信息。

示例：为 test1.txt 文件创建硬链接并命名为 test2.txt，如图 2-52 所示。

```
[root@localhost ~]# ln test1.txt text2.txt
[root@localhost ~]# ls -li
total 212
36738953 -rw-------.  1 root root    2767 Aug  4 21:37 anaconda-bak.cfg
33574996 -rw-------.  1 root root    2761 Mar  5 15:00 anaconda-ks.cfg
37380167 -rw-r--r--.  1 root root     645 Jun 13 18:41 derby.log
34182140 -rw-r--r--.  1 root root   10240 Aug  5 01:19 docs.tar
36738941 drwxr-xr-x.  5 root root     133 Jun 13 18:41 metastore_db
33574995 -rw-------.  1 root root    2041 Mar  5 15:00 original-ks.cfg
18720353 drwxr-xr-x.  2 root root       6 Jun 13 17:36 spark-warehouse
35749611 -rw-r--r--.  2 root root       6 Aug 15 01:21 test1.txt
35749611 -rw-r--r--.  2 root root       6 Aug 15 01:21 text2.txt
35134879 -rw-r--r--.  1 root root  175944 Aug 14 18:15 vsftpd-3.0.2-28.el7.x86_64.rpm
35134642 -rw-r--r--.  1 root root      20 Apr 20 04:22 words.txt
```

图 2-52　为 test1.txt 文件创建硬链接并命名为 test2.txt

使用 ln 命令的-s 参数创建目录或文件的软链接，并使用 ls 命令查看软链接文件的详细信息。

示例：为 test3.txt 文件创建软链接并命名为 test4.txt，如图 2-53 所示。

```
[root@localhost ~]# ln -s test3.txt text4.txt
[root@localhost ~]# ls -li
total 216
36738953 -rw-------. 1 root root   2767 Aug  4 21:37 anaconda-bak.cfg
33574996 -rw-------. 1 root root   2761 Mar  5 15:00 anaconda-ks.cfg
37380167 -rw-r--r--. 1 root root    645 Jun 13 18:41 derby.log
34182140 -rw-r--r--. 1 root root  10240 Aug  5 01:19 docs.tar
36738941 drwxr-xr-x. 5 root root    133 Jun 13 18:41 metastore_db
33574995 -rw-------. 1 root root   2041 Mar  5 15:00 original-ks.cfg
18720353 drwxr-xr-x. 2 root root      6 Jun 13 17:36 spark-warehouse
35749611 -rw-r--r--. 2 root root      6 Aug 15 01:21 test1.txt
35749610 -rw-r--r--. 1 root root      6 Aug 15 04:04 test3.txt
35749611 -rw-r--r--. 2 root root      6 Aug 15 01:21 text2.txt
35704547 lrwxrwxrwx. 1 root root      9 Aug 15 04:07 text4.txt -> test3.txt
35134879 -rw-r--r--. 1 root root 175944 Aug 14 18:15 vsftpd-3.0.2-28.el7.x86_64.rpm
35134642 -rw-r--r--. 1 root root     20 Apr 20 04:22 words.txt
```

图 2-53 为 test3.txt 文件创建软链接并命名为 test4.txt

2. unlink 命令

unlink 命令和 rm 命令作用一样，都是删除文件。

语法：

unlink [参数] 原文件 目标文件

参数说明：

- –help：显示该命令的帮助信息并退出命令；
- –version：显示命令的版本信息并退出命令。

示例：删除 test3.txt 文件，如图 2-54 所示。

```
[root@localhost ~]# unlink test3.txt
[root@localhost ~]# ls -li
total 212
36738953 -rw-------. 1 root root   2767 Aug  4 21:37 anaconda-bak.cfg
33574996 -rw-------. 1 root root   2761 Mar  5 15:00 anaconda-ks.cfg
37380167 -rw-r--r--. 1 root root    645 Jun 13 18:41 derby.log
31182140 -rw-r--r--. 1 root root  10240 Aug  5 01:19 docs.tar
36738941 drwxr-xr-x. 5 root root    133 Jun 13 18:41 metastore_db
33574995 -rw-------. 1 root root   2041 Mar  5 15:00 original-ks.cfg
18720353 drwxr-xr-x. 2 root root      6 Jun 13 17:36 spark-warehouse
35749611 -rw-r--r--. 2 root root      6 Aug 15 01:21 test1.txt
35749611 -rw-r--r--. 2 root root      6 Aug 15 01:21 text2.txt
35704547 lrwxrwxrwx. 1 root root      9 Aug 15 04:07 text4.txt -> test3.txt
35134879 -rw-r--r--. 1 root root 175944 Aug 14 18:15 vsftpd-3.0.2-28.el7.x86_64.rpm
35134642 -rw-r--r--. 1 root root     20 Apr 20 04:22 words.txt
```

图 2-54 删除 test3.txt 文件

知识扩展

rm 和 unlink 命令的区别如下:
- unlink 命令使用 unlink 系统调用,而 rm 命令使用 unlinkat 系统调用;
- unlink 命令一次只处理一个文件或链接,而 rm 命令一次可以处理多个文件或链接;
- unlink 命令不能删除目录,而 rm 命令可以使用递归选项删除目录;
- unlink 没有安全检查,它将删除写保护的文件,而 rm 命令执行安全检查,如果用户没有文件的写入权限,则它会要求用户以交互方式确认它或使用-f 参数。

(四)文件或目录所属的用户和用户组

文件或目录所属的用户和用户组一般位于文件及目录的属性信息的第 4 列和第 5 列。Linux 操作系统是一个多用户、多任务的分时操作系统,每一个用户都有一个登录账号,以这个账号的身份登录操作系统才能访问或使用系统资源。用户的账号既可以帮助管理员对使用操作系统的用户进行跟踪,控制他们对系统资源的访问,又可以帮助用户组织文件,为用户提供安全性保护。

每个用户账号都有一个唯一的用户名和对应的口令。用户在登录时输入正确的用户名和口令后,就能够进入操作系统和自己的主目录。每一个用户都有一个身份号码,即 user identification(UID),UID 具有唯一性,可通过用户的 UID 值来判断用户身份。在 Linux 操作系统中用户角色划分如表 2-4 所示。

表 2-4 Linux 操作系统用户角色划分

UID 整数范围	UID 用户角色	典型用户	备注
0	管理员	root	内置的管理员账号
1~999	系统用户	Ngnix、Apache、NTP 等系统服务进程调用的用户	默认服务程序会由独立的系统用户负责运行,进而有效控制被破坏的范围
500~65 535	普通用户	自建的用户	普通用户是由管理员创建的用于日常工作的用户

为了方便管理属性基本相同的用户,Linux 操作系统引入了用户组的概念。用户组也有一个身份号码,即 group identification(GID)。把用户分给同一个用户组进行管理,方便为该用户组中的用户统一规划权限或指定任务。

Linux 操作系统中的用户和用户组存在以下 4 种关系:
- 一对一:一个用户可以在一个用户组中,是用户组中的唯一成员;
- 一对多:一个用户可以在多个用户组中,此用户具有多个用户组的共同权限;
- 多对一:多个用户可以在一个用户组中,这些用户具有和用户组相同的权限;
- 多对多:多个用户可以在多个用户组中,也就是以上 3 种关系的扩展。

示例：查看文件所属用户和用户组，如图 2-55 所示。

```
[root@localhost ~]# ls -ll
total 212
-rw-------.  1 root root    2767 Aug  4 21:37 anaconda-bak.cfg
-rw-------.  1 root root    2761 Mar  5 15:00 anaconda-ks.cfg
-rw-r--r--.  1 root root     645 Jun 13 18:41 derby.log
-rw-r--r--.  1 root root   10240 Aug  5 01:19 docs.tar
drwxr-xr-x.  5 root root     133 Jun 13 18:41 metastore_db
-rw-------.  1 root root    2041 Mar  5 15:00 original-ks.cfg
drwxr-xr-x.  2 root root       6 Jun 13 17:36 spark-warehouse
-rw-r--r--.  2 root root       6 Aug 15 01:21 test1.txt
-rw-r--r--.  2 root root       6 Aug 15 01:21 text2.txt
lrwxrwxrwx.  1 root root       9 Aug 15 04:07 text4.txt -> test3.txt
-rw-r--r--.  1 root root  175944 Aug 14 18:15 vsftpd-3.0.2-28.el7.x86_64.rpm
-rw-r--r--.  1 root root      20 Apr 20 04:22 words.txt
```

图 2-55　查看文件所属用户和用户组

（五）文件或目录的大小

文件或目录的大小一般位于文件及目录的属性信息的第 6 列。

（六）文件或目录的修改时间

文件或目录的修改时间一般位于文件及目录的属性信息的第 7、8、9 列。Linux 文件包括以下 3 个时间戳：

- 最后修改时间（mtime）：文件内容最后被修改的时间；
- 最后访问时间（atime）：文件最后被访问的时间；
- 最后状态更改时间（ctime）：文件的元数据最后被更改的时间（如更改文件所有者、访问权限或链接数）。

这些时间戳可以使用 ls-l 命令查看。ls-lt 命令可以按最后修改时间进行文件排序。

示例：查看文件或目录的时间戳，如图 2-56 所示。

```
[root@localhost ~]# touch test5.txt
[root@localhost ~]# stat test5.txt
  File: 'test5.txt'
  Size: 0           Blocks: 0          IO Block: 4096   regular empty file
Device: 803h/2051d  Inode: 35749610    Links: 1
Access: (0644/-rw-r--r--)  Uid: (    0/    root)   Gid: (    0/    root)
Context: unconfined_u:object_r:admin_home_t:s0
Access: 2023-08-15 07:19:03.261491367 -0700
Modify: 2023-08-15 07:19:03.261491367 -0700
Change: 2023-08-15 07:19:03.261491367 -0700
 Birth: -
```

图 2-56　查看文件或目录的时间戳

(七)实际的文件名或目录名

实际的文件名或目录名一般位于文件及目录的属性信息的第 10 列。文件名不在 inode 里,而是在上级目录下的 block 里。

任务设计与准备

一、任务设计

任务目的:
- 掌握 Linux 操作系统文件及目录的权限的配置方法;
- 掌握 Linux 操作系统文件及目录的属性信息查看方法。

任务内容:
- 文件或目录权限字符模式设置;
- 文件或目录权限数字模式设置;
- 查看文件或目录的属性信息;
- 为文件或目录分别创建硬链接和软链接。

二、任务准备

某公司要架设一个 Linux 服务器,项目经理安排工程师将公司技术部的资源放在/tech 目录下,要求只有技术部的成员可以读写,以保障公司的技术资源的安全。目前已经有用户组 tech(创建命令:groupadd tech),在 tech 用户组下有用户 z3、l4(创建命令:useradd z3 -g tech 和 useradd l4 -g tech),以及其他用户 guest(创建命令:useradd guest)。

任务实施

步骤一:使用 root 用户在根目录下创建 tech 目录,如图 2-57 所示。

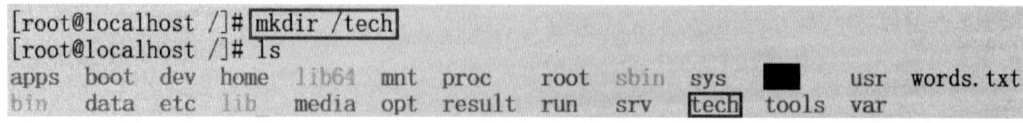

图 2-57 创建 tech 目录

步骤二:使用 root 用户修改/tech 目录所属的用户组为 tech,如图 2-58 所示,可以用 grep 命令只显示/tech 的属性信息。

```
drwxr-xr-x.    2 root root       6 Aug 16 03:39 tech
drwxrwxrwt.   76 root root    8192 Aug 16 03:29
drwxr-xr-x.    2 root root    4096 Aug 11 14:33 tools
drwxr-xr-x.   13 root root     155 Mar  5 14:52 usr
drwxr-xr-x.   22 root root    4096 Aug  5 01:58 var
-rw-r--r--.    1 root root      20 Apr 20 04:22 words.txt
[root@localhost /]# chown root:tech /tech
[root@localhost /]# ls -l / | grep tech
drwxr-xr-x.    2 root tech       6 Aug 16 03:39 tech
```

图 2-58 修改/tech 目录所属的用户组为 tech

步骤三：使用 root 用户修改/tech 目录权限为仅 tech 用户组成员可以读写，如图 2-59 所示。

```
[root@localhost /]# chmod 1770 /tech
[root@localhost /]# ls -l / | grep tech
drwxrwx--T.    2 root tech       6 Aug 16 03:39 tech
```

图 2-59 使用 root 用户修改/tech 目录权限为仅 tech 用户组成员可以读写

步骤四：使用 z3 用户创建文件 1.txt 并修改文件内容，如图 2-60 所示。

```
[root@localhost /]# su z3
[z3@localhost /]$ cd /tech
[z3@localhost tech]$ touch 1.txt
[z3@localhost tech]$ echo "hi" > 1.txt
```

图 2-60 创建文件 1.txt 并修改文件内容

步骤五：使用 l4 用户创建文件 2.txt，如图 2-61 所示。

```
[z3@localhost tech]$ su root
Password:
[root@localhost tech]# su l4
[l4@localhost tech]$ touch 2.txt
```

图 2-61 创建文件 2.txt

步骤六：用户 l4 只能修改自己创建的文件，无法修改用户 z3 创建的文件，验证 l4 用户权限如图 2-62 所示。

```
[l4@localhost tech]$ echo "hello" > 1.txt
bash: 1.txt: Permission denied
```

图 2-62 验证 l4 用户权限

步骤七：用户 z3 只能修改自己创建的文件，无法修改用户 l4 创建的文件，验证 z3 用户权限如图 2-63 所示。

```
[14@localhost tech]$ su root
Password:
[root@localhost tech]# su z3
[z3@localhost tech]$ echo "hi" > 2.txt
bash: 2.txt: Permission denied
```

图 2-63　验证 z3 用户权限

步骤八：使用 guest 用户访问/tech 目录，验证是否拒绝访问如图 2-64 所示。

```
[z3@localhost tech]$ su root
Password:
[root@localhost tech]# su guest
[guest@localhost tech]$ ls -l
ls: cannot open directory .: Permission denied
```

图 2-64　使用 guest 用户访问/tech 目录，验证是否拒绝访问

步骤九：使用 root 用户在/tech 目录下创建两个新文件 test1 和 test2 并设置权限，如图 2-65 所示，将 test1 文件权限设置为 rwxrw-rw-，将 test2 文件权限设置为 rwxr--r--。

```
[root@localhost tech]# touch test1
[root@localhost tech]# ls -l | grep test
-rw-r--r--. 1 root root 0 Aug 16 04:19 test1
[root@localhost tech]# chmod 766 test1
[root@localhost tech]# ls -l | grep test
-rwxrw-rw-. 1 root root 0 Aug 16 04:19 test1
[root@localhost tech]# touch test2
[root@localhost tech]# ls -l | grep test
-rwxrw-rw-. 1 root root 0 Aug 16 04:19 test1
-rw-r--r--. 1 root root 0 Aug 16 04:23 test2
[root@localhost tech]# chmod 744 test2
[root@localhost tech]# ls -l | grep test
-rwxrw-rw-. 1 root root 0 Aug 16 04:19 test1
-rwxr--r--. 1 root root 0 Aug 16 04:23 test2
```

图 2-65　创建两个新文件 test1 和 test2 并设置权限

步骤十：使用 root 用户在/tech 目录下创建目录 directory 并设置权限，如图 2-66 所示，将目录访问权限设置为 rwxrwxrw-。

```
[root@localhost tech]# mkdir directory
[root@localhost tech]# ls -l
total 4
-rw-r--r--. 1 z3   tech 3 Aug 16 04:09 1.txt
-rw-r--r--. 1 14   tech 0 Aug 16 04:03 2.txt
drwxr-xr-x. 2 root root 6 Aug 16 04:25 directory
-rwxrw-rw-. 1 root root 0 Aug 16 04:19 test1
-rwxr--r--. 1 root root 0 Aug 16 04:23 test2
[root@localhost tech]# chmod 776 directory/
[root@localhost tech]# ls -l
total 4
-rw-r--r--. 1 z3   tech 3 Aug 16 04:09 1.txt
-rw-r--r--. 1 14   tech 0 Aug 16 04:03 2.txt
drwxrwxrw-. 2 root root 6 Aug 16 04:25 directory
-rwxrw-rw-. 1 root root 0 Aug 16 04:19 test1
-rwxr--r--. 1 root root 0 Aug 16 04:23 test2
```

图 2-66　创建目录 directory 并设置权限

步骤十一：使用 root 用户查看/tech 目录下所有文件的属性信息，如图 2-67 所示。

```
[root@localhost tech]# ls -lhi
total 4.0K
18748525 -rw-r--r--. 1 z3   tech 3 Aug 16 04:09 1.txt
18748521 -rw-r--r--. 1 14   tech 0 Aug 16 04:03 2.txt
36532078 drwxrwxrw-. 2 root root 6 Aug 16 04:25 directory
18748527 -rwxrw-rw-. 1 root root 0 Aug 16 04:19 test1
18748528 -rwxr--r--. 1 root root 0 Aug 16 04:23 test2
```

图 2-67　查看/tech 目录下所有文件的属性信息

步骤十二：使用 root 用户为目录 directory 创建/usr/dir 的软链接，如图 2-68 所示。

```
[root@localhost tech]# ln -s directory/ /usr/dir
[root@localhost tech]# ll /usr/
total 280
dr-xr-xr-x.   2 root root  53248 Apr 16 20:02 bin
lrwxrwxrwx.   1 root root     10 Aug 16 04:37 dir -> directory/
drwxr-xr-x.   2 root root      6 Apr 10  2018 etc
drwxr-xr-x.   2 root root      6 Apr 10  2018 games
drwxr-xr-x.  43 root root   8192 Apr 16 19:19 include
dr-xr-xr-x.  43 root root   4096 Apr 16 19:43 lib
dr-xr-xr-x. 142 root root  81920 Apr 16 19:19 lib64
drwxr-xr-x.  48 root root  12288 Apr 16 19:43 libexec
drwxr-xr-x.  12 root root    131 Mar  5 14:52 local
dr-xr-xr-x.   2 root root  20480 Aug  5 01:58 sbin
drwxr-xr-x. 242 root root   8192 Apr 16 19:47 share
drwxr-xr-x.   4 root root     34 Mar  5 14:52 src
lrwxrwxrwx.   1 root root     10 Mar  5 14:52 tmp -> 
```

图 2-68　创建/usr/dir 的软链接

步骤十三：使用 root 用户为 test1 文件创建/usr/test1 的硬链接，如图 2-69 所示。

```
[root@localhost tech]# ln test1 /usr/test1
[root@localhost tech]# ll /usr/
total 280
dr-xr-xr-x.   2 root root  53248 Apr 16 20:02 bin
lrwxrwxrwx.   1 root root     10 Aug 16 04:37 dir -> directory/
drwxr-xr-x.   2 root root      6 Apr 10  2018 etc
drwxr-xr-x.   2 root root      6 Apr 10  2018 games
drwxr-xr-x.  43 root root   8192 Apr 16 19:19 include
dr-xr-xr-x.  43 root root   4096 Apr 16 19:43 lib
dr-xr-xr-x. 142 root root  81920 Apr 16 19:19 lib64
drwxr-xr-x.  48 root root  12288 Apr 16 19:43 libexec
drwxr-xr-x.  12 root root    131 Mar  5 14:52 local
dr-xr-xr-x.   2 root root  20480 Aug  5 01:58 sbin
drwxr-xr-x. 242 root root   8192 Apr 16 19:47 share
drwxr-xr-x.   4 root root     34 Mar  5 14:52 src
-rwxrw-rw-.   3 root root      0 Aug 16 04:19 test1
lrwxrwxrwx.   1 root root     10 Mar  5 14:52 tmp -> 
```

图 2-69　创建/usr/test1 的硬链接

任务总结

通过对 Linux 文件系统及目录的权限的合理配置，既能保证公司内部人员正常使用公司资源文件，又可以有效地避免公司资源被其他部门错误使用，甚至被网络黑客窃取或修改，从而为公司服务器及资源的安全提供了保障。

思考与练习

一、填空题

1. 一般来说，Linux 用户可以分为两类，即_____和普通用户。
2. Linux 操作系统的文件的权限由_____来决定，其决定了文件所有者、文件所属组、其他用户对文件访问的权限。
3. _____命令用于将指定文件的所有者改为指定的用户或用户组。
4. 为了方便管理属性基本相同的用户，Linux 操作系统引入了_____的概念，其也有一个身份号码 group identification(GID)。
5. 文件或目录的修改时间一般位于文件及目录的属性信息的第 7、8、9 列。Linux 文件包括 3 个时间戳，指示的是文件的_____、_____和_____。

二、选择题

1. 以下(　　)不属于 Linux 操作系统文件的三种基本权限。
   A. 可读(r)　　　　B. 可写(w)　　　　C. 可删除(d)　　　　D. 可执行(x)
2. 如果一个文件的权限为 5，那么它拥有的权限是(　　)。
   A. 可读+可写
   B. 可读+可执行
   C. 可写+可执行
   D. 可读+可写+可执行
3. Linux 操作系统的文件属性默认(　　)用户拥有管理文件的权限。
   A. 文件所有者　　　B. 同组　　　　C. 其他　　　　D. 所有
4. 文件及目录的属性信息中第 2 列显示的文档类型与执行权限由(　　)个字符组成，分为 4 部分，分别为文件类型、文件所有者权限、文件所属组权限和其他用户权限。
   A. 9　　　　　　B. 10　　　　　　C. 11　　　　　　D. 12
5. 某 Linux 操作系统中，小明是普通用户，那么他的 UID 的值可能是(　　)。
   A. 1　　　　　　B. 255　　　　　　C. 256　　　　　　D. 1000

三、判断题

1. Linux 操作系统的 root 用户可以不受任何权限的约束，所以在使用 root 时，要特别小心操作，不要做一些危害操作系统或数据的操作。　　　　　　　　　　(　　)
2. chmod 的英文原意是"change the permissions mode of a file"，简称"change mode"，用来改变文件或目录权限，root 用户和普通用户都能执行该命令。　　(　　)

3. 文件的索引节点包含的文件信息的顺序是：文件的字节数，文件的可读、可写、可执行权限，文件所有者的用户 ID，文件所属组的组 ID。 （ ）

4. 通过 ln 命令创建链接文件，在不带参数的默认情况下，执行 ln 命令创建的是硬链接。 （ ）

5. Linux 操作系统中用户 UID 值为 1 表示其为管理员。 （ ）

四、简答题

1. Linux 操作系统文件的权限有哪几种？
2. Linux 操作系统文件权限有哪些表达方式？
3. Linux 操作系统文件的属性信息包含哪些内容？
4. 说明 Linux 操作系统文件硬链接和软链接之间的区别。
5. 思考 rm 和 unlink 两种删除指定的文件命令的区别。

项目三 Linux 编辑器与 Shell 编程

任务一 Linux 编辑器

任务背景

假设你是一名 Linux 操作系统管理员，公司需要你编辑一些配置文件，如网络、防火墙、认证、存储等配置文件或者脚本，并对 Linux 服务器进行维护和管理。你需要使用一款编辑器来编写和修改脚本。通过了解，Linux 常用的编辑器有 Vi、Vim、Emacs、Nano 等。本任务要求使用 Vim 编辑器完成文件内容的编辑，掌握 Vim 编辑器的基本使用方法和相关命令。

素质小课堂

山峦重叠，群山连绵。云南省沧源佤族自治县位于滇西南边境线上，全县约 99% 的面积是山区。沧源县教育基础相对薄弱，教育信息化发展滞后。2018 年，教育部教育技术与资源发展中心对口帮扶沧源县，给这里带来了教育信息化资源。这个藏在大山里的小城，在 2021—2022 学年全国中小学信息技术创新与实践大赛 Coding 创意编程赛项中，43 人进入决赛，6 人获奖。2019 年以来，沧源县在全县中小学推广青少年编程教育。全县 11 所中学、13 所中心校开设了编程课程，平均每年覆盖超过 5000 名中小学生。经过一学期的编程学习，学生无论是学习专注力，还是逻辑思维能力，都有了提升。"我想用编程建设家乡、实现梦想""我想以后学习计算机专业"……学生们的心声，让从事少儿编程教学的陈元春欣慰又感动。"我也会更加努力。希望大山里的孩子能通过信息技术去拥抱更广阔的未来。"陈元春说。

编程已然成为当下最重要的技能之一，在本书中，我们也会学习基础的编程技能，学生将学习如何使用 Linux 环境进行编程，包括使用 Vim 编辑器、Shell 脚本等，这不仅能够提升编程能力，还能够培养逻辑思维和问题解决能力。在思政教育中，这些能力对于学生的创新精神和批判思维非常重要。

一、Shell 概述

（一）什么是 Shell

Shell 是计算机中的术语，俗称"壳"（用来区别于"核"），是指"为用户提供操作界面"的软件，通常指的是命令解释器。

通俗来说，Shell 连接了用户和 Linux 内核的应用程序，它不仅是 Linux 操作系统与用户之间的桥梁，还是一种程序设计语言，让用户能够更加高效、安全、低成本地使用 Linux 内核。对于运维编程人员来说，Shell 是必须学习的一项基础技能。

（二）Shell 的功能

命令解释是 Shell 最重要的功能。Linux 操作系统中的所有可执行文件都可以作为 Shell 命令来执行。Linux 操作系统上可执行文件的分类如表 3-1 所示。

表 3-1 可执行文件的分类

类　别	说　明
Linux 命令	存放在/bin、/sbin 目录下的命令
内置命令	出于对效率的考虑，将一些常用命令的解释程序构造在 Shell 内部
实用程序	存放在/user/bin、/user/sbin、/userlocal/bin、/usr/local/sbin 等目录下的实用程序
用户程序	用户程序经过编译生成可执行文件后可作为 Shell 命令运行
Shell 脚本	由 Shell 语言编写的批处理文件

（三）Linux 中常见的 Shell

Shell 的种类比较多，常见的就是 bash，这是 Linux 的默认 Shell，流行的 Shell 有其他几种，不同的 Shell 都有自己的特点和用途。

1. sh

sh 的全称是 Bourne Shell，它是一种快捷方式，现已被/bin/bash 取代。

2. bash

bash 的全称是 Bourne Again Shell，它是 Bourne Shell 的一个免费版本，是最早的 UNIX Shell，包括许多附加的特点。bash 是目前大部分发行版本默认使用的 Shell 版本，有可编辑的命令行，可以回查历史命令，支持 Tab 键补齐以避免输入长的文件名。

3. csh

csh 的全称是 C Shell，它使用的是类 C 语言的语法，借鉴了 Bourne Shell 的许多特点，只是其内置 Shell 命令集有所不同。它有 52 条内置命令，较为庞大，使用不多，现已被/bin/tcsh 取代。

4. ksh

ksh 的全称是 Korn Shell，其语法与 Bourne Shell 相同，同时具备了 C Shell 的易用特点。许多安装脚本都使用 ksh，即使不把它作为主 Shell，也应该在操作系统中安装它。它有 42 条内置命令，与 bash 相比有一定的局限性。

5. tcsh

tcsh 的全称是 TC Shell，它是 C Shell 的一个增强版本，与 C Shell 完全兼容。

6. zsh

zsh 的全称是 Z Shell，它是 Korn Shell 的一个增强版本，具备 bash 的许多特色。它是比较大的 Shell，有 84 个内置命令，比较复杂，一般不会用到。

二、Shell 变量

Shell 变量是非常重要的知识点，对于后面学习 Shell 脚本来说更是不可或缺。Shell 变量用来存放各种数据内容，是 Shell 脚本必不可少的组成部分，Shell 在定义变量时通常不需要指明类型，直接赋值就可以。

（一）变量的定义和使用

Shell 支持 3 种定义变量的方式：直接将字符串赋给变量（要求字符串不包含任何空白符，如空格、Tab 缩进等），用单引号包围字符串后赋值给变量，用双引号包围字符串后赋值给变量，Shell 变量定义语法如下：

```
variable=value
```

其中，variable 是变量名，value 为值，"="代表赋值。Shell 变量的命名规范和大部分编程语言一样，变量名可由数字、字母、下划线组成，但必须以字母或者下划线开头，不能使用 Shell 里的关键字。

引用或使用一个定义过的变量，只需要在变量名前面加符号"$"即可，如$variable 或者${variable}，这里的变量名外面的花括号是可选的，书写它只是为了帮助解释器识别变量的边界。

在定义变量时，若给定的值包括空格、制表符和换行符，则值必须用单引号或双引号原样输出，双引号内的内容可以解释后输出。

下面给出一个定义和使用 Shell 变量的示例，具体命令如下：

```
[root@localhost ~]# echo ' how are you'    //单引号字符串输出
how are you
[root@localhost ~]# echo "how are you"     //双引号字符串输出
how are you
[root@localhost ~]# echo "how are\' you"   //特殊字符'使用\转义
how are' you
[root@localhost ~]# echo $shell            //获取 Shell 变量的值
/bin/bash
[root@localhost ~]# fname=/home/tmp        //声明变量
[root@localhost ~]# echo $fname            //引用变量
/home/tmp
[root@localhost ~]# echo ${fname}          //引用变量的花括号可选
/home/tmp
[root@localhost ~]# name="rose"
[root@localhost ~]# echo "my name is $name"    //双引号内变量解释输出
my name is rose
```

（二）变量作用域

几乎所有的编程语言的变量都有作用域(Scope)，Shell 中的变量同样有作用域，Shell 变量的作用域就是 Shell 变量的有效范围。在不同的作用域中，同名的变量不会相互干涉，Shell 中的变量按作用域可以分为全局变量、局部变量和环境变量 3 种。

1. 全局变量

所谓全局变量，就是指变量在当前的整个 Shell 会话中都有效。每个 Shell 会话都有自己的作用域，彼此之间互不影响。在 Shell 中定义的变量，默认都是全局变量。打开一个 Shell，并定义一个 Shell 变量，输出该变量的值，具体命令如下：

```
[root@localhost ~]# var1=centos    //在当前 Shell 中定义变量 var1
[root@localhost ~]# echo $var1     //引用变量 var1 并输出
centos
```

程序正确输出了该变量的值，调用子 Shell，再次访问该变量，具体命令如下：

```
[root@localhost ~]# bash           //调用子 Shell
[root@localhost ~]# echo $var1     //引用变量
```

可以看到，此时并没有获取该变量的值，即全局变量只能在当前 Shell 中访问。需要强调的是，全局变量的有效范围是当前的 Shell 会话，而不是当前的 Shell 脚本文件，它们是不同的概念。调用 bash 或者打开一个 Shell 窗口就创建了一个 Shell 会话，每个 Shell 会话都是独立的进程，拥有不同的进程 ID。在一个 Shell 会话中，可以执行多个 Shell 脚本文件，此时全局变量在这些脚本文件中都有效。

2. 局部变量

Shell 也支持自定义函数，但是 Shell 函数和 C、C++、Java 等其他编程语言函数的一个不同点就是，在 Shell 函数中定义的变量默认也是全局变量，它和在函数外部定义变量具有一样的效果。要想变量的作用域仅限于函数内部，可以在定义时使用 local 命令，此时该变量就成了局部变量。

新建一个 Shell 脚本 scope.sh，并输入以下代码：

```bash
#! /bin/bash
#定义函数
function func(){
    a=99
}
#调用函数
func
#输出函数内部的变量
echo  $a
```

运行 Shell 脚本 scope.sh，终端输出如下：

```
# sh scope.sh
# 99
```

可以看到，在函数内部定义的变量在函数外部一样可以访问，修改代码如下：

```bash
#! /bin/bash
#定义函数
function func(){
    local a=99
}
#调用函数
func
#输出函数内部的变量
echo  $a
```

运行 Shell 脚本 scope.sh，终端输出如下：

```
# sh scope.sh
```

此时，无法再在函数外部访问函数内部定义的局部变量。

3. 环境变量

在 Linux 中，一般通过环境变量配置操作系统的环境，如提示符、查找命令的路径和用户主目录等。环境变量可以在配置文件中定义与修改，也可以在命令行中设置，但是命令行中的修改操作在终端重启时就会丢失，因此最好在配置文件中修改。使用 env 和 export 命令可以查看操作系统当前的环境变量。

查看操作系统当前环境变量，具体命令如下：

```
# env
LANG=zh_CN.UTF-8
HISTCONTROL=ignoredups
HOSTNAME=localhost.localdomain
HOME=/root
…
PATH=/usr/local/sbin:/usr/local/bin:/usr/sbin:/usr/bin:/root/bin
```

上面显示了常用的一些环境变量，如 PATH、HOME、LANG 等，这些环境变量都以大写字符表示。export 命令也能用于查看环境变量，它更主要的用途在于使父进程定义的变量能被子进程使用。

(三) 环境配置文件

环境配置主要是定义对操作系统环境生效的默认环境变量，如 PATH、HOSTNAME 等。环境配置文件有两种，一种是系统环境配置文件，另一种是用户自定义环境配置文件。常见的系统环境配置文件及其作用如下：

- /etc/environment：设置环境变量，登录操作系统时该文件第一个被读取。
- /etc/profile：为操作系统中的每个用户设置环境信息，当用户第一次登录时该文件被执行，并从 /etc/profile.d 目录下的配置文件中搜集 Shell 的设置。
- /etc/bashrc：为每一个运行 bash 的用户执行此文件，当 bash 被打开时，该文件被读取(Ubuntu 中这个文件为/etc/bash.bashrc)。
- ~/.bash_profile：每个用户都可使用该文件输入专用的 Shell 信息，当用户登录时该文件仅被执行一次。默认情况下，它设置一些环境变量，执行用户的.bashrc 文件。
- ~/.bashrc：该文件包含专用于 bash 的 bash 信息，当登录时以及每次打开新的 Shell 时，该文件被读取。
- ~/.bash_logout：每次退出 bash 时执行该文件。

三、Vim 编辑器概述

Vim 是一款强大的文本编辑器，是 UNIX/Linux 中最流行的编辑器之一。它是 Vi 编辑器的加强版本，具有更多的功能和特性。Vim 支持在一个文本窗口中同时打开多个文本文件，可以进行语法高亮、搜索和替换、智能缩进、自动补全等，使代码编写和编辑更加高效和方便。Vim 可以通过插件进行扩展，支持多种编程语言和操作系统。相比于专注文本编辑的 Vi，Vim 还可以进行程序编辑。不管是专业的 Linux 运维人员，还是普通的 Linux 用户，都应该熟练使用 Vim。

四、Vim 编辑器基本操作

（一）启动 Vim

开启 Linux 终端，在命令界面中直接输入"vim"进入 Vim 编辑环境；也可以输入"vim+文件名"打开已有的文件，如果文件不存在，则会创建文件，具体命令如下：

```
# vim myfile
# vim
```

Vim 编辑环境如图 3-1 所示。

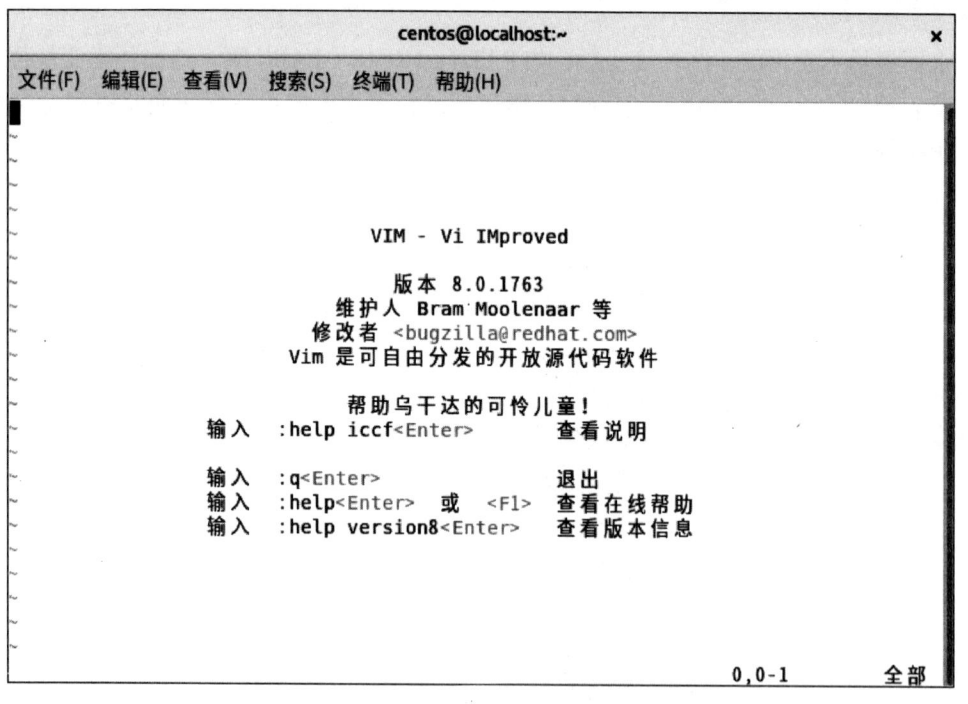

图 3-1　Vim 编辑环境

（二）Vim 的模式

Vim 有多种模式，常用的分为 3 种：命令模式、插入模式和末行模式。

命令模式：启动 Vim 后会进入命令模式。在命令模式下，可以使用键盘上的方向键进行移动，还可以对文件内容进行复制、粘贴、移动、删除等操作。

插入模式：在命令模式下输入 i、a、o、I、A、O，均可进入插入模式。在插入模式下，通常进行输入字符操作。如需回到命令模式，则可以按 Esc 键。

末行模式：在命令模式下输入":"或"/"，Vim 会将光标移到窗口的最后一行。在末行模式下，通常进行文件内存查找、替换、保存、退出等操作。

以上 3 种模式的转换关系如图 3-2 所示，从图中可以清楚了解 3 种模式之间的转换方式。

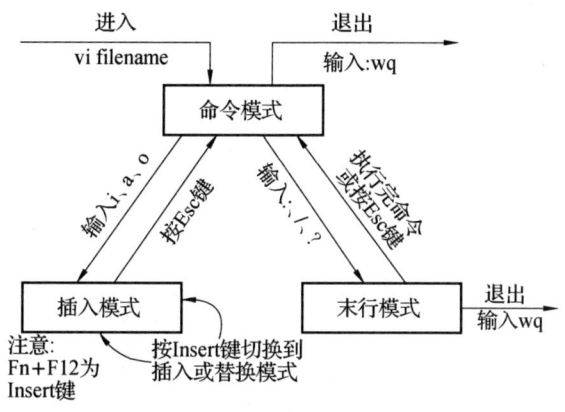

图 3-2 3 种模式的转换关系

1. 命令模式

命令模式是 Vim 的默认模式，在该模式下可以进行删除字符、移动光标、复制、粘贴等操作，不支持输入文字。命令模式下移动光标的常用方法如表 3-2 所示。

表 3-2 命令模式下移动光标的常用方法

命令	作用描述
k	光标向上移一行
j	光标向下移一行
h	光标向左移一个字符
l	光标向右移一个字符
0	光标跳到行首
$	光标跳到行尾
w	光标跳到下一个单词
b	光标跳到上一个单词
W	光标跳到下一个大写字母
B	光标跳到上一个大写字母
^	光标跳到当前行的行首
g_	光标跳到行尾(不包括换行符)

命令模式下复制、粘贴、删除文本的常用方法如表 3-3 所示。

表 3-3　命令模式下复制、粘贴、删除文本的常用方法

命令	作用描述
x	删除当前字符
d $	删除当前光标位置到行尾的字符
d0	删除当前光标位置到行首的字符
dd	删除一行
u	取消上一次操作
Ctrl+r	恢复上一次操作
y	复制当前字符
yy	复制整行
p	粘贴
r	替换当前字符
i	插入模式
I	连续插入模式
a	输入模式
A	连续输入模式
R	替换模式
gR	连续替换模式

2. 插入模式

Vim 的插入模式用于输入文本内容，从命令模式切换到插入模式的方法如表 3-4 所示。

表 3-4　从命令模式切换到插入模式的方法

命令	作用描述
i	在当前光标位置插入字符
a	在当前光标位置的下一个位置插入字符
A	在行尾插入字符
o	在下一行插入新的一行
O	在上一行插入新的一行
s	删除当前字符并插入新字符
S	删除当前行并插入新行
r	替换当前字符
R	替换当前字符及其后面的字符

3. 末行模式

在该模式下，可以进行的操作有显示行号、搜索、替换、保存或退出文档，以及设置

编辑环境。末行模式下常用的方法如表 3-5 所示。

表 3-5 末行模式下常用的方法

命令	作用描述
/	搜索模式
?	反向搜索模式
!	运行外部命令模式
q	退出文件
:<行号>	跳转到指定行号

任务设计与准备

一、任务设计

任务目的：
- 掌握 Vim 编辑器的启动与退出方法；
- 掌握 Vim 编辑器的 3 种模式及使用方法。

任务内容：
- 使用 Vim 将 /etc/passwd 文件的内容写入 /tmp/passwd 文件；
- 将 /etc/shadow 文件的第一行和最后一行内容写入 /tmp/shadow 文件。

二、任务准备

启动并登录 RHEL 9 操作系统，进入操作系统界面，打开终端，进入命令行界面，分别查看 /etc/passwd 文件和 /tmp/shadow 文件内容。

任务实施

一、使用 Vim 将 /etc/passwd 文件的内容写入 /tmp/passwd 文件

步骤一：打开一个终端，在命令行界面中输入"vim /etc/passwd"，进入命令模式。
步骤二：显示行号，输入":"进入末行模式，输入"set nu"，查看行号。
步骤三：按 Esc 键进入命令模式，输入"GG"将光标移动到第一行的行首。
步骤四：复制光标下的 17 行内容，输入"17yy"。
步骤五：输入":"进入末行模式，输入"q"，退出编辑。
步骤六：输入"vim /tmp/passwd"，编辑文件。
步骤七：输入"p"，粘贴 17 行内容到当前光标位置。

步骤八：输入":wq"，保存并退出 Vim。

步骤九：在命令行窗口中输入"cat /tmp/passwd"，查看复制后的文件内容。

二、将/etc/shadow 文件的第一行和最后一行内容写入/tmp/shadow 文件

步骤一：打开一个终端，在命令行界面中输入"vim /etc/shadow"，进入命令模式。

步骤二：输入":vsplit /tmp/shadow"，垂直分割窗口并编辑 /tmp/shadow 文件。

步骤三：输入"GG"，将光标移动到第一行的行首。

步骤四：输入"yy"，复制当前行。

步骤五：按"Ctrl+W"键，切换到/tmp/shadow 文件窗口。

步骤六：输入"p"，粘贴到当前行上面。

步骤七：按"Ctrl+W"键，切换到/etc/shadow 文件窗口。

步骤八：输入"G"，跳转到文件末尾。

步骤九：输入"yy"，复制当前行。

步骤十：按"Ctrl+W"键，切换到/tmp/shadow 文件窗口。

步骤十一：输入"P"，粘贴到当前行下面。

步骤十二：输入":wq"，保存并退出 Vim。

步骤十三：在命令行界面中输入"cat /tmp/shadow"，查看编辑后的文件内容。

任务总结

本任务重点介绍了 Linux 操作系统中的 Vim 编辑器，通过以上两个任务的实践操作，要求掌握 Vim 编辑器常用的几种模式，以及不同模式下各种命令的作用和使用方法，为后期 Shell 脚本编写和 Linux 操作系统管理打下良好基础。

思考与练习

一、填空题

1. _____连接了用户和 Linux 内核的应用程序，它不仅是 Linux 操作系统与用户之间的桥梁，还是一种程序设计语言，让用户能够更加高效、安全、低成本地使用 Linux 内核。

2. _____是 Shell 最重要的功能。Linux 操作系统中的所有可执行文件都可以作为 Shell 命令来执行。

3. Shell 变量的命名规范和大部分编程语言一样，变量名可由数字、字母、下划线组成，但必须以_____或者_____开头，不能使用 Shell 里的关键字。

4. _____支持在一个文本窗口中同时打开多个文本文件，可以进行语法高亮、搜

索和替换、智能缩进、自动补全等，使代码编写和编辑更加高效和方便。

5. Vim 编辑器的_____可以进行的操作有显示行号、搜索、替换、保存或退出文档，以及设置编辑环境。

二、选择题

1. 以下（　　）不是 Linux 操作系统的 Shell。
A. bash　　　　B. sbin　　　　C. csh　　　　D. ksh

2. 要想函数中定义的变量的作用域仅限于函数内部，可以在定义时使用（　　）命令，此时该变量就成了局部变量。
A. local　　　　B. part　　　　C. variable　　　　D. value

3. 以下（　　）不属于 Vim 编辑器的 3 种常用模式。
A. 命令模式　　B. 插入模式　　C. 导出模式　　D. 末行模式

4. 在 Vim 命令模式下输入以下除（　　）以外的字符，均可进入插入模式。
A. a 或 A　　　B. e 或 E　　　C. i 或 I　　　D. o 或 O

5. Vim 模式中（　　）不能彼此转换。
A. 命令模式和插入模式　　　　B. 命令模式和末行模式
C. 插入模式和末行模式　　　　D. 都能互相转换

三、判断题

1. Shell 在定义变量时通常不需要指明类型，直接赋值就可以。使用一个定义过的变量，只要在变量名前面加百分比符号%即可。（　　）

2. Shell 函数和 C、C++、Java 等其他编程语言函数的一个不同点就是，在 Shell 函数中定义的变量默认是全局变量，它和在函数外部定义的变量有一样的效果。（　　）

3. Shell 的全局变量，就是指变量在当前的整个 Shell 脚本文件中都有效。（　　）

4. 命令模式是 Vim 的默认模式，在该模式下可以进行删除字符、移动光标、复制、粘贴、输入文字等操作。（　　）

5. Vim 的插入模式下，r 或 R 没有区别，都用于替换当前字符。（　　）

四、简答题

1. 如何理解 Shell 会话和 Shell 脚本文件的关系？
2. Vim 的 3 种模式是什么？如何切换？
3. Vim 命令模式下常用的复制、粘贴、删除文本的方法有哪些？
4. Shell 支持定义变量的方式有哪些？
5. Shell 的环境变量有什么功能？

任务二　Shell 编程

任务背景

在日常工作中，我们经常需要在 Linux 操作系统上执行各种任务，如管理文件、运行程序、配置系统等。而与这些任务相关联的便是 Linux Shell，它是一种运行在 Linux 操作系统上的命令解释器，可以让我们轻松地与操作系统交互，完成各种操作。

Linux Shell 提供了很多强大的命令，我们可以通过简单的命令操作来实现复杂的任务。例如，可以使用 ls 命令列出当前目录下的所有文件和子目录，使用 cd 命令进入某个目录，使用 mkdir 命令创建新目录等。

除这些基本命令外，还可以使用重定向、管道、变量等高级功能来扩展操作。例如，使用重定向可以将命令的输出重定向到文件中，使用管道可以将多个命令连接起来以实现更加复杂的操作，使用变量可以保存和使用数据。

素质小课堂

2023 年 7 月 5 日，在中关村国家自主创新示范区展示交易中心举行的 2023 操作系统产业大会上，中国首个开源桌面操作系统 openKylin 1.0（"开放麒麟 1.0"）亮相。这标志着我国已具有系统组件自主选型、操作系统独立构建的能力，降低对上游操作系统发行版本社区的依赖，填补了我国长期以来在桌面操作系统根社区领域的空白。

大会现场发布的《中国基础软件行业调研报告》指出，2022 年中国操作系统市场规模达到 155.1 亿元。十年间，中国操作系统市场保持稳定增长，复合增长率达 6.7%。国产操作系统在生态数量和用户使用体验上均得到极大提升，麒麟软件生态数量率先突破 200 万款。

截至目前，麒麟操作系统已经在政务、金融、通信、电力、能源、交通、医疗、教育等行业领域得到广泛应用，不仅服务百姓日常生活，还在天问一号、嫦娥五号、神舟十六号等大国重器上实现应用部署。

据了解,"开放麒麟1.0"版本已完成20多个核心组件自主选型构建,保障其在系统性能、运行兼容性、音视频处理、文件读写、网络稳定性、图像显示及安全等方面的先进性和领先性,未来将可使我国摆脱现有桌面操作系统关键技术长期依赖国外的现状,所有用户都可基于 openKylin 社区版本打造自己的桌面操作系统。

知识准备

一、Shell 脚本概述

Shell 脚本是一种使用 Shell 命令和脚本语言编写的计算机程序,通常由一组命令和控制结构组成,以完成指定的任务。Shell 脚本是在 Shell 环境下运行的,可以通过终端命令行界面运行 Shell 脚本。

Shell 脚本的用途广泛,可以用于自动化任务、文件操作、系统管理、软件部署等领域。相比于其他编程语言,Shell 脚本编写简单、易于维护和调试,并且可以快速完成任务。

Shell 脚本的语言特点包括支持变量、条件语句、循环结构、函数、管道、重定向等基本语言结构。同时,Shell 还提供了丰富的内置命令和工具,方便进行文件操作、文本处理、正则表达式等常用操作。

总的来说,Shell 脚本是一个强大的工具,可以帮助程序员和管理员快速完成各种任务,提高工作效率。

二、编写与执行一个 Shell 脚本程序

(一)编写 Shell 脚本程序的基本步骤

步骤一,在 Vim 编辑器中打开一个新文件,通常使用文件扩展名 .sh。

步骤二,在第一行添加"#! /bin/bash",它指定了 Shell 的路径。

步骤三,添加命令行代码,由 Shell 解析和执行。

步骤四,在文件保存后,使用 chmod 命令更改文件可读与可执行(rx)权限。

步骤五,在终端命令行界面中输入"./filename.sh",或使用"sh filename.sh"运行脚本。

(二)编写第一个 Shell 脚本程序

第1步,在用户的主目录下创建 shell 目录,并进入 shell 目录,使用 vim 命令创建 hello_world.sh 文件。

```
[root@localhost ~]# mkdir shell
[root@localhost ~]# cd shell
[root@localhost ~]# vim hello_world.sh
```

第 2 步，编辑 hello_world.sh 文件，输入以下代码，编写完成后，按 Esc 键切换到命令模式，输入": wq"保存并退出。

```
1 #! /bin/bash
2 #Program:
3 #This program shows "Hello World!" in your screen.
4 #History:
5 #2023/03/12
6 PATH=/bin:/sbin:/usr/bin:/usr/sbin:/usr/local/bin:/usr/local/sbin:~/bin
7 export PATH
8 echo -e "Hello World!"
9 exit 0
```

上述代码中，第 1 行"#! /bin/bash"表示这个脚本使用的 Shell 名称，它能够加载 bash 的相关环境配置文件，并且运行 bash 来使下面的命令能够执行。如果没有这一行，那么程序很可能无法执行。第 2~5 行做程序内容的说明，其中的"#"表示注释，主要用来说明整个程序的功能、建立日期等。第 6~7 行设定了环境变量，可让程序执行时能够直接执行一些外部命令，而无须写绝对路径。第 8~9 行是主要的程序部分，其中"echo"用来向窗口输出信息，"exit 0"表示离开并且返回 0。

第 3 步，执行该程序，执行结果如下：

```
[root@localhost ~]# sh hello_world.sh
Hello World!
```

或者使用以下命令运行这个脚本。

```
[root@localhost ~]# chmod a+x hello_world.sh
[root@localhost ~]# ./hello_world.sh
Hello World!
```

三、脚本的状态码

Linux Shell 脚本的状态码（exit code）通常是一个整数，用来表示脚本执行的结果或状态。一般用 0 表示成功，用非 0 的值表示失败。这个状态码可以使用 $? 变量来查看。另外，还可以使用 exit 命令指定状态码，其语法为 exit n，其中 n 的取值为 0~255。指定状态码，如例 3-2-1 所示。

例 3-2-1　指定状态码

[root@localhost ~]# vim shell01.sh
#!/bin/bash
echo 'hello linux'
exit 0   #退出,状态码为 0

[root@localhost ~]# sh shell01.sh
hello linux
[root@localhost ~]# echo $?   #获取状态码
0

四、脚本的参数

在编写 Linux Shell 脚本时，可以将参数传递给脚本，这样就可以根据参数的不同来执行不同的操作。下面是一些常用的 Shell 脚本参数。

- $0：表示脚本本身的名称，如 ./test.sh，$0 就是 test.sh。
- $1，$2，$3，… $n：表示脚本中的第 1 个参数、第 2 个参数、第 3 个参数……第 n 个参数，如 ./test.sh arg1 arg2 arg3，$1 就是 arg1，$2 就是 arg2，$3 就是 arg3。
- $#：表示脚本中参数的总个数，如 ./test.sh arg1 arg2 arg3，$# 就是 3。
- $@ 和 $*：表示脚本中所有参数的列表，$@ 表示将参数列表看作一个由多个独立的字符串组成的数组，每个参数都可以单独访问，使用空格进行分隔。$* 表示将参数列表看作一个由单个字符串组成的字符串，参数之间用 IFS(内部字段分隔符，默认包含空格、制表符、换行符)分隔。如果需要对每个参数进行处理，则使用 $@；如果需要将所有参数作为一个整体进行处理，则使用 $*。

下面编写脚本并输入三个参数，如例 3-2-2 所示。

例 3-2-2　编写脚本并输入三个参数

[root@localhost ~]# vim shell02.sh

#!/bin/bash

echo "输入参数的总个数: $#"
echo "输入的第一个参数是: $1"
echo "输入的第二个参数是: $2"
echo "参数列表独立显示:$@"
echo "参数列表分隔显示: $* "

[root@localhost ~]# sh shell02.sh one two three
输入参数的总个数: 3

输入的第一个参数是: one
输入的第二个参数是: two
参数列表独立显示:one two three
参数列表分隔显示: one two three

五、编程规范

对一个程序来说，只有当其结构和作用能被除编写者之外的其他人简单地理解时，它才能够被维护，对它的成功修改才能在合理的时间内完成。要满足这些需求，就要在脚本编程中使用好的编程风格。Shell 脚本编程中需要满足的基本的编程风格如下。

- 每个代码行不多于 80 个字符。
- 保持一致的缩进深度。
- 程序结构的缩进应与逻辑嵌套深度保持一致；
- 在每一个代码块之间留一个空行，可以提高脚本的可读性。
- 每个脚本文件必须有一个文件头注释，文件头注释提供文件名和文件内容等信息，任何一个不简短且不显而易见的函数都需要注释，脚本中任何复杂的、不是显而易见的以及重要的代码部分都需要注释。
- 自定义的变量名或函数名使用小写字母，并使用下划线分隔单词。
- 程序和脚本的状态码需要使用变量$?进行验证。

任务设计与准备

一、任务设计

任务目的：
- 理解 Shell 脚本；
- 掌握运算符的用法；
- 掌握条件分支结构的用法；
- 掌握循环结构的用法。

任务内容：
- Shell 运算符和条件测试；
- Shell 条件分支结构；
- Shell 循环结构。

二、任务准备

启动并登录 RHEL 9 操作系统，进入操作系统界面，打开终端，进入命令行界面。

任务实施

一、Shell 运算符和条件测试

(一) Shell 算术运算

Shell 中的算术运算符用于对数值类型的变量及常量进行算术运算。与数学中的加减乘除类似，算术运算符是最简单和最常用的运算符。常用的算术运算符如表 3-6 所示。

表 3-6 算术运算符

运算符	用途
id++，id--	变量后递增，变量后递减
++id，--id	变量前递增，变量前递减
-，+	单目负号和正号
!，~	逻辑取反，按位取反
**	求幂
*，/，%	乘，除，求余
+，-	加，减
<<，>>	按位左移，按位右移
<=，>=，<，>	比较
==，!=	相等，不等
&	按位与
^	按位异或
|	按位或
&&	逻辑与
||	逻辑或
expr?expr:expr	条件运算符
=，*-，/=，%=，+=，-=，<<=，>>=，&=，^=	赋值
expr1，expr2	逗号运算

算术运算的语法如下：

$((expression))

其中，expression 是一个算术表达式，可以包含常量、变量和运算符。算术运算的使用方法如例 3-2-3 所示。

例 3-2-3 算术运算符的使用方法

```
[root@localhost ~]# vim shell03.sh
a=10
b=3
#加法
c=$((a+b))
echo "a+b=$c"
#减法
d=$((a-b))
echo "a-b=$d"
#乘法
e=$((a* b))
echo "a* b=$e"
#除法
f=$((a/b))
echo "a/b=$f"
#取余
g=$((a% b))
echo "a% b=$g"
#求幂
h=$((2* * 3))
echo "2 的 3 次方=$h"

[root@localhost ~]# sh shell03.sh
a+b=13
a-b=7
a* b=30
a/b=3
a% b=1
2 的 3 次方=8
```

(二) Shell 条件测试

Shell 条件测试是一种检查变量或值的布尔属性的方法,通常在 Shell 脚本中使用,以便根据条件采取不同的操作。test 命令常用于文件测试、字符串测试、算术测试等。

test 命令的语法如下:

```
test expression
```

或者:

```
[ expression ]
```

其中,expression 是一个条件表达式,用于测试一个条件是否成立。test 命令会根据

expression 的结果返回 0 或 1，0 表示 expression 为真，1 表示 expression 为假。［expression］与 test expression 的作用相同，只是它们的表达方式不同。

1. 关系运算

使用 test 命令可以进行整数之间的关系运算，关系运算符及其含义如表 3-7 所示。关系运算符的使用方法如例 3-2-4 所示。

表 3-7 关系运算符及其含义

运算符	含义
x -eq y	判断 x 是否等于 y
x -ne y	判断 x 是否不等于 y
x -gt y	判断 x 是否大于 y
x -ge y	判断 x 是否大于或等于 y
x -lt y	判断 x 是否小于 y
x -le y	判断 x 是否小于或等于 y

例 3-2-4　关系运算符的使用方法

```
[root@localhost ~]# vim shell06.sh
#! /bin/bash
x=6
y=7
test $x -eq $y && echo "$x=$y"||echo "$x!=$y"
test $x -gt $y && echo "$x>$y"||echo "$x<$y"
test $x-ne $y && echo "$x<=$y"||echo "$x>=$y"
[root@localhost ~]# sh shell06.sh
6!=7
6<7
6<=7
```

2. 文件测试

文件测试的操作比较多，包括文件类型测试、文件权限测试和文件比较测试。常用的文件测试运算符及其含义如表 3-8 所示，文件测试运算符的使用方法如例 3-2-5 所示。

表 3-8 文件测试运算符及其含义

运算符	含义
-e<FILE>	如果<FILE>存在则为真
-f<FILE>	如果<FILE>存在且是一个常规文件则为真
-d<FILE>	如果<FILE>存在且是一个目录则为真
-c<FILE>	如果<FILE>存在且是一个特殊字符文件则为真

续表

运算符	含义
-b<FILE>	如果<FILE>存在且是一个特殊块文件则为真
-p<FILE>	如果<FILE>存在且是一个命名管道则为真
-S<FILE>	如果<FILE>存在且是一个套接字文件则为真
-L<FILE>	如果<FILE>存在且是一个符号链接则为真(与-h 相同)
-h<FILE>	如果<FILE>存在且是一个符号链接则为真(与-L 相同)
-g<FILE>	如果<FILE>存在且设置了 SGID 位则为真
-u<FILE>	如果<FILE>存在且设置了 SUID 位则为真
-r<FILE>	如果<FILE>存在且是可读的则为真
-w<FILE>	如果<FILE>存在且是可写的则为真
-x<FILE>	如果<FILE>存在且是可执行的则为真
-s<FILE>	如果<FILE>存在且不为空则为真
-t<fd>	如果文件描述符<fd>已打开且引用了一个终端则为真
<FILE1>-nt <FILE2>	如果<FILE1>比<FILE2>新则为真(指 mtime)
<FILE1>-ot <FILE2>	如果<FILE1>比<FILE2>旧则为真(指 mtime)
<FILE1>-ef <FILE2>	如果<FILE1>有硬链接到<FILE2>则为真

例 3-2-5 文件测试运算符的使用方法

```
[root@localhost ~]# vim  shell08.sh
#! /bin/bash
#检查命令文件/bin/cp 是否存在
test -e /bin/cp && echo "$_文件不存在"||echo "$_文件存在"
#检查目录/local 是否存在
test -d /local && echo "$_目录不存在"||echo "$_存在"
#检查一个文件是否存在且可读取
test -r /etc/hosts && echo "$_文件可读取"||echo "$_不可读取"
#检查一个文件是否存在且可写入
test -w /proc/meminfo && echo "$_文件可写入"||echo "$_不可写入"

[root@localhost ~]# sh shell08.sh
/bin/cp 文件不存在
/local 存在
/etc/hosts 文件可读取
/proc/meminfo 文件可写入
```

3. 字符串测试

字符串测试运算符及其含义如表 3-9 所示,字符串测试运算符的使用方法如例 3-2-6 所示。

表 3-9　字符串测试运算符及其含义

运算符	含　义
-z<STRING>	如果<STRING>为空则为真
-n<STRING>	如果<STRING>不为空则为真
<STRING1>=<STRING2>	如果<STRING1>与<STRING2>相同则为真
<STRING1>！=<STRING2>	如果<STRING1>与<STRING2>不相同则为真
<STRING1><<STRING2>	如果<STRING1>的字典顺序排在<STRING2>之前则为真（ASCII 码顺序）
<STRING1>><STRING2>	如果<STRING1>的字典顺序排在<STRING2>之后则为真（ASCII 码顺序）

例 3-2-6　字符串测试运算符的使用方法

```
#判断字符串是否为空
[root@localhost~]# name=sc
[root@localhost~]# test -z"$name" && echo "yes" || echo "no"
no
#判断两个字符串是否相等
[root@localhost~]# aa=
[root@localhost~]# bb=
[root@localhost~]#test "$aa"=="bb" && echo "yes" || echo "no"
yes
```

二、Shell 条件分支结构

条件分支结构语句需要根据给出来的条件进行判断来决定执行对应的代码。Shell 常用的条件分支结构有单分支、双分支、多分支 3 种。

(一)单分支

单分支结构第一种语法如下：

```
if <条件表达式>
then
     指令
fi
```

第二种语法如下：

```
if <条件表达式>;then
     指令
fi
```

其中的<条件表达式>部分可以使用 test、[ ]、[[ ]]、(( ))等条件表达式。

例如，判断输入的年龄是否大于 18 岁，若大于 18 岁，则输出"已成年"；否则无输出，单分支结构使用方法如例 3-2-7 所示。

例 3-2-7　单分支结构使用方法

```bash
#! /bin/bash
read -p ' please input your age:' num
if [ $num -ge 18]
then
        echo '已成年'
fi
```

(二)双分支

if...then...else fi 语句也称为双分支语句,若满足某种条件,则进行某种处理,否则进行另外的处理,双分支结构语法如下：

```
if <条件表达式>;then
    指令 1
else
    指令 2
fi
```

例如,判断输入的年龄是否大于 18 岁,若大于 18 岁,则输出"已成年"；否则输出"未成年",双分支结构使用方法如例 3-2-8 所示。

例 3-2-8　双分支结构使用方法

```bash
#! /bin/bash
read -p ' please input your age:' num
if [ $num -ge 18]
then
        echo '已成年'
else
        echo '未成年'
fi
```

(三)多分支

多分支结构语法如下：

```
if <条件表达式 1>
then
    指令 1
elif <条件表达式 2>
then
    指令 2
...
```

```
else
    当所有条件都不成立时,执行此指令
fi
```

例如,对学生的成绩进行等级划分,85~100 分为优秀,60~84 分为合格,小于 60 分为不合格,多分支结构使用方法如例 3-2-9 所示。

例 3-2-9   多分支结构使用方法

```
[root@localhost ~]# vim cheng.sh
#! /bin/bash
read -p "请输入你的分数(0~100):" GRADE
if [ $GRADE -ge 85 ] && [ $GRADE -le 100 ];then
    echo "$GRADE 分! 优秀"
elif [ $GRADE -ge 60 ]&&[ $GRADE -le 84 ];then
    echo "$GRADE 分,合格"
else
    echo "$GRADE 分? 不合格"
fi
[root@localhost~]# sh cheng.sh
请输入你的分数(0~100):60
60 分,合格
```

三、循环结构

所谓循环结构就是根据循环条件实现一段代码的重复执行,可用于批量获取用户信息、读取目录下所有的文件信息等。Shell 常用的循环有 while、until、for 循环,另外,Shell 还有用于控制循环结构执行流程的 break 和 continue 语句。

(一)while 循环

while 循环是 Shell 脚本中最简单的一种循环,当判断条件满足时,重复地执行一组语句;当判断条件不满足时,退出 while 循环。while 循环的语法如下:

```
while condition
do
    statements
done
```

其中,condition 表示判断条件,statements 表示要执行的语句(可以只有一条,也可以有多条),do 和 done 都是 Shell 中的关键字。

while 循环的执行流程如下:

• 对 condition 进行判断,如果 condition 成立,则进入循环,执行 while 循环体中的语句(也就是 do 和 done 之间的语句),这样就完成了一次循环。

- 每一次执行到 done 的时候都会重新判断 condition 是否成立，如果成立，则进入下一次循环，继续执行 do 和 done 之间的语句；如果不成立，则结束整个 while 循环，执行 done 后面的其他 Shell 代码。
- 如果一开始 condition 就不成立，则不会进入 while 循环体，do 和 done 之间的语句也就没有执行的机会。

注意，在 while 循环体中必须有相应的语句使得 condition 越来越趋近于"不成立"，只有这样才能最终退出循环，否则 while 循环就成了死循环，会一直执行下去。

例如，使用 while 循环添加 20 个用户，用户名以 linux 开头，以数字编号结束，初始密码设为 123456，以下是 while 循环的使用方法，如例 3-2-10 所示。

例 3-2-10　while 循环的使用方法

```
[root@localhost~]# vim adduser.sh
#! /bin/bash
i=1
while [ $i -le 20 ]
  do
      useradd linux $i
      echo "123456" | passwd --stdin linux $i
      let i++
  done

[root@localhost~]# sh adduser.sh
Changing passwordfor user linux1.
passwd: all authentication tokens updated successfully.
…
```

（二）until 循环

until 循环和 while 循环恰好相反，只有判断条件不成立时才进行循环，一旦条件成立，就终止循环。until 循环的语法如下：

```
until condition
do
      statements
done
```

其中，condition 表示判断条件，statements 表示要执行的语句（可以只有一条，也可以有多条），do 和 done 都是 Shell 中的关键字。

until 循环的执行流程如下：

- 对 condition 进行判断，如果 condition 不成立，则进入循环，执行 until 循环体中的语句（do 和 done 之间的语句），这样就完成了一次循环。

- 每一次执行到 done 的时候都会重新判断 condition 是否成立，如果不成立，则进入下一次循环，继续执行 until 循环体中的语句；如果成立，则结束整个 until 循环，执行 done 后面的其他 Shell 代码。
- 如果一开始 condition 就成立，则不会进入 until 循环体，do 和 done 之间的语句也就没有执行的机会。

注意，在 until 循环体中必须有相应的语句使得 condition 越来越趋近于"成立"，只有这样才能最终退出循环，否则 until 循环就成了死循环，会一直执行下去。

将例 3-2-10 用 until 循环改写，until 循环的使用方法如例 3-2-11 所示。

例 3-2-11　until 循环的使用方法

```
[root@localhost~]# vim adduser.sh
#! /bin/bash
i=1
until [ i -ge 20 ]
  do
     useradd linux $i
     echo "123456" | passwd --stdin linux $i
     let i++
  done

[root@localhost~]# sh adduser.sh
Changing password for user linux1.
passwd: all authentication tokens updated successfully.
…
```

（三）for 循环

除了 while 循环和 until 循环，Shell 脚本还提供了 for 循环，主要用于执行次数确定的某种操作。Shell 中的 for 循环有两种语法。

for 循环的第一种语法如下：

```
for((exp1; exp2; exp3))
do
    statements
done
```

其中，exp1、exp2、exp3 是三个表达式，其中的 exp2 是判断条件，for 循环根据 exp2 的判断结果来决定是否继续下一次循环；statements 是要执行的语句，可以有一条，也可以有多条；do 和 done 是 Shell 中的关键字。

此种 for 循环的执行流程如下：

第 1 步：执行 exp1，通过初始化操作为循环变量赋初始值。

第 2 步：执行 exp2，如果它是成立的，则执行 for 循环体中的语句，否则结束整个 for 循环。

第 3 步：执行完 for 循环体中的语句后执行 exp3。

第 4 步：重复执行第 2 步和第 3 步，直至 exp2 不成立，结束循环。

注意，exp1 仅在第一次循环时执行，以后不会再执行，可以认为这是一条初始化语句；exp2 一般是一个关系表达式，决定了是否还要继续下次循环，称为"循环条件"；exp3 很多情况下是一个带有自增或自减运算的表达式，以使循环条件逐渐变得"不成立"。

下面使用 for 循环计算 1~100 所有整数的和，for 循环的使用方法如例 3-2-12 所示。

例 3-2-12　for 循环的使用方法 1

```
[root@localhost~]# vim sum.sh
#! /bin/bash
sum=0
for ((i=1; i<=100; i++))
do
    ((sum += i))
done
echo "The sum is: $sum"

[root@localhost~]# sh sum.sh
The sum is: 5050
```

for 循环的第二种语法如下：

```
for variable in value_list
do
    statements
done
```

其中，variable 表示变量，value_list 表示取值列表，in 是 Shell 中的关键字。每次循环都会先从 value_list 中取出一个值赋给变量 variable，然后进入 for 循环体（do 和 done 之间的部分），执行循环体中的 statements，直至取完 value_list 中的所有值，循环就结束了。下面使用 for 循环计算 1~6 所有整数的和，for 循环的使用方法如例 3-2-13 所示。

例 3-2-13　for 循环的使用方法 2

```
[root@localhost~]# vim sum.sh
#! /bin/bash
sum=0
for n in 1 2 3 4 5 6
do
    echo $n
    ((sum+=n))
```

```
done
echo "The sum is "$sum

[root@localhost~]# sh sum. sh
1
2
3
4
5
6
The sum is 21
```

需要注意的是，取值列表 value_list 的取值形式有多种，可以直接给出具体的值，也可以给出一个范围，还可以使用命令产生的结果，甚至可以使用通配符。具体的做法这里不再介绍，读者可以查阅相关资料，了解取值列表的更多使用方法。

（四）break 和 continue 语句

使用 while、until、for 循环时，如果想提前结束循环（在不满足结束条件的情况下结束循环），则可以使用 break 或者 continue 关键字。与其他语言不同的是，Shell 中的 break 和 continue 能够跳出多层循环，也就是说，内层循环中的 break 和 continue 能够跳出外层循环。下面通过一个示例说明 break 和 continue 语句的使用方法，如例 3-2-14 所示。

例 3-2-14　break 和 continue 语句的使用方法

```
[root@localhost~]# vim shell10. sh
1 #! /bin/bash
2 ##循环语句里面的 continue 和 break
3 while :
4 do
5     read -p "please input a number: " n
6     if [ -z "$n" ]
7     then
8         echo "提醒,你需要输入内容."
9         continue
10    fi
11    n1=`echo $n|sed 's/[0-9]//g'`
12    if [ ! -z "$n1" ]
13    then
14        echo "输入错误,你只能输入一个纯数字."
15        continue
16    fi
17    break
18 done
```

```
19 echo $n
[root@localhost~]# sh shell10.sh
please input a number: q
输入错误,你只能输入一个纯数字.
please input a number: 2
2
```

在例 3-2-14 中,第 5 行要求输入一个数字;第 6 行判断输入的内容是否为空,如果为空,则提示需要输入内容;第 9 行 continue 语句继续提示输入内容,直到输入的内容不为空为止;第 11~15 行表示将输出内容打印出来并使用 sed 替换的方式,将其中的数字替换为空,赋值给 n1。如果 n1 不为空,则提示输入的不是一个纯数字,执行 continue 语句,继续提示用户输入内容,直至输出的是一个纯数字,执行第 17 行 break 语句,结束整个循环。

任务总结

本任务重点介绍了 Shell 脚本的编写方法、脚本状态码、脚本参数,以及 Shell 脚本编写规范,还介绍了常用的 Shell 运算符和条件测试、条件分支结构、循环结构等。在学习过程中要注意多动手实验,理解 Shell 脚本编写方式,能够运用不同程序结构,为 Linux 操作系统管理、自动化运维打下基础。

思考与练习

一、填空题

1. 编写 Shell 脚本程序第一步是在 Vim 编辑器中打开一个新文件,通常使用文件扩展名_____。

2. 在 Shell 脚本程序文件保存后,使用_____命令更改文件可读与可执行(rx)权限。

3. _____运算符的含义是如果<FILE>存在且是一个常规文件则为真。

4. if <条件表达式>; then
  指令 1
else
  指令 2
fi
上述条件分支结构为_____分支语法。

5. until 循环和 while 循环恰好相反,当判断条件_____时才进行循环。

二、选择题

1. Vim 编辑器中（　　）符号表示注释，主要用来说明整个程序的功能、建立日期等。
   A. #　　　　　　B. $　　　　　　C. %　　　　　　D. *

2. 在编写 Linux Shell 脚本时，可以将参数传递给脚本，这样就可以根据参数的不同来执行不同的操作。其中表示脚本中参数的总个数的参数是（　　）。
   A. $n　　　　　　B. $#　　　　　　C. $@　　　　　　D. $*

3. Shell 算术运算中 3＊＊3 的结果为（　　）。
   A. 1　　　　　　B. 9　　　　　　C. 27　　　　　　D. 81

4. x＝3，y＝2，test $x -gt $y 的结果为（　　）。
   A. 0　　　　　　B. 1　　　　　　C. -1　　　　　　D. False

5. 与其他语言不同的是，Shell 中的（　　）能够跳出多层循环，也就是说可以从内层循环直接跳出外层循环。
   A. break
   B. continue
   C. break 和 continue
   D. 都不能

三、判断题

1. Linux Shell 脚本的状态码（exit code）通常是一个整数，用来表示脚本执行的结果或状态。一般用 1 表示成功，用 0 表示失败。（　　）

2. Shell 脚本程序中设定环境变量，可让程序运行时能够直接执行一些外部命令，而无须写绝对路径。（　　）

3. Shell 算术运算中的除法运算符为%。（　　）

4. test 命令会根据条件表达式 expression 的结果返回 0 或 1，0 表示 expression 为真，1 表示 expression 为假。（　　）

5. -n <STRING>的含义是如果<STRING>不为空则为真。（　　）

四、简答题

1. 说明 Shell 脚本的优势和应用场合。
2. Shell 条件测试主要包括哪些？
3. 在多分支结构的示例中，尝试增加判断分数是否在 0~100 范围内的代码。
4. 简述 Shell 脚本编写流程及编写规范。
5. 分析 Shell 脚本中的 3 种常用循环结构的区别与控制流程。

项目四 账户与磁盘管理

任务一 Linux 用户与用户组管理

任务背景

Linux 是多用户、多任务的分时操作系统，任何需要使用系统资源的用户，都必须拥有一个账号，并以这个账号登录操作系统。

采用用户账号方式登录操作系统，不仅可以限制登录后的操作权限，为用户提供安全性保护，还可以帮助管理员对使用操作系统的用户进行跟踪。

每个用户账号由唯一的用户名和各自的口令组成。

用户在登录时输入正确的用户名和口令后，就能够进入操作系统和自己的主目录。

实现用户账号的管理，要完成的工作主要有：

- 用户账号的添加、删除与修改；
- 用户口令的管理；
- 用户组的管理。

素质小课堂

2023 年中华人民共和国最高人民检察院发布的《检察机关打击治理电信网络诈骗及其关联犯罪工作情况（2023（年））》（以下简称《工作情况》）指出，随着打击治理，特别是境外抓捕力度加大，2023年1月至10月，检察机关共起诉电信网络诈骗犯罪3.4万余人，同比上升近52%。值得高度警惕的是，在校及刚毕业学生逐渐成为犯罪集团拉拢吸收对象，未成年人涉罪人数有所增加。2023年1月至10月，检察机关起诉的电信网络诈骗、帮信、掩隐三类犯罪人员中，不乏在校及刚毕业学生。其中，未成年人占比1%，人数同比上升68%；有的未成年人成为电信网络诈骗犯罪组织者，表明此类犯罪开始向未成年人群体渗透。

在学习Linux用户管理及磁盘管理的相关内容时，我们要提升网络安全、数据隐私等安全意识，作为新时代的大学生，我们要用自己所学的专业知识为国家贡献一份力量，不要从事违法行为。

一、用户和用户组的基本概念

（一）用户概念

Linux是多用户、多任务的分时操作系统，当多个用户同时使用操作系统时，为了使所有用户的工作都能顺利运作，保护每个用户的文件和进程，也为了操作系统自身的安全和稳定，必须建立起一种秩序，使每个用户权限都能得到规范。基于这个目的，需要区分不同的用户，由此产生了用户账号。

账号实质上就是一个用户在操作系统上的标识，操作系统依据账号来区分每个用户的文件、进程、任务，给每个用户提供特定的工作环境（如用户的工作目录、X-windows环境配置等），使每个用户的工作都能独立且不受干扰地进行。

（二）用户和用户组

Linux的账号包括用户账号和组账号两种。

Linux操作系统下的用户账号（简称用户）有两类：普通用户和超级用户（或管理员）。普通用户在操作系统上的任务是进行普通工作，管理员在操作系统上的任务是对普通用户和整个操作系统进行管理。管理员对操作系统具有绝对的控制权，能够对操作系统进行一切操作，如操作不当很容易对操作系统造成损坏。因此，即使操作系统只有一个用户使用，也应该在管理员之外建立一个普通用户，在用户进行普通工作的时候以普通用户登录操作系统。

除用户账号之外，在Linux下还存在用户组账号（简称用户组）。用户组是具有相同特性用户的集合，属于一种逻辑集合。使用用户组账号，便于管理员按照用户的特性管理用户账号。例如，在资源授权时，可以把权限赋予某个用户组而不必逐个账号操作，用户组中的成员可自动获得该权限。

在 Red Hat Linux 中有私有组和标准组两种类型。当创建一个新用户时，若没有指定其所属的用户组，则 Red Hat 会建立一个和该用户同名的私有组，此私有组包含这个用户。标准组可以容纳多个用户，若使用标准组，则在创建一个新的用户时就应该指定其所属的用户组。

同一个用户可以同属多个用户组，其登录后所属的用户组称为主组，其他的用户组称为附加组。例如，某单位有领导组和技术组，小王是该单位的技术主管，所以他既应该属于领导组又应该属于技术组。

二、用户和用户组的配置文件

用户信息和用户组信息分别存储在用户文件和用户组文件中，用户文件有/etc/passwd、/etc/shadow，用户组文件有/etc/group、/etc/gshadow。

（一）/etc/passwd 文件

/etc/passwd 文件中每行定义一个用户，一行中又划分多个字段来定义用户的不同属性，各字段间用":"分隔，语法如下：

用户名:口令:用户标识号:组标识号:注释性描述:主目录:登录 Shell

例如：

root:x:0:0:root:/root:/bin/bash
bin:x:1:1:bin:/bin:/sbin/nologin
daemon:x:2:2:daemon:/sbin:/sbin/nologin

/etc/passwd 文件字段说明如表 4-1 所示，其中少数字段的内容可以为空，但需要使用":"进行占位来表示该字段。

表 4-1　/etc/passwd 文件字段说明

字段	说明
用户名	用户登录操作系统时使用的用户名在操作系统中是唯一的，通常长度不超过 8 个字符，并且由大小写字母和/或数字组成。 用户名中不能有冒号":"，因为冒号在这里是分隔符；不要包含"."、"-"和"+"
口令	加密后的用户口令，不是明文。/etc/passwd 文件对所有用户都可读，出于安全考虑，目前已经不使用该字段保存口令，而是采用"x"来填充，把真正加密后的用户口令存放到/etc/shadow 文件中
用户标识号（UID）	一个整数，操作系统内部用它来标识用户。超级用户 root 的 UID 为 0；系统用户的 UID 为 1~999（操作系统保留）；普通用户的 UID 从 1000 开始
组标识号（GID）	一个整数，操作系统内部用它来标识用户的所属组，对应/etc/group 文件中的 GID

续表

字段	说明
注释性描述	如用户的真实姓名、电话、地址等,这个字段并没有什么实际的用途
主目录	用户登录后所处的起始工作目录。各用户对自己的主目录有可读、可写、可执行(搜索)权限,其他用户对此目录的访问权限则根据具体情况设置
登录 Shell	用户登录后要启动一个进程,负责将用户的操作传给内核,这个进程是用户登录操作系统后运行的命令解释器或某个特定的程序,即 Shell

(二)/etc/shadow 文件

为了增加操作系统的安全性,用户的口令通常用 shadow passwords 保护,只对 root 用户可读。

/etc/shadow 文件中的记录行与/etc/passwd 文件中的一一对应,它由 pwconv 命令根据/etc/passwd 文件中的数据自动产生。每个用户的信息占用一行,由若干个字段组成,各字段间用":"分隔,语法如下:

> 登录名:加密口令:最后一次修改时间:最小时间间隔:最大时间间隔:警告时间:不活动时间:失效时间:标志

例如:

> root: $6 $sayUkSN0El5JuT1s $IGdNwxGLHqxYoGAurTNItps2isl80ZHH19FDuf9pApoGdOG41cV2EsR8WUZSyJe5rlntv1ipsu8p134wSAzBe. ::0:99999:7:::
> bin:* :18397:0:99999:7:::
> daemon:* :18397:0:99999:7:::

/etc/shadow 文件字段说明如表 4-2 所示。

表 4-2 /etc/shadow 文件字段说明

字段	说明
登录名	用户账号,与/etc/passwd 文件中的用户名一致
加密口令	加密后的用户口令
最后一次修改时间	从 1970 年 1 月 1 日起,到用户最后一次更改口令时经过的天数
最小时间间隔	从 1970 年 1 月 1 日起,到用户可以更改口令天数
最大时间间隔	从 1970 年 1 月 1 日起,到用户必须更改口令天数
警告时间	口令正式失效之前提醒用户更改天数
不活动时间	用户没有登录活动但账号仍能保持有效的最大天数
失效时间	绝对天数,给出相应账号的生存期。期满后,该账号不能再登录操作系统
标志	保留位

(三)/etc/group 文件

将用户分组是 Linux 操作系统中对用户进行管理及控制访问权限的一种手段。

每个用户都属于某个用户组；一个用户组中可以有多个用户，一个用户也可以属于不同的用户。

当一个用户同时是多个用户中的成员时，在/etc/passwd 文件中记录的是用户所属的主组，也就是登录时所属的默认用户组，而其他用户组称为附加组。

用户要访问属于附加组的文件时，必须首先使用 newgrp 命令使自己成为所要访问的用户组中的成员。

用户组的所有信息都存放在/etc/group 文件中，该文件对任何用户均可读。

/etc/group 文件中的每一行由多个字段组成，各字段间用":"分隔，每一行记录了一个用户组的信息，语法如下：

组名:口令:组标识号:组内用户列表

例如：

root:x:0:
bin:x:1:
daemon:x:2:root,bin,daemon

/etc/group 文件字段说明如表 4-3 所示。

表 4-3 /etc/group 文件字段说明

字段	说明
组名	用户组名称，由字母或数字构成；组名不应重复
口令	加密后的口令，由于安全性原因，已不使用该字段保护口令，用"x"占位，或该字段为空
组标识号（GID）	一个整数，被操作系统内部用来标识用户组
组内用户列表	属于这个用户组的所有用户的列表，不同用户之间用逗号","分隔；这个用户组可能是用户的主组，也可能是附加组

（四）/etc/gshadow 文件

/etc/gshadow 文件用于定义用户组的组口令、组管理员等信息，只有 root 用户可以读取。

该文件中的每一行由若干个字段组成，各字段间用":"分隔，每一行记录一个用户组的信息，语法如下：

组名:组口令:组的管理员账号:组成员列表

例如：

root:::
bin:::
daemon:::

/etc/gshadow 文件字段说明如表 4-4 所示。

表 4-4 /etc/gshadow 文件字段说明

字段	说明
组名	用户组名称，与/etc/group 文件中的组名对应
组口令	用于保存已加密的口令
组的管理员账号	用于对该用户组添加或删除账号
组成员列表	属于该用户组的成员列表，多个用户间用"."分隔

三、用户和用户组的常规管理

账户管理的实质，就是管理上述的 4 个文件。一般使用命令行方式进行操作，也可以使用图形用户界面方式，还可以使用 Web 方式。

（一）管理账号命令

常用账号管理命令如表 4-5 所示。

表 4-5 常用账号管理命令

命令	说明
useradd [<参数>]<用户名>	添加新的用户
usermod [<参数>]<用户名>	修改存在的指定用户
userdel [-r]<用户名>	删除存在的指定用户，r 参数用于删除用户目录
groupadd [<参数>]<组名>	添加新的用户组
groupmod [<参数>]<组名>	修改存在的指定用户组
groupdel <组名>	删除存在的指定用户组

账号管理命令常用参数如表 4-6 所示。

表 4-6 账号管理命令常用参数

参数	说明
-c	用户账号说明注释
-d	用户登录时指定目录
-g	为用户指定一个用户组（指定的用户组必须存在）
-G	为用户指定一个附加组
-m	为新用户创建主目录
-s	为用户指定登录后使用的 Shell
-u	为用户指定一个 UID

（二）口令管理

创建用户账号之后，使用 passwd 命令给新用户设置口令，语法如下：

```
passwd [<参数>] [<登录用户名>]
```

passwd 命令参数如表 4-7 所示。

表 4-7 passwd 命令参数

参数	说明
-S	列出口令的简短状态信息
-d	清空口令，其与未设置口令不同，未设置口令将无法登录操作系统，口令为空可以登录。仅限管理员使用
-f	用户下次登录时强制修改口令
-l	锁定用户账号，即禁用账号
-u	解除已锁定账号

在输入口令时，屏幕上不会回显。口令的选取至少 6 个字符，最好大小写字母和数字及特殊字符搭配使用，尽量不要用英文单词作为口令。

只有管理员(root)可以修改其他用户的口令，普通用户只能修改自己的口令，且在修改口令之前，操作系统将要求用户输入原来的口令以验证身份。

管理员也可以使用不带任何参数的 passwd 命令修改自己的口令。

注意：普通用户修改口令时，passwd 命令将需要验证原来的口令，以确定操作权限，验证通过才能修改口令；而管理员为其他用户指定口令时，则不需要验证原来的口令。

任务设计与准备

一、任务设计

当 Linux 操作系统安装完成后，需要对用户账号和用户组、文件权限等内容进行规划和管理。

任务目的：
- Linux 操作系统用户账号管理；
- Linux 操作系统用户组管理，即对/etc/group 文件的更新。

任务内容：
- 用户账号的添加、修改和删除；
- 用户组的添加、修改和删除。

二、任务准备

本任务需要的设备和软件如下：
- 一台安装有 RHEL 9 操作系统的计算机。

任务实施

一、新建用户

创建新用户 user1，显示口令状态，并为其设置口令。

```
# useradd user1
# passwd -S user1
user1 LK 2023-03-16 0 99999 7 -1      //密码已被锁定
# passwd user1
更改用户 user1 的密码。
新的 密码：
重新输入新的 密码：
passwd:所有的身份验证令牌已经成功更新。
# passwd -u user1
解锁用户 user1 的密码。
passwd:操作成功
```

二、修改用户口令

修改用户 user1 口令，可以采用 passwd 命令修改。管理员可以为自己和其他用户设置口令，而普通用户只能为自己设置口令。

```
# passwd user1
更改用户 user1 的密码。
新的 密码：
重新输入新的 密码：
passwd:所有的身份验证令牌已经成功更新。
```

三、创建用户组

创建新用户组 hnyd，私有组 GID 为 1010，创建工作组目录 www，修改用户 user1 所属的原用户组，加入创建的新用户组。

```
# groupadd -g 1010 hnyd
# mkdir /www
# usermod -d /www user1
# usermod -G hnyd user1
```

四、删除用户

要删除一个用户，可以直接删除/etc/passwd 和/etc/shadow 文件中对应用户所在的行，或者采用 userdel 命令删除，同时相应文件中的对应行也会被删除。

删除用户 user，但不删除其 /home 目录下的文件。

```
# ls /home/
user   user2   user_3
# userdel user
# ls /home/
user   user2   user_3
```

删除用户 user，并将其目录及文件一并删除。

```
# ls /home/
user   user2   user_3
# userdel -r user
# ls /home/
user2   user_3
```

五、用户组管理

将用户 user_02 的所属组 users 修改为 root（前提是有这个组）。

```
usermod - g root user_02
```

任务总结

通过此任务，读者可以熟悉 Linux 的常用命令，以及相关用户的创建、用户组的创建等内容。任务实操过程中，可以采用 cat 或 more 命令，查看四个相关文件（/etc/passwd、/etc/shadow、/etc/group、/etc/gshadow）对应的用户、用户组信息，建立对操作系统基础文件目录的初步认识。

思考与练习

一、填空题

1. 在 Red Hat Linux 中有私有组和标准组两种类型。当创建一个新用户时，若没有指定其所属的用户组，则 Red Hat 会建立一个和该用户同名的_____。

2. 为了增加操作系统的安全性，用户的口令通常用 shadow passwords 保护，只对_____用户可读。

3. 当一个用户同时是多个用户组中的成员时，在 /etc/passwd 文件中记录的是用户所属的主组，也就是登录时所属的默认用户组，而其他用户组称为_____。用户要访问属于其他用户组的文件时，必须首先使用 newgrp 命令使自己成为所要访问的用户组的成员。

4. 创建用户账号之后，使用_____命令给新用户设置口令，口令的选取至少

_____个字符。

5. until 循环和 while 循环恰好相反，当判断条件_____时才进行循环。

二、选择题

1. 用户文件/etc/passwd 中，用户名字段可以包含(　　)符号。
   A. :　　　　　　　B. +　　　　　　　C. -　　　　　　　D. *

2. /etc/group 文件中，组内用户列表中不同用户之间用(　　)分隔。
   A. 空格　　　　　　B. /　　　　　　　C. ,　　　　　　　D. _

3. 若刚刚为操作系统添加了一个用户 tom，那么默认情况下，tom 所属的用户组是(　　)。
   A. user　　　　　　B. group　　　　　C. tom　　　　　　D. root

4. 当用 root 登录时，(　　)命令可以改变用户 tom 的密码。
   A. su tom　　　　　　　　　　　　　　B. change password tom
   C. password tom　　　　　　　　　　　D. passwd tom

5. 可以将普通用户切换成超级用户的命令是(　　)。
   A. super　　　　　　B. su　　　　　　C. tar　　　　　　D. passwd

三、判断题

1. 如果 Linux 操作系统只有一个用户使用，那么就不需要设置除管理员用户以外的用户。(　　)

2. Linux 用户中，每个用户都属于某个用户组；一个用户组中可以有多个用户，一个用户也可以属于不同的用户组。(　　)

3. 用户修改口令时，普通用户和 root 用户都需要用 passwd 命令验证原来的口令，以确定操作权限，通过才能修改口令。(　　)

4. 用户账号和口令仅存放在/etc/passwd 文件中。(　　)

5. Linux 用户账号必须设置了口令后才能登录。(　　)

四、简答题

1. 为什么 Linux 操作系统要设置用户组？
2. /etc/passwd、/etc/shadow 同为用户配置文件，它们的区别有什么？
3. /etc/group、/etc/gshadow 同为用户组配置文件，它们的区别有什么？
4. 思考如果普通用户忘记了自己的口令，那么他可以怎么做去修改口令。
5. 超级用户和管理员用户有区别吗？

Linux 操作系统

任务二　磁盘管理

任务背景

　　磁盘管理，即本地存储管理，是操作系统使用过程中最常涉及的工作内容之一，主要包括存储介质（包括机械硬盘和固态硬盘）及文件系统的相关配置。

　　掌握操作系统如何管理磁盘是一项非常重要的技能，本任务将学习磁盘管理相关知识与技能。

素质小课堂

　　操作系统是计算机系统的核心，也是信息产业发展的重要基础之一。近年来，随着信息技术的高速发展，操作系统的重要性和地位日益凸显，国产操作系统在数字政府、企业数字化转型等领域正得到广泛应用。

　　在浙江湖州，一家位于吴兴区红旗路的移动营业厅成了全国首家"尝鲜"统信操作系统+龙芯（LoongArch）自主计算机设备的营业厅。相关负责人介绍，该营业厅是全湖州客流量最大、业务量最高的营业厅之一，基于统信操作系统的解决方案实现了通信业务办理端到端的自主化。

　　国产操作系统在易用性、稳定性和生态完善性等方面，正在从"能用"转向"好用"。当前基于国产操作系统的各类软硬件产品已经涵盖了办公、社交、影音娱乐、开发工具、图像处理等类别，基本覆盖了常见流行应用。在服务政企需求的同时，国产操作系统的适配场景也在向满足用户日常生活的个性化需求方向发展。

　　随着我国数字经济和信息软件产业蓬勃发展，巨大的市场容量与良好的创新环境为国产操作系统产业发展带来更多空间与机遇。

　　育新机、开新局。当前，我国软硬件生态已经初具雏形，并且在规模上已经达到了百万级用户需求，国产操作系统正从实验室应用走向市场化状态。与此同时，国产操作系统厂商也在不断思考技术升级和市场转型的方向。打造丰富软件生态、建立开源生态社区，正在成为操作系统厂商的共识。

　　随着数字时代的到来，操作系统已成为中国数字经济发展的关键。在如火如荼"新基建"建设背景下，以操作系统为代表的核心基础软件正在加速前进，一个具有活力的创新生态正在向我们走来。

一、磁盘简介

计算机系统中,所有数据的存储都是通过磁盘来实现的,磁盘是计算机组成中不可或缺的重要部件。

磁盘是一种使用磁介质来存储数据的存储设备。它的工作原理基于电磁学,通过磁头在磁盘表面读写数据。磁盘通常包括一个或多个盘片,这些盘片被固定在一个中心轴上并可以高速旋转。数据被存储在盘片的磁性涂层上,以二进制形式(即 0 和 1)表示。

硬盘驱动器(Hard Disk Drive,HDD)是一种使用磁盘技术的存储设备。它是现代计算机中最常见的内部存储设备之一。硬盘通常由一个或多个磁盘组成,这些磁盘被安装在一个密封的外壳内,并配备有电机、读写磁头和控制系统。硬盘通过读写磁头在磁盘表面的不同位置进行数据的读写操作。

当前主流的硬盘类型根据接口分类有电子集成驱动器(Integrated Drive Electronics,IDE)硬盘、串行先进技术总线附属接口(Serial Advanced Technology Attachment Interface,SATA)硬盘、小型计算机系统接口(Small Computer System Interface,SCSI)硬盘、串行连接小型计算机系统(Serial Attached SCSI,SAS 硬盘)。

IDE 硬盘性价比高,数据传输慢,不支持热拔插。

SATA 硬盘,其串行 ATA 总线使用嵌入式时钟信号,具备较强的纠错能力,提高了数据传输的可靠性,支持热拔插。

SCSI 硬盘读写性能好、运行稳定、传输速率高,支持热拔插,因此在服务器上得到广泛应用。

SAS 硬盘应用新一代的 SCSI 技术,它和 SATA 硬盘都采用串行技术,以获得更高的传输速度,并通过缩短连接线改善内部空间等。

SAS 硬盘外观与 SATA 硬盘外观很相似,区别是:SAS 具备 2 对收发通道,而 SATA 仅有 1 对收发通道;SAS 接口可以向下兼容 SATA,但 SATA 不可以反向兼容 SAS 接口。SAS 接口的设计是为了改善存储系统的效能、可用性和扩充性,并且提供与 SATA 硬盘的兼容性。

在物理层,SAS 接口和 SATA 接口完全兼容;在接口标准上,SATA 是 SAS 的一个子标准。SAS 接口相比 SATA 接口多了一组 pin 脚,这也体现了两者在协议上的差异。

磁盘一般由磁道、扇区、柱面、盘面、磁头、磁头臂、转轴、磁头臂组支架等组成,磁盘结构如图 4-1 所示。

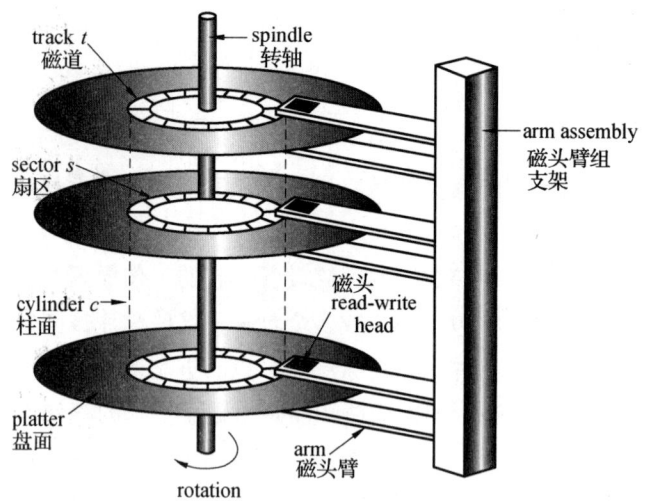

图 4-1 磁盘结构

衡量磁盘性能的主要参数有两个,一个是磁盘容量,另一个是读写速度。

磁盘容量是如何定义的呢?

- 一个磁道的大小=512 字节×扇区数;
- 一个盘面的大小=一个磁道的大小×磁道数;
- 磁盘容量=一个盘面的大小×磁头数。

因此,磁盘容量=512 字节×扇区数×磁道数×磁头数。

上面介绍的是机械硬盘的结构,7200 r/min 转速的机械硬盘读写速度一般为 90～190 MB/s。当前还有一种没有磁头的硬盘,它以半导体做记忆介质,俗称固态硬盘(Solid State Disk,SSD)。固态硬盘的读写速度比机械硬盘快得多,一般在 500 MB/s 左右。

固态硬盘一般有以下 6 种类型的接口:

- STTA 接口,传输速度是 6 Gbit/s,常常用于旧款的台式机;
- mSATA 接口,传输速度同样也是 6 Gbit/s;
- SATA Express 接口,传输速度可以达到 12 Gbit/s;
- PCI-E 接口,传输速度达到 32 Gbit/s;
- M.2 接口,传输速度是 10 Gbit/s 和 32 Gbit/s;
- U.2 接口,传输速度达到 32 Gbit/s。

典型的固态硬盘外观如图 4-2 所示。

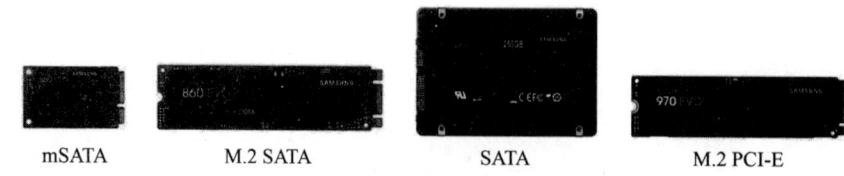

图 4-2 固态硬盘外观

二、磁盘分区概念

为了快速定位文件，采取磁盘分区的形式进行管理。

磁盘分区带来的主要好处如下：

• 数据的安全性：因为每个分区是独立的，所以当操作员格式化或填充磁盘某个分区时，磁盘上其余分区并不会受影响；

• 寻址的高效性：如果磁盘不分区，那么操作员寻找数据文件时，需要从头找到尾。如果磁盘进行了分区，那么操作系统会记录文件的绝对路径，操作员可以直接在某个分区下查找，大大提升了速度和效率。

（一）磁盘分区类型

磁盘分区主要分为主分区（primary partion）和扩展分区（extension partion）两种。存储在磁盘中的分区表最多只能包含 4 个分区记录，如果需要 5 个以上分区，则需要将 4 个主分区中的 1 个分区改为扩展分区，在扩展分区中创建逻辑分区。磁盘分区说明如下：

• 主分区数量至少 1 个，最多 4 个（如果存在扩展分区，则最多 3 个）；

• 主分区可以马上被使用但不能再分区；

• 扩展分区用于扩展多个其他分区，必须进行二次分区（建立多个逻辑分区）后才能使用，因此，扩展分区不能直接使用，只能以创建逻辑分区的方式来使用，所有的逻辑分区都是扩展分区的一部分；

• Linux 操作系统中第一块磁盘分区为 hda 分区，主分区为 hda1、hda2、hda3、hda4，其编号从 1 到 4；逻辑分区编号从 5 开始。

（二）主引导记录区

当创建分区时，即设置磁盘分区信息时，主要通过写磁盘的主引导记录（Main Boot Record，MBR）区来完成，MBR 位于整个磁盘的 0 磁道 0 柱面 1 扇区。在总共 512 字节的主引导扇区中，MBR 占用了其中的 446 字节，磁盘分区表（Disk Partition Table，DPT）占用了 64 字节（每个分区记录的大小为 16 字节），最后两个字节"55，AA"是分区结束标志。

下面通过一个示例来理解概念。

主引导记录区示意图如图 4-3 所示，图中有 4 个分区，假设硬盘文件名为/dev/hda，那么这 4 个分区的文件名如下：

P1：/dev/hda1；

P2：/dev/hda2；

P3：/dev/hda3；

P4：/dev/hda4。

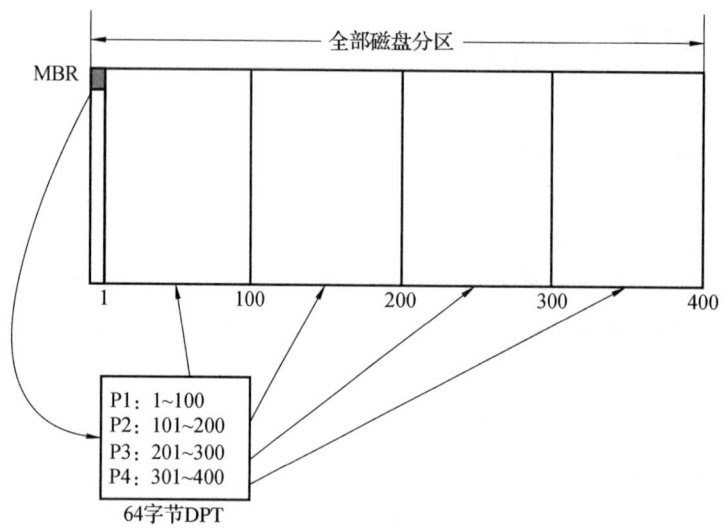

图 4-3 主引导记录区示意图

以上提到的 4 个分区指的是主分区，如果需要更多分区，则可以通过扩展分区来实现，扩展分区记录区示意图如图 4-4 所示。

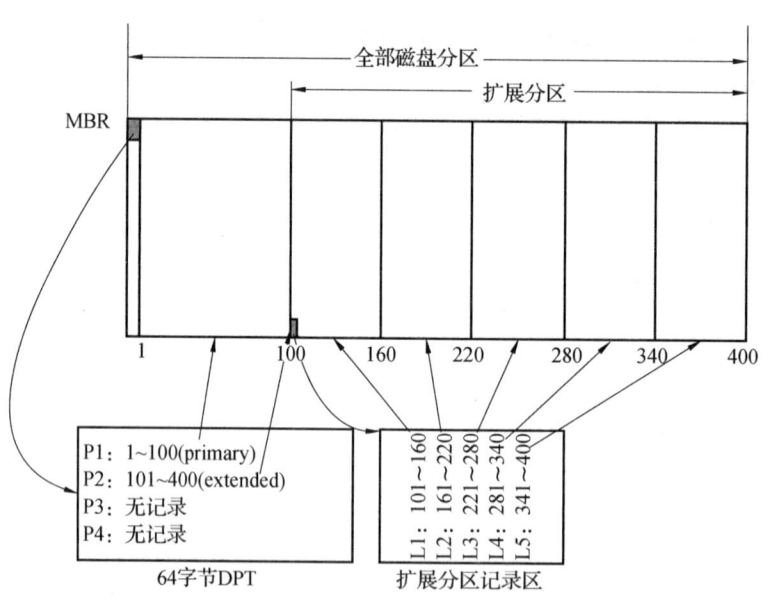

图 4-4 扩展分区记录区示意图

在图 4-4 中，4 个主分区仅使用其中 2 个（P1 与 P2），其中 P2 通过扩展分区方式，分配出 5 个逻辑分区。

在 Linux 操作系统中各分区文件名如下：

P1：/dev/hda1；

P2：/dev/hda2；
L1：/dev/hda5；
L2：/dev/hda6；
L3：/dev/hda7；
L4：/dev/hda8；
L5：/dev/hda9。

注意：以上文件名中没有出现/dev/hda3与/dev/hda4，是因为编号1~4是保留给主分区/扩展分区使用的，逻辑分区不能使用。

扩展1：hd代表IDE硬盘。如果是SCSI硬盘，则为sd。

扩展2：a代表第一块硬盘。如果是第二块硬盘，则为b，依此类推。

（三）RAID技术

在数据存储领域，一方面随着容量增加磁盘价格不断升高，另一方面磁盘如果发生磁道损坏则将导致数据丢失。为了方便扩容，同时保障数据的安全，独立磁盘冗余阵列（Redundant Arrays of Independent Disks，RAID）技术应运而生。

RAID技术主要使用价格相对便宜的多个磁盘组成一个磁盘阵列，将这些磁盘当作一个硬盘来使用，将数据以分段的方式分散存储在磁盘阵列中，使性能达到，甚至超过一个价格昂贵、容量巨大的硬盘。磁盘阵列除了能够提升磁盘性能，还可以起到冗余备份的作用。

组建磁盘阵列有两种方法，一种是用RAID卡来实现，另一种是通过软件方式组建。使用RAID卡在性能方面有优势，但价格较高；软件方式配置简单、管理灵活，是中小企业最佳选择。

RAID主要利用数据条带、镜像和数据校验技术来获取高性能、可靠性、容错能力和可扩展性，通过运用或组合运用这3种技术的策略和架构，可以把RAID分为不同的等级，以满足不同数据应用的需求。

RAID等级指的是磁盘阵列的组成方式。RAID的等级高低并不代表技术水平的高低，而是实现方式存在差异，用户可以根据需要选取适当的RAID等级。标准RAID等级有RAID 0、RAID 1、RAID 2、RAID 3、RAID 4、RAID 5、RAID 6七个等级，最常见的是RAID 0、RAID 1、RAID 3、RAID 5四个等级。

1. RAID 0

RAID 0将多个磁盘合并一个大磁盘，没有冗余，RAID 0示意图如图4-5所示。RAID 0控制数据分散存储在所有磁盘中，以独立访问方式实现多块磁盘的并读访问。由于可以并发执行I/O操作，总线带宽得到充分利用，再加上不需要进行数据校验，RAID 0的读写速度在所有RAID等级中是最快的。

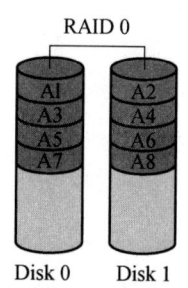

图 4-5　RAID 0 示意图

RAID 0 具有低成本、高读写性能、100% 的高存储空间利用率等优点，其缺点是不提供数据冗余保护，一旦数据损坏，将无法恢复。因此，RAID 0 适用于对性能要求严格但对数据安全性和可靠性要求不高的应用，如视频存储、音频存储、临时数据缓存空间等。

2. RAID 1

RAID 1 采取镜像方式，将数据完全一致地分别写入工作磁盘和镜像磁盘，因此磁盘空间利用率为 50%，RAID 1 示意图如图 4-6 所示。RAID 1 在数据写入时，响应时间会有所影响，但是读数据时没有影响。RAID 1 提供了最佳的数据保护，一旦工作磁盘发生故障，系统就会自动从镜像磁盘中读取数据，不会影响用户工作。

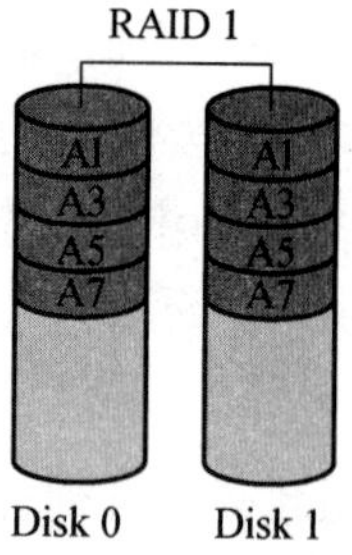

RAID 1 为了增强数据安全性，使两块磁盘数据呈现完全镜像，拥有完全容错的能力，但实现成本高。RAID 1 适合对顺序读写性能要求高和对数据保护极为重视的应用，如对邮件系统的数据保护。

图 4-6　RAID 1 示意图

注意：RAID 1 在有磁盘故障时一定要及时更换，否则如果第二块磁盘接着故障，则数据同样会全部丢失。

3. RAID 3

RAID 3 采用一个专用校验磁盘作为校验盘，其余磁盘作为数据盘，RAID 3 示意图如图 4-7 所示，RAID 3 像 RAID 0 一样将数据并行交叉存储到各个数据盘中。RAID 3 至少需要 3 个磁盘，不同磁盘上同一带区的数据做 XOR（异或）校验，校验值写入校验盘。

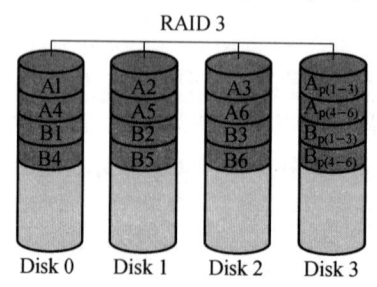

图 4-7　RAID 3 示意图

RAID 3 完好时其读性能与 RAID 0 完全一致，并行从多个磁盘条带中读取数据，性能非常高，同时还提供了数据容错能力；向 RAID 3 写入数据时，必须计算与所有同条带的数据的校验值，并将新校验值写入校验盘，系统开销非常大，性能较低。

如果 RAID 3 中某一磁盘出现故障，则不会影响数据读取，可以借助校验数据和其他完好数据来重建数据。假如所要读取的数据正好位于失效磁盘中，则系统需要读取所有同条带的数据，并根据校验值重建丢失的数据，系统性能将受到影响。当故障磁盘被更换后，系统按相同的方式重建故障磁盘中的数据至新磁盘中。

RAID 3 只需要一个校验盘，阵列的存储空间利用率高，再加上并行访问的特征，RAID 3 能够为大带宽的大量读写提供高性能，适用于大容量数据的顺序访问应用场景，如影像处理、流媒体服务等。

4. RAID 5

RAID 5 特点是将校验数据分布在阵列中的所有磁盘上，而没有采用专门的校验盘，允许单个磁盘出错。RAID 5 示意图如图 4-8 所示。RAID 5 的磁盘上同时存储数据和校验值，数据和对应的校验值被保存在不同的磁盘上，当一个数据盘损坏时，系统可以根据其他磁盘上的数据和对应的校验值来重建损坏的数据。与其他 RAID 等级一样，重建数据时，RAID5 的性能会受到较大的影响。

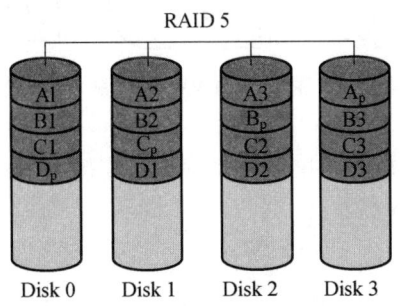

图 4-8　RAID 5 示意图

RAID 5 兼顾存储性能、数据安全和存储成本等各方面因素，可以将它理解为 RAID 0 和 RAID 1 的折中方案，它是目前综合性能最佳的数据保护解决方案。RAID 5 基本上可以满足大部分的存储应用需求，数据中心大多采用它作为应用数据的保护方案。

三、逻辑卷简介

在对磁盘进行分区大小规划时，有时不能确定每个分区要使用的总空间大小。用 fdisk 命令对磁盘进行分区后，每个分区的大小才能固定下来。

如果分区设置得过大，则会白白浪费磁盘空间；如果分区设置得过小，则会导致空间不够用的情况。为了解决这个问题，需要用到逻辑卷管理（Logical Volume Manager，LVM）。

LVM 的主要实现方法是通过软件将若干个磁盘或者磁盘分区连接为一个整块的卷组，形成一个存储池。管理员可以在卷组上任意创建逻辑卷，并进一步在逻辑卷上创建文件系统。管理员通过 LVM 可以方便地调整卷组的大小，并且可以对磁盘存储按照组的方式进行命名、管理和分配。

例如，假设有 3 个磁盘/dev/sdb、/dev/sdc 和/dev/sdd，用来划分逻辑卷，LVM 示意图如图 4-9 所示。

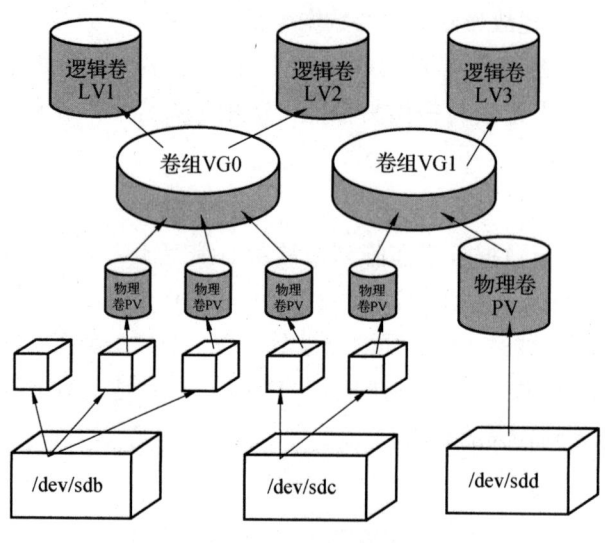

图 4-9　LVM 示意图

通过 LVM 技术，屏蔽了磁盘分区的底层差异，在逻辑上给文件系统提供了卷的概念，进而在这些卷上建立相应的文件系统。

LVM 中常用的术语如下：

- 物理存储设备（Physical Media）：指系统的存储设备文件，如/dev/hda1、/dev/sda 等。
- 物理卷（Physical Volume，PV）：物理卷可以是整个硬盘、硬盘分区，是 LVM 的基本存储逻辑块。和基本的物理存储介质（如分区、磁盘等）比较，物理卷包含与 LVM 相关的管理参数。
- 卷组（Volume Group，VG）：可以被看成单独的逻辑磁盘，建立在物理卷之上，一个卷组中至少要有一个物理卷，在卷组建立之后可以动态地添加物理卷到卷组中。卷组的名称可以自定义。
- 物理盘区（Physical Extent，PE）：物理盘区是物理卷中可用于分配的最小存储单元，物理盘区的大小默认为 4 MB。物理盘区大小一旦确定将不能更改，同一卷组中的所有物理卷的物理盘区大小需要一致。
- 逻辑卷（Logical Volume，LV）：相当于物理分区。逻辑卷建立在卷组之上，卷组中的未分配空间可以用于建立新的逻辑卷，逻辑卷建立后可以动态地扩展或缩小空间。系统中的多个逻辑卷可以属于同一个卷组，也可以属于不同的多个卷组。

LVM可弹性变更文件系统的存储容量，这是如何办到的？

其实，LVM通过"交换PE"来进行数据转换，将原本LV内的PE转移到其他装置中，以减少LV容量，或将其他装置的PE加到此LV中以加大容量。

LVM过程中，创建顺序是PE→VG→LV。先创建一个物理卷（对应一个物理分区），再把这些分区加入一个卷组（相当一个逻辑上的大硬盘），然后在这个逻辑大硬盘上划分逻辑上的分区，即逻辑卷，最后将逻辑卷格式化后，就可以像使用传统分区那样使用它了。需要的时候，这个逻辑卷可以动态缩放。

以一个通俗的例子来理解这个概念：物理硬盘相当于一个长方形蛋糕，把它切割成许多小块，每个小块相当于一个PE；把其中的某些PE重新放在一起，抹上奶油，那么这些PE的组合就是一个新的生日蛋糕，也就是VG；我们切割生日蛋糕VG给每个人，切出来供我们享用的就是LV。

注意：/boot启动分区不可以是LVM。因为GRUB和LILO引导程序并不能识别LVM。

PE、VG和LV之间的相互关系如图4-10所示。

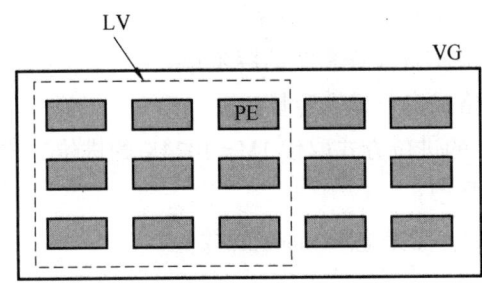

图4-10 PE、VG和LV之间的相互关系

如图4-10所示，VG内的PE会被分配给虚线框中的LV，如果未来这个VG要扩充，则加上其他的PE即可。而如果最重要的LV要扩充，则也通过加入VG内没有使用的PE来扩充。

确定操作系统中是否安装了LVM工具，输入以下命令检查：

```
# rpm -qa | grep lvm
lvm2-2.02.130-5.el7.x86_64
mesa-private-llvm-3.6.2-2.el7.x86_64
lvm2-libs-2.02.130-5.el7.x86_64
```

由以上结果可知操作系统中已经安装了LVM工具；如果以上命令没有输出则说明没有安装LVM工具，需要从网络上下载或者从光盘中安装LVM工具。

四、磁盘分区管理

Linux 磁盘管理将直接影响到整个系统的运行性能。

Linux 磁盘管理常用以下 3 个命令：

- df：列出文件系统的整体磁盘空间使用量；
- du：检查磁盘空间使用量；
- fdisk：用于磁盘分区。

（一）df 命令

df 命令用于显示 Linux 文件系统的磁盘空间使用情况。可以利用该命令获取磁盘被使用了多少空间，目前还剩下多少空间等信息。其语法如下：

df [参数] [文件或目录名]

参数说明：

- -a：列出所有的文件系统的容量；
- -k：以 KB 为单位显示各文件系统的容量；
- -m：以 MB 为单位显示各文件系统的容量；
- -h：以较易阅读的格式自行显示容量；
- -H：以 1M = 1000K 的进位方式取代 1M = 1024K 的进位方式；
- -T：显示文件系统类型；
- -i：不显示磁盘容量，而是显示 inode 的数量。

（二）du 命令

du 命令用于显示每个文件和目录的磁盘空间使用情况。

其语法如下：

du [参数] [文件或目录名]

参数说明：

- -a：列出所有的文件与目录的磁盘空间使用量；
- -h：以较易阅读的格式显示容量；
- -s：列出目录的磁盘空间总使用量，而不列出每个子目录的磁盘空间使用量；
- -S：不显示子目录的磁盘空间使用量，与 -s 有点差别。
- -k：以 KB 为单位显示容量；
- -m：以 MB 为单位显示容量。

(三)fdisk 命令

fdisk 是来自 IBM 的老牌分区工具,支持绝大多数操作系统,包括 Linux。

fdisk 命令主要用于进行磁盘分区和管理,只有超级用户才能够运行。

其语法如下:

```
fdisk [参数] [磁盘名称]
```

参数说明:

- -l:输出系统连接的所有的分区内容。

fdisk -l 命令可以列出所有安装的硬盘及其分区信息,查看/proc/partitions 文件内容也可以获得分区信息。

使用 fdisk /dev/sda 可以对第一块 SATA 硬盘进行分区操作,分区之后需要重启才能识别新的分区。

五、磁盘格式化

系统完成磁盘分区后,需要对磁盘进行格式化才可以存储文件。

磁盘格式化是指将磁盘分区格式化成不同的文件系统(如 FAT32、NTFS 等)。

注意:可以格式化主分区和逻辑分区,无法格式化扩展分区!

磁盘格式化命令语法如下:

```
mkfs [-t <文件系统格式>] [磁盘文件名]
```

参数说明:

- 文件系统格式:如 Ext3、Ext2、FAT32、NTFS 等。

六、磁盘挂载

(一)磁盘挂载概念

在 Linux 中遵照"一切皆文件"的原则,即所有文件都放置在以根目录为树根的树形目录结构中。

在 Linux 看来,任何硬件设备都是文件,它们各有自己的一套文件系统(文件目录结构)。

所谓挂载,就是将设备文件中的顶级目录连接到 Linux 根目录下的某一目录(最好是空目录),访问此目录就等同于访问设备文件。Linux 提供了/mnt 和/media 两个专门的挂载点。挂载概念如图 4-11 所示。

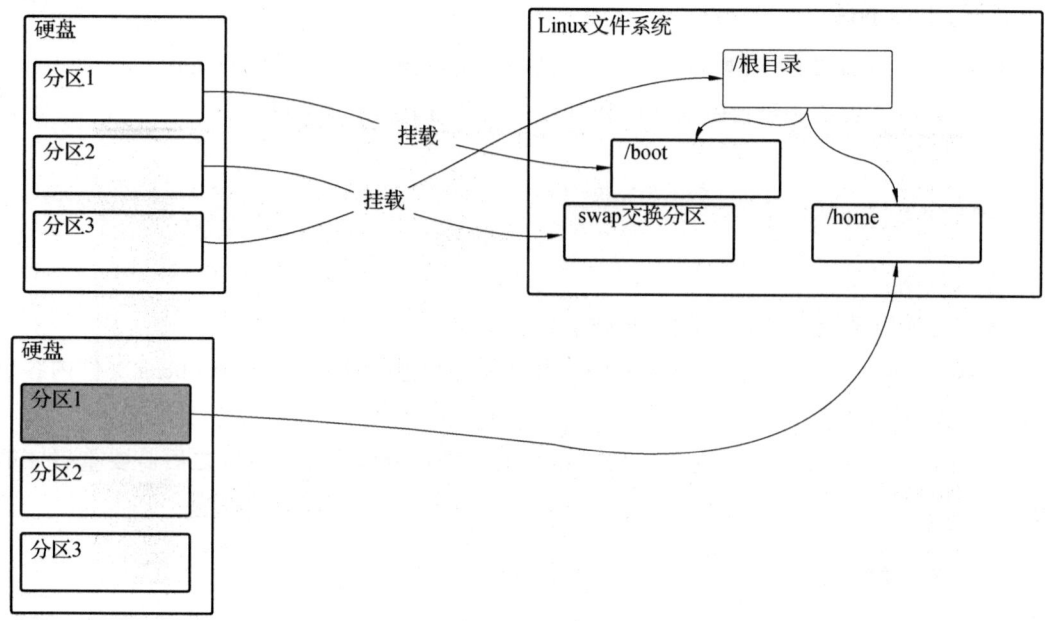

图 4-11 挂载概念

如果不挂载,则通过 Linux 中的图形用户界面可以找到硬件设备,但通过命令行方式无法找到硬件设备。

(二)为什么"最好是空目录"?

由于挂载操作会使得原有目录中文件被隐藏,因此根目录以及原有目录都不能作为挂载点,否则挂载后会影响原有目录中的文件,将会造成系统异常甚至崩溃;挂载点最好是新建的空目录。

(三)磁盘挂载命令

语法:

mount [-t 文件系统] [-L 标签名] [-o 额外选项] [-n] 挂载点

(四)磁盘卸载命令

语法:

umount [-fn]挂载点

参数说明:

- -f:强制卸载,可用在类似网络文件系统(Network File System,NFS)无法读取的情况下;
- -n:不升级/etc/mtab 的情况下卸载。

(五)查看所有设备挂载情况

通过命令 lsblk 或者 lsblk -f，可以查看所有设备挂载情况，如图 4-12 所示。

图 4-12　查看所有设备挂载情况

任务设计与准备

一、任务设计

任务目的：
- 掌握 Linux 操作系统磁盘分区、格式化、挂载基本概念与命令操作。

任务内容：
- 以增加一块硬盘为例，掌握磁盘管理的相关指令，理解磁盘分区、格式化、挂载的概念。

二、任务准备

在安装 RHEL 9 操作系统的虚拟机环境下进行磁盘管理的相关操作，包括查看磁盘信息、磁盘分区、磁盘挂载等。

任务实施

一、显示文件系统的磁盘空间使用情况

如果 df 命令没有加任何参数，则将显示所有文件系统(不含特殊内存)容量。

```
# df
Filesystem     1K-blocks      Used     Available    Use%    Mounted on
/dev/hdc2      9920624       3823112   5585444      41%     /
/dev/hdc3      4956316       141376    4559108      4%      /home
/dev/hdc1      101086        11126     84741        12%     /boot
tmpfs          371332        0         371332       0%      /dev/shm
```

如果 df 命令后添加参数，将结果以易读的格式显示出来。

```
# df -h /etc
Filesystem    Size    Used    Avail    Use%    Mounted on
/dev/hdc2     9.5G    3.7G    5.4G     41%     /
```

二、查询当前目录下所有文件夹(包括隐藏文件夹)容量

```
# du
8        ./test4              //每个目录都会列出来
8        ./test2
…
12       ./.gconfd            //包括隐藏目录
220      .                    //这个目录(.)磁盘空间使用量
```

du 命令后添加参数时，将当前目录下全部文件的磁盘空间使用量也列出来。

```
[root@localhost ~]# du -a
12       ./install.log.syslog    //有文件的列表
8        ./.bash_logout
…
12       ./.gconfd
220      .
```

检查根目录下每个目录所使用的磁盘空间，"*"代表通配符。

```
# du -sm /*
7        /bin
6        /boot
…
3859     /usr
77       /var
```

三、查看系统分区信息

查看系统分区，如图 4-13 所示。

```
[   @LocalLinux Desktop]$ su -
Password:
[root@LocalLinux ~]# fdisk -l
Disk /dev/sda: 10.7 GB, 10737418240 bytes
255 heads, 63 sectors/track, 1305 cylinders
Units = cylinders of 16065 * 512 = 8225280 bytes
Sector size (logical/physical): 512 bytes / 512 bytes
I/O size (minimum/optimal): 512 bytes / 512 bytes
Disk identifier: 0x00071e3c

   Device Boot      Start         End      Blocks   Id  System
/dev/sda1               1         523     4194304   82  Linux swap / Solaris
Partition 1 does not end on cylinder boundary.
/dev/sda2   *         523        1306     6290432   83  Linux

Disk /dev/sdb: 10.7 GB, 10737418240 bytes
255 heads, 63 sectors/track, 1305 cylinders
Units = cylinders of 16065 * 512 = 8225280 bytes
Sector size (logical/physical): 512 bytes / 512 bytes
I/O size (minimum/optimal): 512 bytes / 512 bytes
Disk identifier: 0x00000000
```

图 4-13　查看系统分区

可以看出，系统中有两块 SATA 硬盘：/dev/sda 和/dev/sdb。其中，第一块硬盘有两个分区(/dev/sda1、/dev/sda2)，第二块硬盘没有分区。

四、格式化分区

格式化分区/dev/sdb1 文件系统为 Ext4。

```
# mkfs -t ext4 /dev/sdb1
mke2fs 1.42.9 (28-Dec-2013)
文件系统标签=
OS type: Linux
块大小=1024 (log=0)
分块大小=1024 (log=0)
Stride=0 blocks, Stripe width=0 blocks
76912 inodes, 307200 blocks
15360 blocks (5.00%) reserved for the super user
第一个数据块=1
Maximum filesystem blocks=33947648
38 blockgroups
8192 blocks per group, 8192 fragments per group
2024 inodes per group
Superblock backups stored on blocks:
        8193, 24577, 40961, 57345, 73729, 204801, 221185


Allocating group tables:完成
正在写入 inode 表:完成
Creating journal (8192 blocks):完成
Writing superblocks and filesystem accounting information: 完成
```

五、文件系统挂载

将格式化后的磁盘/dev/hdc6 挂载到目录/mnt/hdc6 上。

```
# mkdir /mnt/hdc6
# mount /dev/hdc6 /mnt/hdc6
# df
Filesystem              1K-blocks       Used Available Use% Mounted on
…
/dev/hdc6    1976312         42072    1833836    3%  /mnt/hdc6
```

六、文件系统卸载

卸载磁盘/dev/hdc6。

```
# umount /dev/hdc6
```

七、新增一块硬盘案例

(1) 虚拟机中新增一块 20 GB 硬盘

在虚拟机中新增一块 20 GB 硬盘，如图 4-14 所示。

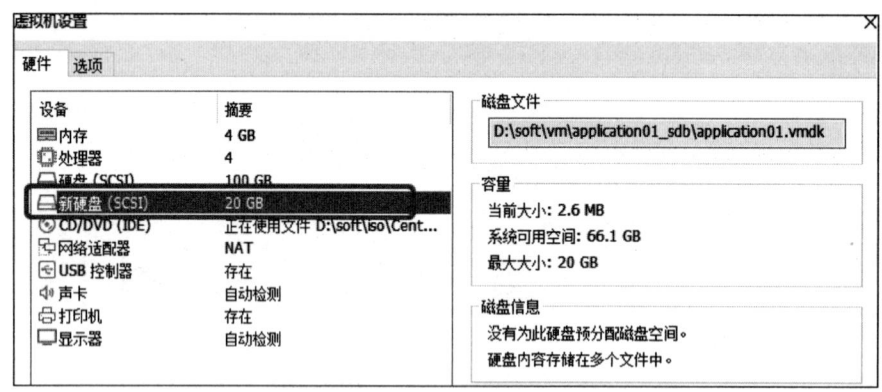

图 4-14　新增一块 20 GB 硬盘

启动操作系统后，在终端使用 fdisk -l 命令可以查看新增磁盘/dev/sdb，如图 4-15 所示，但其下面没有任何分区信息。

```
[root@application01 ~]# df -h
文件系统          容量  已用  可用 已用% 挂载点
/dev/sda1         9.4G  1.3G  8.1G   14% /
devtmpfs          1.9G     0  1.9G    0% /dev
tmpfs             1.9G     0  1.9G    0% /dev/shm
tmpfs             1.9G   12M  1.9G    1% /run
tmpfs             1.9G     0  1.9G    0% /sys/fs/cgroup
/dev/sda2         9.4G   33M  9.3G    1% /home
/dev/sda3          28G   33M   28G    1% /data
/dev/sda5          53G   53M   50G    1% /data01
tmpfs             378M     0  378M    0% /run/user/0
[root@application01 ~]# fdisk -l

磁盘 /dev/sdb: 21.5 GB, 21474836480 字节, 41943040 个扇区
Units = 扇区 of 1 * 512 = 512 bytes
扇区大小(逻辑/物理): 512 字节 / 512 字节
I/O 大小(最小/最佳): 512 字节 / 512 字节


磁盘 /dev/sda: 107.4 GB, 107374182400 字节, 209715200 个扇区
Units = 扇区 of 1 * 512 = 512 bytes
扇区大小(逻辑/物理): 512 字节 / 512 字节
I/O 大小(最小/最佳): 512 字节 / 512 字节
磁盘标签类型: dos
磁盘标识符: 0x000a7a1e

   设备 Boot      Start         End      Blocks   Id  System
/dev/sda1   *        2048    19531775     9764864   83  Linux
/dev/sda2        19531776    39061503     9764864   83  Linux
/dev/sda3        39061504    97654783    29296640   83  Linux
/dev/sda4        97654784   209715199    56030208    5  Extended
/dev/sda5        97656832   209715199    56029184   83  Linux
```

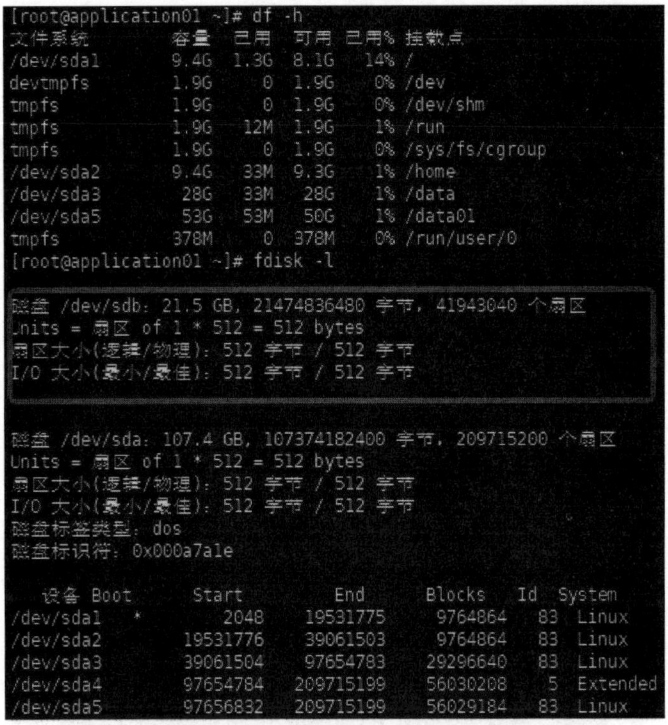

图 4-15　查看新增硬盘/dev/sdb

(2)管理分区/dev/sdb

使用选项 p 查看分区/dev/sdb，如图 4-16 所示。

```
[root@application01 ~]# fdisk /dev/sdb
欢迎使用 fdisk (util-linux 2.23.2)。

更改将停留在内存中，直到您决定将更改写入磁盘。
使用写入命令前请三思。

Device does not contain a recognized partition table
使用磁盘标识符 0x3c71443f 创建新的 DOS 磁盘标签。

命令(输入 m 获取帮助)：p

磁盘 /dev/sdb: 21.5 GB, 21474836480 字节, 41943040 个扇区
Units = 扇区 of 1 * 512 = 512 bytes
扇区大小(逻辑/物理): 512 字节 / 512 字节
I/O 大小(最小/最佳): 512 字节 / 512 字节
磁盘标签类型: dos
磁盘标识符: 0x3c71443f

   设备 Boot      Start         End      Blocks   Id  System
```

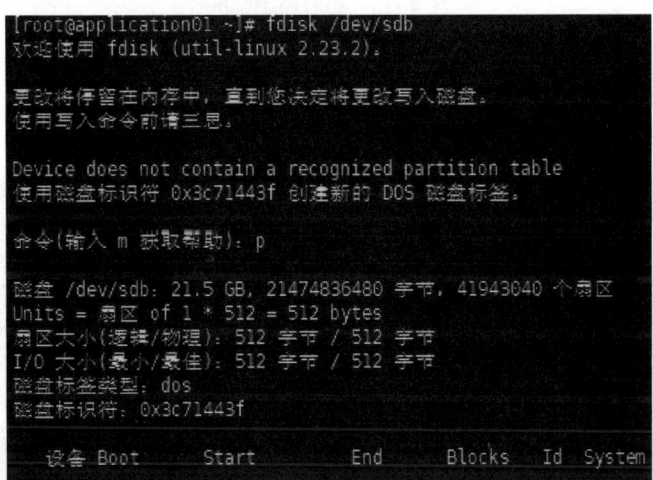

图 4-16　查看分区/dev/sdb

新增主分区/dev/sdb1，如图 4-17 所示。

```
命令(输入 m 获取帮助)：n
Partition type:
   p   primary (0 primary, 0 extended, 4 free)
   e   extended
Select (default p):
Using default response p
分区号 (1-4，默认 1)：
起始 扇区 (2048-41943039，默认为 2048)：
将使用默认值 2048
Last 扇区, +扇区 or +size{K,M,G} (2048-41943039，默认为 41943039)：+1G^H
不支持的后缀：""。
支持：10^N: KB (千字节), MB (兆字节), GB (吉字节)
            2^N: K  (约千字节), M  (约兆字节), G  (约吉字节)
Last 扇区, +扇区 or +size{K,M,G} (2048-41943039，默认为 41943039)：+10G
分区 1 已设置为 Linux 类型，大小设为 10 GiB

命令(输入 m 获取帮助)：w
The partition table has been altered!

Calling ioctl() to re-read partition table.
正在同步磁盘。
```

图 4-17　新增主分区/dev/sdb1

保存后，通过 fdisk -l 命令，可以看到磁盘/dev/sdb 下有一个分区/dev/sdb1，查看新增分区如图 4-18 所示。

```
[root@application01 ~]# fdisk -l

磁盘 /dev/sdb：21.5 GB, 21474836480 字节，41943040 个扇区
Units = 扇区 of 1 * 512 = 512 bytes
扇区大小(逻辑/物理)：512 字节 / 512 字节
I/O 大小(最小/最佳)：512 字节 / 512 字节
磁盘标签类型：dos
磁盘标识符：0x3c71443f

   设备 Boot      Start         End      Blocks   Id  System
/dev/sdb1            2048    20973567    10485760   83  Linux
```

图 4-18　查看新增分区

(3)格式化分区/dev/sdb1

格式化分区/dev/sdb1，如图 4-19 所示。

```
[root@application01 ~]# mkfs.ext4 /dev/sdb1
mke2fs 1.42.9 (28-Dec-2013)
文件系统标签=
OS type: Linux
块大小=4096 (log=2)
分块大小=4096 (log=2)
Stride=0 blocks, Stripe width=0 blocks
655360 inodes, 2621440 blocks
131072 blocks (5.00%) reserved for the super user
第一个数据块=0
Maximum filesystem blocks=2151677952
80 block groups
32768 blocks per group, 32768 fragments per group
8192 inodes per group
Superblock backups stored on blocks:
        32768, 98304, 163840, 229376, 294912, 819200, 884736, 1605632

Allocating group tables: 完成
正在写入inode表: 完成
Creating journal (32768 blocks): 完成
Writing superblocks and filesystem accounting information: 完成
```

图 4-19　格式化分区/dev/sdb1

(4)手动挂载

临时挂载，操作系统重启后，挂载消息丢失，需要重新手工挂载，如图 4-20 所示。

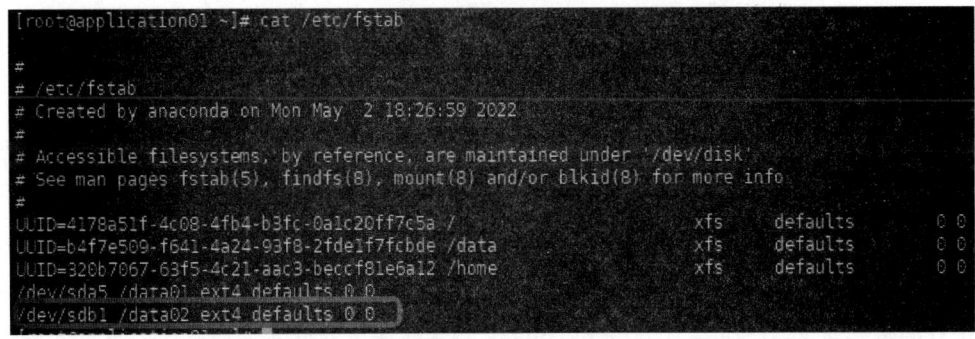

图 4-20　手动挂载

(5)自动挂载

对于采取配置文件挂载的分区来说，重启操作系统后仍然会保持挂载。

编辑对应的/etc/fstab 文件，实现自动挂载，如图 4-21 所示。

图 4-21　自动挂载

任务总结

对于磁盘管理，Linux 操作系统引入了磁盘主分区、扩展分区和逻辑分区等概念，达到合理分配空间的目的。

正常使用磁盘存储文件，主要经历以下 3 个步骤：

- 使用 fdisk 命令创建分区；
- 使用 mkfs-t 命令格式化分区；
- 使用 mount 命令挂载(手动+自动)分区。

思考与练习

一、填空题

1. 计算机系统中,所有数据的存储都是通过_____实现的,它是计算机组成中不可或缺的重要部件。

2. 衡量磁盘性能的主要参数,一个是_____,一个是_____。

3. 如果分区设置得过大,则会白白浪费磁盘空间;如果分区设置得过小,则会导致空间不够用的情况。为了解决这个问题,我们往往用到_____。

4. 所谓挂载,就是将设备文件中的_____连接到 Linux _____下的某一目录(最好是空目录),访问此目录就等同于访问设备文件。

5. _____可以是整个硬盘、硬盘分区,是 LVM 的基本存储逻辑块。和基本的物理存储介质(如分区、磁盘等)比较,它包含与 LVM 相关的管理参数。

二、选择题

1. 存储在磁盘中的分区表只能包含最多( )个分区记录,如果需要更多分区,则需要将主分区中的一个分区改为扩展分区,在扩展分区中再创建逻辑分区。

　　A. 2　　　　　　B. 3　　　　　　C. 4　　　　　　D. 5

2. 为了增强数据安全性,使两块磁盘数据呈现完全镜像的 RAID 技术是( )。

　　A. RAID 0　　　B. RAID 1　　　C. RAID 3　　　D. RAID 5

3. LVM 进行逻辑卷管理时,卷组 VG、物理盘区 PE、逻辑卷 LV 的创建顺序是( )。

　　A. PE→VG→LV　　　　　　　　B. VG→PE→LV
　　C. PE→LV→VG　　　　　　　　D. VG→LV→PE

4. Linux 磁盘管理常用三个命令 df、du 和 fdisk,其中只有具有超级用户权限才能使用的是( )。

　　A. df　　　　　　B. du　　　　　　C. fdisk　　　　　　D. 都需要

5. 某磁盘有 6 个磁头、7 个磁道和 12 个扇区,它的磁盘容量为( )字节。

　　A. 504　　　　　B. 21 503　　　　C. 258 048　　　　D. 516 096

三、判断题

1. Linux 操作系统中第一块磁盘分区为 hda 分区,主分区为 hda1、hda2、hda3、hda4,逻辑分区编号从 5 开始。(　　)

2. RAID 5 特点是将校验值分布在阵列中的所有磁盘上,而没有采用专门的校验盘,允许单个磁盘出错。(　　)

3. 物理盘区是物理卷中可用于分配的最小存储单元,物理盘区大小一旦确定将不能更改,同一卷组中的所有物理卷的物理盘区大小可以不一致。(　　)

4. 可以格式化磁盘的扩展分区。(　　)

5. 有的磁盘没有磁头结构。   （ ）

四、简答题

1. 列举当前主流的磁盘类型，并说明其特点。
2. 为什么需要对磁盘进行分区？
3. 说明 RAID 技术组建磁盘阵列的好处和方法。
4. 为什么磁盘挂载最好使用空目录？
5. LVM 可弹性变更文件系统的容量，这是如何办到的？

项目五 软件包与进程管理

任务一 软件包管理

任务背景

在 Linux 操作系统上有数千,甚至数万个软件包可供选择,这些软件包有不同版本、不同依赖关系,安装和维护起来非常困难。软件包管理器可以提供一种方便高效的方式来管理软件包的安装、升级、卸载等操作,同时还能够自动解决依赖关系,避免软件包之间的冲突和混乱。

例如,你想要安装一个新的软件包,该软件包有一些依赖关系,而这些依赖关系又有自己的依赖关系,手动处理这些关系将非常复杂和困难;而有了软件包管理器,只需要输入一条命令即可轻松解决所有依赖关系,安装和更新软件包变得非常简单和方便,并且可以自动解决依赖关系,避免冲突和混乱。

素质小课堂

随着人工智能的出现,网络信息技术迭代升级加速,网络安全领域新情况、新问题、新挑战层出不穷,影响全球经济格局、发展格局、安全格局,也给网络安全保障提出了更高要求。部分专家判断,生成式人工智能将引发新一轮人工智能革命,人类与机器、技术与产业、虚拟与现实之间的关系正在发生广泛而深刻的变化，技术创新也给人类社会文明秩序带来了挑战。

在个人层面，人工智能降低个人网络犯罪门槛。美国专业安全技术公司迈克菲市场总监泰勒·麦基说，"我发现暗网上有很多暗黑版的 GPT，它们价格低廉，容易获取，有的每个月只需花 90 美元就能订阅使用。这些暗黑版 GPT 不但能写钓鱼邮件，还能编写恶意程序代码。"

作为一名遵纪守法的中国公民，我们在学习 Linux 软件包管理及进程管理时，应提升代码安全意识，具备遵纪守法、爱岗敬业、诚实守信、开拓创新的职业品格和行为习惯。

 知识准备

一、认识软件包管理器

软件包管理器是 Linux 操作系统中的一种软件包管理系统，它可以帮助用户方便地安装、升级、卸载和管理软件包。这些软件包管理器通常是 Linux 操作系统内置的，也可以自行下载和安装。本任务将概述 Linux 操作系统中软件包管理器的发展历程，并重点介绍在 RHEL 中常用的软件包管理器 RPM 和 YUM 的使用方法。

（一）初始阶段（1991 年—1993 年）

最初的 Linux 发行版本没有软件包管理器，用户需要手动下载软件包并安装，这对于普通用户来说是件比较困难的事情。此后，出现了各种基于源代码的软件包管理器，如 Slackware 的 pkgtool、Red Hat 的 RPM 等。

（二）标准化阶段（1994 年—2000 年）

随着 Linux 的普及，用户需要一种标准化的软件包管理器来简化安装和升级工作。这时，主流 Linux 发行版本开始采用 RPM 作为标准软件包管理器，并相应地建立了软件包仓库来存储和发布软件包。

RPM 的全称是 Red Hat Package Manager，顾名思义是 Red Hat 贡献出来的软件包管理器。RPM 被 Fedora、Red Hat、Mandriva、SUSE、YellowDog 等主流发行版本，以及在这些版本基础上二次开发出来的发行版本采用。

简单来说，RPM 是以一种数据库记录的方式将所需要的软件包安装到 Linux 主机中的一套管理程序，最大的特点是将要安装的软件包编译并打包，通过包装好的软件包中默认的数据库记录，记录这个软件包在安装时需要的依赖属性模块，在安装时，RPM 会先根据软件包中的数据库记录，查询 Linux 主机是否满足软件包的依赖关系，若满足则予以安

装,否则不安装。安装时将该软件包的信息全部写入 RPM 的数据库以便将来的查询、验证与卸载。

在使用 RPM 时,安装的环境必须与打包时的环境一致或相当,同时必须安装了软件包的依赖软件包,在卸载时,最底层的软件包不能先移除,否则可能造成整个系统无法使用。基于这些问题,在安装过程中需要有更高级、简便的软件包管理器,如 YUM 和 APT 工具。

(三)自动化阶段(2001 年—2010 年)

随着 Linux 应用程序数量的增加,软件包的依赖关系变得越来越复杂。为了应对这种情况,自动化工具开始出现,如 YUM、dnf、Zypper 等。这些工具可以自动解决软件包依赖关系,并进行安装和升级操作。

其中,YUM(全称为 Yellow dog Updater, Modified)是一个在 Fedora、Red Hat 和 CentOS 中的 Shell 前端软件包管理器。它基于 RPM 包管理,能够从指定的服务器上自动下载软件包并且安装,可以自动处理依赖关系,并一次安装所有依赖的软件包,无须烦琐地一次次下载、安装。

(四)跨平台阶段(2011 年—2020 年)

随着容器技术的普及,软件包管理器需要支持多个平台和架构。一些新型软件包管理器,如 Flatpak、Snap 和 AppImage,开始流行起来,它们可以将应用程序打包成容器,使之能够在许多 Linux 发行版本上运行。随着 Docker 和其他容器技术的发展,软件包管理器也发生了变化。Docker Hub 是一个在线容器库,用户可以在其中查找和下载用于部署的预配置软件包。Docker 可以轻松地在不同的环境中部署应用程序,提供了一种跨平台的解决方案。

总的来说,Linux 软件包管理器通过不断的发展和创新,为 Linux 操作系统提供了方便、快捷的软件安装和升级方式,为 Linux 生态系统的发展提供了帮助。

二、RPM 软件包管理器

RPM 是一种软件包管理器,常用于 Red Hat、Fedora、CentOS 等 Linux 发行版本中。通过 RPM 可以方便地安装、卸载、更新系统中的软件包,管理软件包的依赖关系等。

RPM 文件实际上是一种特殊的归档文件,它包含了用于安装和运行软件包的所有文件,以及对应的脚本和元数据信息,如软件包的名称、版本、依赖关系、授权等。使用 RPM,用户可以通过命令行或图形用户界面进行软件包管理,极大地方便了 Linux 软件安装和管理。

RPM 软件包管理器的作用如下:

● 管理软件包的安装、卸载、更新等操作:通过 RPM,用户只需要使用简单的命令即可将新的软件包安装到系统中,也可以轻松地卸载不需要的软件包,还可以更新系统中已安装的软件包,操作方便、快捷。

● 管理软件包的依赖关系：在安装某个软件包时，RPM 会自动检查它所需要的依赖软件包是否已经安装，如果没有安装，则系统会自动下载并安装依赖软件包，确保软件包正常运行。

● 管理软件包的授权和版本信息：RPM 会管理软件包的授权信息，确保软件包在使用过程中符合授权规定。同时，RPM 也会管理软件包的版本信息，确保每个软件包的版本都是正确的。

总而言之，RPM 是一个非常有用的软件包管理工具，它极大地方便了 Linux 操作系统中软件包的安装、管理及卸载，大大提高了 Linux 操作系统的易用性。

三、YUM 软件包管理器

YUM 是一种针对基于 RPM 的 Linux 发行版本的软件包管理器。它允许用户轻松地安装、升级、删除和查询软件包。YUM 是 Red Hat Linux 的默认软件包管理器，也被广泛应用于其他基于 RPM 的 Linux 发行版本。

YUM 软件包管理器的作用如下：

● 软件包搜索：YUM 可以从互联网或本地源中搜索软件包，以便用户查找需要安装的软件包。

● 软件包安装：YUM 可以自动安装软件包及其所需的依赖软件包，使得安装过程更加容易。

● 软件包更新：YUM 可以检查已安装的软件包是否有更新版本，并下载和安装最新版本。

● 软件包卸载：YUM 可以卸载不再需要的软件包，同时删除其依赖软件包。

● 仓库配置：YUM 可以添加、删除和管理软件包仓库，以便用户获取更多的软件包。

使用 YUM 可以使 Linux 操作系统的软件包管理变得简单、高效、方便。用户可以通过命令行或图形用户界面来操作，从而满足不同用户的需求。

四、dnf 软件包管理器

dnf 是一种基于 RPM 的软件包管理器，用于 Fedora 和 CentOS 等 Linux 发行版本。它可以在系统上安装、升级和删除软件包，以及解决依赖关系问题。

dnf 软件包管理器的作用如下：

● 软件包搜索：dnf 可以从系统中或者指定的源中搜索软件包，并列出匹配的软件包列表。

● 软件包安装：dnf 可以下载并安装用户需要的软件包，同时解决依赖关系。

● 软件包更新：dnf 可以检查已安装的软件包是否有更新版本，并下载和安装最新版本。

● 软件包卸载：dnf 可以卸载不再需要的软件包，同时删除其依赖软件包。

- 仓库配置：dnf 可以添加、删除和管理软件包仓库，以便获取更多的软件包。

与 RPM 相比，dnf 提供了更高级的软件包管理功能，如自动解决软件包之间的依赖关系、针对软件包组进行操作等。

与 YUM 相比，dnf 的性能更好，因为它使用了增量元数据技术，使得软件包信息更快、更准确地可用。此外，dnf 还支持更好的多源管理和事务性操作。

在 RHEL 8 以上的版本中，dnf 已经取代了 YUM，成为默认的软件包管理器。虽然 YUM 仍然可以使用，并且在 RHEL 等 Linux 发行版本中得到广泛应用，但是 dnf 已经成为 RHEL 8 中最常用的软件包管理器。

任务设计与准备

一、任务设计

任务目的：
- 学习 Linux 软件包管理器基础知识；
- 掌握 RPM 安装、查询、移除软件包的方法；
- 学会使用 YUM 安装与升级软件包。

任务内容：
- 使用 RPM 安装、查询、移除软件包；
- 使用 dnf 安装、查询、升级与移除软件包；
- 使用 YUM 安装、查询、升级与移除软件包。

二、任务准备

- 准备 RHEL 9 虚拟机；
- 检测 RPM 与 YUM 软件。

任务实施

一、使用 RPM 管理软件包

（一）RPM 预设安装的路径

一般来说，RPM 在安装软件包的时候，会先读取软件包内记录的设定参数内容，然后用该信息比对 Linux 操作系统的环境，以找出是否有属性相依的软件包尚未安装的问题。用 RPM 安装后的软件包信息会被写入 /var/lib/rpm/ 目录，这个目录下的数据非常重要，未来任何软件包进行升级都会依赖这个目录下的数据库文件，所以千万不要手动修改或删除这个目录下的文件。查看 RPM 本地数据库文件如例 5-1-1 所示。

例 5-1-1　查看 RPM 本地数据库文件

```
[root@localhost ~]# ls -l /var/lib/rpm
total 153672
-rw-r--r--. 1 root root    6979584 Dec  2 20:24 Basenames
-rw-r--r--. 1 root root      16384 Dec  2 20:18 Conflictname
-rw-r--r--  1 root root     286720 Apr  7 10:17 __db.001
-rw-r--r--  1 root root      90112 Apr  7 10:17 __db.002
-rw-r--r--  1 root root    1318912 Apr  7 10:17 __db.003
…
[root@localhost ~]# file /var/lib/rpm/Basenames
/var/lib/rpm/Basenames: Berkeley DB (Btree, version 9, native byte-order)
```

(二) RPM 的软件包查询功能

RPM 在查询时，查询的是在 /var/lib/rpm 目录下的数据库文件。另外，RPM 也可以查询未安装软件包的信息。

语法如下：

```
rpm -qa
rpm -q[licdR]已经安装的软件包名称
rpm -qf 存在于系统中的某个文件名称
rpm -qp[licdR]未安装的某个文件名称
```

从上面的语法来看，其后面所带的参数可以分为 4 种。

1. 后面不接名称

- -qa：查询所有已经安装的软件包名称。

2. 后面接已经安装的软件包名称

- -q：查询该软件包是否已安装，已安装则有输出，否则没有输出。
- -qi：列出该软件包的详细信息（information），包含开发商、版本与说明等。
- -ql：列出该软件包所有的文件与目录（list）。
- -qc：列出该软件包的所有配置文件。
- -qd：列出该软件包的所有帮助文件（与 man 有关的文件）。
- -qR：列出与该软件包有关的依赖软件包所含的文件（Required）。

3. 后面接一个存在于系统中的文件名称

- -qf：找出该文件属于哪个已安装的软件包。

4. 后面接一个 RPM 文件

- -qp[licdR]：目的在于找出某个 RPM 文件内的信息，而非已安装的软件包信息。

使用 rpm 命令查询软件信息，如例 5-1-2 所示。

例 5-1-2　rpm 命令查询软件信息

```
#查询所有已安装软件包
[root@localhost ~]# rpm -qa
libgcc-11.4.1-2.1.el9.x86_64
fonts-filesystem-2.0.5-7.el9.1.noarch
...
#查询 net-tools 软件包基本信息
[root@localhost ~]# rpm -q net-tools
net-tools-2.0-0.62.20160912git.el9.x86_64
#查询 net-tools 软件包详细信息
[root@localhost ~]# rpm -qi net-tools
Name          : net-tools
Version       : 2.0
Release       : 0.62.20160912git.el9
Architecture: x86_64
...
#查询 net-tools 相关文件和目录
[root@localhost ~]# rpm -ql net-tools
/usr/bin/netstat
/usr/lib/.build-id
/usr/lib/.build-id/11
...
```

（三）RPM 软件包的安装和升级

1. 软件包安装

语法：

```
rpm -ivh package_name.rpm
```

参数说明：

- -i：install，安装；
- -v：查看更详细的安装信息页面；
- -h：以安装信息列显示安装进度。

RPM 软件包安装示例如例 5-1-3 所示。

例 5-1-3　RPM 软件包安装示例

```
#查询 rp-pppoe 软件包是否安装
[root@localhost~]# rpm -qi rp-pppoe-3.11-5.el7.x86_64
package rp-pppoe-3.11-5.el7.x86_64 is not installed
#上传 rp-pppoe-3.11-5.el7.x86_64.rpm 包到 root 主目录，安装 rp-pppoe 软件包
```

```
[root@localhost~]# rpm -ivh rp-pppoe-3.11-5.el7.x86_64.rpm
Preparing...       ################################# [100%]
Updating / installing...
   1:rp-pppoe-3.11-5.el7 ################################# [100%]
#安装多个软件包
[root@localhost~]# rpm -ivh a.i386.rpm b.i386.rpm *.rpm
#直接由网络上的某个文件安装,以网址来安装
[root@localhost~]# rpm -ivh http://website.name/path/pkgname.rpm
```

如果在安装过程中发现问题,或者已经知道会发生问题,还执意安装,则可以强制安装,一般情况下不建议这样做,rpm 命令各个参数的功能说明如表 5-1 所示。

表 5-1 rpm 命令各个参数的功能说明

参数	功能说明
--nodeps	如果安装某个软件包时,RPM 提示"有相关属性的软件包尚未安装",而又想直接强制安装这个软件包,则可以加上--nodeps 告知 RPM 不要去检查软件包的依赖性。 软件包有依赖性的原因是彼此会使用对方的机制或功能,如强制安装而不考虑软件包的依赖性,则可能会造成该软件包无法正常使用
--nomd5	不想检查 RPM 文件所含的 MD5 信息时可以使用这个参数。 说明:除非很清楚这个软件包的来源,否则建议不使用这个参数
--noscripts	不想让该软件包自行启用或者自行执行某些系统命令时可以使用这个参数。 说明:RPM 除可以将文件放到确定的位置之外,还可以自动执行一些前置工作的命令,如数据库的初始化
--replacefiles	如果在安装的过程中出现了"某个文件已安装在系统上"的信息,或出现版本冲突的信息(conflicting files)时,可以使用这个参数来直接覆盖文件。 覆盖操作是无法复原的,所以必须很清楚地知道被覆盖的文件确实不重要
--replacepkgs	重新安装某个已经安装过的软件包时可以使用这个参数
--force	这个参数其实就是--replacefiles 与--replacepkgs 的综合体
--test	想要测试一下该软件包是否可以安装到用户的 Linux 环境中时可以使用这个参数

2. RPM 软件包升级

语法:

```
rpm - Uvh package_name.rpm
rpm - Fvh package_name.rpm
```

-Uvh 与-Fvh 的意义是不太一样的,基本的差别如下:

● -Uvh:如果后面接的软件包没有安装过,则系统将直接安装;如果后面接的软件包安装过旧版本,则系统自动更新至新版本。

● -Fvh:如果后面接的软件包并未安装到 Linux 操作系统上,则该软件包不会被安装;亦即只有已安装至 Linux 操作系统内的软件包才会被升级。

二、使用 dnf 安装、查询、升级与移除软件包

（一）使用 dnf 安装软件包

语法：

```
dnf install <软件包名称>
```

下面使用 dnf 安装 python38 软件包，命令如下：

```
[root@localhost ~]# dnf install python38
上次元数据过期检查:22:46:14 前,执行于 2023 年 04 月 10 日 星期一 14 时 32 分 04 秒。
依赖关系解决。
================================================================================
 软件包              架构       版本                              仓库         大小
================================================================================
Installing:
 python38           x86_64   3.8.8-4.module_el8.5.0+896+eb9e77ba  AppStream    79k
Upgrading:
 chkconfig          x86_64   1.19.1-1.el8                         base         198 k
...
已安装:
  python38-3.8.8-4.module_el8.5.0+896+eb9e77ba.x86_64
  python38-pip-19.3.1-4.module_el8.5.0+896+eb9e77ba.noarch
  python38-setuptools-41.6.0-5.module_el8.5.0+896+eb9e77ba.noarch
  python38-libs-3.8.8-4.module_el8.5.0+896+eb9e77ba.x86_64
  python38-pip-wheel-19.3.1-4.module_el8.5.0+896+eb9e77ba.noarch
  python38-setuptools-wheel-41.6.0-5.module_el8.5.0+896+eb9e77ba.noarch
完毕!
```

（二）使用 dnf 查询软件包

语法：

```
dnf search <软件包名称>
```

下面使用 dnf 查询 editor 软件包，命令如下：

```
[root@localhost ~]# dnf search editor
上次元数据过期检查:22:50:16 前,执行于 2023 年 04 月 10 日 星期一 14 时 32 分 04 秒。
================================ 小结 和 名称 匹配:
editor =====================
  pim-sieve-editor.x86_64 : Sieve Editor
  grantlee-editor.x86_64 : KMail Theme Editor
  vim-editorconfig.noarch : EditorConfig Vim Plugin
  dconf-editor.x86_64 : Configuration editor for dconf
  stb_tilemap_editor-devel.x86_64 : Embeddable tilemap editor
```

editorconfig. x86_64 : Parser for EditorConfig files written in C
gedit-plugin-editorconfig. x86_64 : EditorConfig plugin for Gedit
grantlee-editor-libs. x86_64 : Runtime libraries for grantlee-editor
kf5-ktexteditor-devel. x86_64 : Development files for kf5-ktexteditor
...
==名称 匹配：editor ==========================
kf5-incidenceeditor. x86_64 : KDE PIM library for creating and editing calendar incidences
torrent-file-editor. x86_64 : Qt based GUI tool designed to create and edit. torrent files

（三）使用 dnf 升级软件包

语法：

dnf upgrade <软件包名称>

下面使用 dnf 升级软件包，命令如下：

[root@localhost ~]# dnf upgrade editor
上次元数据过期检查：22:53:42 前,执行于 2023 年 04 月 10 日 星期一 14 时 32 分 04 秒。
未找到匹配的参数：editor
错误：没有软件包需要升级。

（四）使用 dnf 移除软件包

语法：

dnf remove <软件包名称>

下面使用 dnf 移除 python38 软件包，命令如下：

[root@localhost ~]# dnf remove python38
依赖关系解决。
=== 软件包   架构   版本   仓库   大小 === 移除：
python38   x86_64   3. 8. 8-4. module_el8. 5. 0+896+eb9c77ba   @AppStream   24 k
清除未被使用的依赖关系：
python38-libs   x86_64   3. 8. 8-4. module_el8. 5. 0+896+eb9e77ba   @AppStream   33 M
python38-pip   noarch   19. 3. 1-4. module_el8. 5. 0+896+eb9e77ba   @AppStream   7. 8 M
python38-pip-wheel   noarch   19. 3. 1-4. module_el8. 5. 0+896+eb9e77ba   @AppStream   1. 2 M
python38-setuptools   noarch   41. 6. 0-5. module_el8. 5. 0+896+eb9e77ba   @AppStream   2. 9 M
python38-setuptools-wheel noarch 41. 6. 0-5. module_el8. 5. 0+896+eb9e77ba   @AppStream   352 k
事务概要
==移除 6 软件包
将会释放空间：45 M
确定吗？[y/N]：
...

三、使用 YUM 安装、查询、升级与移除软件包

(一)配置使用阿里云的 YUM 源

备份原有的 YUM 源。

[root@localhost ~]# mv /etc/yum.repos.d/redhat.repo /etc/yum.repos.d/redhat.repo.backup

下载并复制阿里云的 YUM 源到/etc/yum.repos.d/目录下。

[root@localhost ~]# wget -O /etc/yum.repos.d/CentOS-Base.repo http://mirrors.aliyun.com/repo/Centos-8.repo
--2023-04-11 13:41:33-- http://mirrors.aliyun.com/repo/Centos-8.repo
正在解析主机 mirrors.aliyun.com (mirrors.aliyun.com)... 124.227.186.188, 124.227.186.189, 124.227.186.194, ...
正在连接 mirrors.aliyun.com (mirrors.aliyun.com)|124.227.186.188|:80... 已连接。
已发出 HTTP 请求,正在等待回应... 200 OK
长度:2590 (2.5K) [application/octet-stream]
正在保存至:"/etc/yum.repos.d/CentOS-Base.repo"
/etc/yum.repos.d/CentOS-Base.repo   100%[======>]   2.53K   --.-KB/s 用时 0s
2023-04-11 13:41:33 (417 MB/s) -已保存 "/etc/yum.repos.d/CentOS-Base.repo" [2590/2590])

运行 yum makecache 命令刷新本地缓存。

[root@localhost ~]# yum makecache
CentOS-8 - AppStream - mirrors.aliyun.com   4.2 kB/s | 4.3 kB   00:01
CentOS-8 - Base - mirrors.aliyun.com   3.7 kB/s | 3.9 kB   00:01
CentOS-8 - Extras - mirrors.aliyun.com   1.5 kB/s | 1.5 kB   00:01
ExtraPackages for Enterprise Linux 8 - x86_64   1.7 kB/s | 5.8 kB   00:03
元数据缓存已建立。

测试是否可以正常使用阿里云的 YUM 源。

[root@localhost ~]# yum update
上次元数据过期检查:0:01:51 前,执行于 2023 年 04 月 11 日 星期二 13 时 41 分 50 秒。
依赖关系解决。
==
软件包   架构   版本   仓库   大小
==
Installing:
centos-linux-release noarch   8.5-1.2111.el8   base   22 k
...

(二)YUM 安装软件包

基于 RPM 的系统中使用 YUM 安装软件包,语法如下:

```
yum install <software package name>
```

下面通过 YUM 安装 net-tools 网络工具,命令如下:

```
[root@localhost ~]# yum install net-tools -y
上次元数据过期检查:0:09:23 前,执行于 2023 年 04 月 11 日 星期二 13 时 41 分 50 秒。
Package net-tools-2.0-0.51.20160912git.el8.x86_64 is already installed.
依赖关系解决。
==========================================================================
 软件包              架构              版本                              仓库              大小
==========================================================================
Upgrading:
 net-tools          x86_64           2.0-0.52.20160912git.el8          base              322 k
事务概要
==========================================================================
升级  1 软件包
总下载:322 k
下载软件包:
net-tools-2.0-0.52.20160912git.el8.x86_64.rpm        280 kB/s | 322 kB        00:01
...
```

(三)YUM 查询软件包

基于 RPM 的系统中使用 YUM 查询软件包,语法如下:

```
yum search <software package name>
```

下面将通过 YUM 查询 net-tools,命令如下:

```
[root@localhost ~]# yum search net-tools
上次元数据过期检查:0:12:39 前,执行于 2023 年 04 月 11 日 星期二 13 时 41 分 50 秒。
===================================== 名称 精准匹配:
net-tools =============================
net-tools.x86_64 : Basic networking tools
net-tools.x86_64 : Basic networking tools
```

(四)YUM 升级软件包

基于 RPM 的系统中使用 YUM 升级软件包,语法如下:

```
yum upgrade <software package name>
```

下面通过 YUM 升级 net-tools,如果软件包已是最新版本,则升级过程中会提示无需任何处理。

```
[root@localhost ~]# yum upgrade net-tools
上次元数据过期检查:0:13:54 前,执行于 2023 年 04 月 11 日 星期二 13 时 41 分 50 秒。
依赖关系解决。
无需任何处理。
```

(五)YUM 移除软件包

基于 RPM 的系统中使用 YUM 移除软件包,语法如下:

```
yum remove <software package name>
```

下面使用 YUM 移除 net-tools,命令如下:

```
[root@localhost ~]# yum remove net-tools
依赖关系解决。
================================================================
软件包            架构           版本                仓库        大小
================================================================
移除:
net-tools         x86_64         2.0-0.52.20160912git.el8    @base       942 k
事务概要
================================================================
移除 1 软件包
将会释放空间:942 k
确定吗? [y/N]:
...
```

任务总结

本任务介绍 Linux 中软件包管理器的发展历史,了解 RPM、dnf、YUM 三种软件包管理器之间的关系与各自的优势,要求掌握 RPM、dnf 和 YUM 进行软件包管理的相关命令,学会软件包安装、查询、升级、移除等的方法。

思考与练习

一、填空题

1. 使用 RPM 软件包管理器,用户可以通过_____或_____进行软件包管理,极大地方便了 Linux 操作系统的软件安装和管理。

2. YUM 软件包管理器的_____功能可以添加、删除和管理软件包仓库,以便用户获取更多的软件包。

3. 和 YUM 相比,dnf 的性能表现更好,因为它使用了_____,使得软件包信息更快、更准确地可用。

4. RPM 安装软件包信息会被写入_____目录下，这个目录下的数据非常重要，未来有任何软件包进行升级都会依赖这个目录下的数据库文件，所以这个目录下的文件千万不要手动修改或删除。

5. _____已经成为 RHEL 8 中最常用的软件包管理器。

二、选择题

1. 软件包管理器 RPM(RPM Package Manager) 的作用是(　　)。
   A. 管理软件包的安装、卸载、更新等操作
   B. 管理软件包的授权和版本信息
   C. 管理软件包的依赖关系
   D. 以上都是

2. 以下(　　)不属于 Linux 操作系统中自动化的软件包管理器。
   A. Debian　　　　B. YUM　　　　C. dnf　　　　D. Zypper

3. 以下(　　)不属于 Linux 操作系统中跨平台的软件包管理器。
   A. Flatpak　　　　B. Pkgtool　　　　C. Snap　　　　D. AppImage

4. 使用 dnf 可升级软件包，可以使用以下命令(　　)。
   A. dnf install <软件包名称>　　　　B. dnf search <软件包名称>
   C. dnf upgrade <软件包名称>　　　　D. dnf remove <软件包名称>

5. RPM 中想要测试一下该软件包是否可以安装到用户的 Linux 环境中，可以用(　　)参数。
   A. --force　　　　B. --nodeps　　　　C. --noscripts　　　　D. --test

三、判断题

1. 软件包管理器可以提供一种方便高效的方式来管理软件包的安装、升级、卸载等操作，同时还能够自动解决依赖关系，避免软件包之间的冲突和混乱。(　　)

2. Linux 操作系统中软件包管理的发展历程按顺序为：初始阶段—标准化阶段—跨平台阶段—自动化阶段。(　　)

3. YUM 和 dnf 软件包管理器都拥有软件包搜索功能。(　　)

4. RPM 的软件包查询功能只能查询已经安装的软件包。(　　)

5. RPM 软件包升级中 -Uvh 参数后面接的软件包若没有安装过，则系统将直接安装；若安装过旧版本，则系统自动更新至新版本。(　　)

四、简答题

1. 说明 RPM、dnf、YUM 三种软件包管理器之间的关系与各自的优势。

2. 假设想要安装一个软件包，如 httpd.rpm，却总是出现无法安装的问题，请问可以加入哪些参数来强制安装该软件包？

3. 使用 rpm -Fvh *.rpm 和 rpm -Uvh *.rpm 升级软件包，二者有何区别？

4. 如何使用 dnf 查找可用的软件包，并将其列表保存到文件中？

5. 如何使用 YUM 安装软件包和它的所有依赖软件包(包括已安装的依赖软件包)？

任务二　进程管理

任务背景

进程是操作系统中非常重要的基本概念，进程管理是操作系统的核心功能之一，管理好进程也就相当于管理好操作系统。因此，进程管理是每个系统工程师都需要熟练掌握的功能。

素质小课堂

2023 年 12 月 16 日，操作系统大会 &openEuler Summit 2023 在北京国家会议中心圆满落幕。本次大会由 openEuler 社区成员单位麒麟软件、麒麟信安、华为、超聚变、英特尔、软通动力、统信软件、中国科学院软件研究所、凝思软件、东方通、中软国际等共同举办。openEuler 社区始终坚持"共建、共享、共治"的原则，与全产业链伙伴共同努力，构建可持续发展的开源新生态。

openEuler 委员会主席、开放原子开源基金会理事长助理江大勇在致辞中表示，2021 年产业界生态伙伴共同将 openEuler 项目捐献到开放原子开源基金会，两年多以来，开放原子开源基金会在商标托管、生态发展、开放治理等方面为 openEuler 项目的发展提供了更好的平台，进一步推动 openEuler 实现了由企业主导向产业共享共建的转变。

截至 2023 年底，openEuler 系累计装机量已超过 610 万套，根据 IDC 预测，2023 年 openEuler 系在中国服务器操作系统市场份额达到 36.8%。openEuler 社区已吸引 1300 多家头部企业、研究机构和高校加入，汇聚 16 800 多名开源贡献者，成立 100 多个特别兴趣小组(SIG)，发布了 2 个长周期版本、5 个创新版本，且社区版本下载量已突破 200 万。openEuler 开源社区已成为中国最具活力和创新力的开源社区。

知识准备

一、进程的基本概念

无论是 Linux 管理员还是普通用户，监视进程的运行情况并适时终止一些失控的进程，都是每天的例行事务。和 Linux 相比，进程管理在 Windows 中更加直观，Windows 主要是使用"任务管理器"来进行进程管理的。

通常，使用"任务管理器"主要有以下 3 个目的：
- 利用"应用程序"和"进程"标签来查看操作系统中到底运行了哪些程序和进程；
- 利用"性能"和"用户"标签来判断服务器的健康状态；
- 在"应用程序"和"进程"标签中强制终止任务和进程。

Linux 中虽然使用命令进行进程管理，但是进程管理的主要目的是一样的，即查看操作系统中运行的程序和进程、判断服务器的健康状态和强制终止不需要的进程。那么，到底什么是进程呢？它和我们平时所说的"程序"又有什么联系呢？

(一)进程和程序

进程是正在执行的一个程序或命令，每个进程都是一个运行的实体，都有自己的地址空间，并占用一定的系统资源。程序是人使用计算机语言编写的，可以实现特定目标或解决特定问题的代码集合。也可以这样理解，程序是人使用计算机语言编写的，可以实现一定功能，并且可以执行的代码集合。而进程是正在执行的程序。当程序被执行时，执行者的权限和属性，以及程序的代码都会被载入内存，操作系统给这个进程分配一个 ID，称为进程 ID(Process Identification，PID)。

因此，在操作系统中，所有可以执行的程序与命令都会产生进程，只是有些程序和命令非常简单，如 ls 命令、touch 命令等，它们在执行完后就会结束，相应的进程也随之终结，所以我们很难捕捉到这些进程。然而，还有一些进程和命令，如 httpd 进程等，它们启动之后就会驻留在操作系统当中，把这样的进程称作常驻内存进程。

某些进程会产生一些新的进程，把这些进程称作子进程，而把这个进程本身称作父进程。例如，我们必须正常登录到 Shell 环境中才能执行命令，而 Linux 的标准 Shell 是 bash，我们在 bash 当中执行了 ls 命令，那么 bash 就是父进程，而 ls 命令是在 bash 进程中产生的进程，所以 ls 进程是 bash 进程的子进程。也就是说，子进程是依赖父进程而产生的，如果父进程不存在，那么子进程也不存在了。

(二)进程的状态

Linux 是一个多用户、多任务的操作系统，可以同时运行多个用户的多个程序，这必然会产生很多的进程，而每个进程又会有不同的状态。

1. TASK_RUNNING

进程当前正在运行，或者正在运行队列中等待调度。只有在该状态的进程才可能在

CPU 上运行，同一时刻可能有多个进程处于可运行状态。

2. TASK_INTERRUPTIBLE

进程处于睡眠状态，处于这个状态的进程因为等待某事件的发生（如等待套接字连接、等待信号量）而被挂起。当这些事件发生时，对应的等待队列中的一个或多个进程将被唤醒。一般情况下，进程列表中的绝大多数进程都处于 TASK_INTERRUPTIBLE 状态。进程可以被信号中断，当进程接收到信号或被手动唤醒之后，进程将进入 TASK_RUNNING 状态。

3. TASK_UNINTERRUPTIBLE

进程处于不可中断的睡眠状态，此状态类似于 TASK_INTERRUPTIBLE，只是它不会处理信号。这个状态通常在进程必须在等待时不受干扰或等待事件很快就会发生时出现。由于处于此状态的进程对信号不做响应，因此较之 TASK_INTERRUPTIBLE 状态，此状态使用得比较少。

4. TASK_STOPPED

进程已中止，它不在运行，并且不能运行。接收到 SIGSTOP 和 SIGTSTP 等信号时，进程将进入 TASK_STOPPED 状态；接收到 SIGCONT 信号之后，进程将再次变得可运行。此外，在调试期间接收到任何信号，都会使进程进入 TASK_STOPPED 状态。

5. TASK_TRACED

正被调试程序等其他进程监控时，进程将进入 TASK_TRACED 状态。

6. EXIT_ZOMBIE

进程已终止，它正等待其父进程收集关于它的一些统计信息，不响应任何信号，无法用 SIGKILL 终止。

7. EXIT_DEAD

将进程从操作系统中删除时，它将进入 EXIT_DEAD 状态，因为其父进程已经通过 wait4( ) 或 waitpid( ) 收集了所有统计信息。EXIT_DEAD 状态是非常短暂的，几乎不可能通过 ps 命令捕捉到。

8. TASK_KILLABLE

Linux kernel 2.6.25 引入了这种状态，用于将进程置为睡眠状态，它可以替代有效但可能无法终止的 TASK_UNINTERRUPTIBLE 状态，以及更加安全但易于唤醒的 TASK_INTERRUPTIBLE 状态。

（三）进程的类型

在 Linux 操作系统中，进程可以分为多个类型。以下是一些常见的 Linux 进程类型。

- 前台进程：用户正在交互式地运行的进程。例如，当在终端中启动一个程序并等待它运行时，该程序会成为前台进程。

- 后台进程：在后台静默运行的进程，不需要用户干预。例如，可以使用 & 符号将程序作为后台进程运行。

● 守护进程：也称为服务进程，是在操作系统启动时自动启动的进程。这些进程通常在后台运行，并负责提供某种服务或功能，如 Web 服务器或邮件服务器。

● 线程：进程内的可执行实体，每个进程可以包含多个线程，它们共享同样的资源，并且容易在共享内存中进行通信。

● 孤儿进程：已经失去父进程的进程，在继承了 init 进程作为父进程后继续运行。如果父进程异常退出，则操作系统会将子进程分配给 init 进程。

● 僵尸进程：已经完成其工作，但尚未被父进程回收的进程。它们不再响应任何信号，但仍然占用系统资源。可以通过向其父进程发送信号来终止和回收僵尸进程。

理解这些不同类型的进程有助于更好地监控和管理 Linux 操作系统中运行的进程，从而更有效地解决问题和提高系统性能。

(四) 进程启动的方式

在 Linux 中，进程可以通过多种方式启动，以下是一些常见的进程启动方式。

● 前台启动：在终端上直接运行可执行文件或脚本时，该进程会成为前台进程，并在当前终端上运行。例如，可以使用 ./my_program 来启动可执行程序。

● 后台启动：将进程放到后台进行静默运行。通常使用 & 符号将命令放入后台运行。例如，在命令行界面中运行 my_program & 来将程序作为后台进程启动。

● 守护进程：守护进程是一种长期运行的服务进程，通常在系统启动时自动启动，并在整个运行期间持续提供某种服务或功能。这些进程通常在后台运行，不与任何终端相关联。守护进程经常以 root 用户身份运行，可以使用 init.d 或 systemd 等工具监视和管理。

● 程序启动脚本：程序启动脚本是一组命令和参数，用于在系统启动时自动启动进程。这些脚本可以定义在 /etc/init.d 目录下，也可以使用 systemd 等其他工具来实现。

● 应用程序服务：一些应用程序提供了类似于守护进程的功能，允许在后台长时间运行，而不需要显式地在命令行界面中使用 & 符号启动脚本，如 Web 服务器或邮件服务器。

无论采用何种方式启动进程，我们都可以使用各种工具来管理和监视进程的运行状态，如使用 ps、top、htop 等命令以及系统监控工具。选择适当的进程启动方式有助于更好地管理和维护 Linux 操作系统中的进程。

二、进程监控和管理

在 Linux 中，进程是操作系统的核心组成部分之一，因此监控和管理进程非常重要。以下是一些用于监控和管理 Linux 进程的工具和技术。

● ps 命令：ps 命令可以用于列出当前正在运行的所有进程，并提供它们的详细信息，如 PID、占用的内存和 CPU 使用率等。

● top 命令：top 命令是一个实时的进程监视器，它可以用于显示当前正在运行的所有进程，以及它们消耗的资源，包括 CPU 和内存使用情况。

- htop 命令：htop 命令是 top 命令的改进版本，提供了更多功能和更好的用户界面，可以用于方便地查看和管理进程。与 top 命令不同，htop 命令可以使用颜色来区分进程状态，以及交互式控制进程。
- kill 命令：kill 命令用于向进程发送信号，可用于停止或控制进程。可以使用 PID 或进程名称来标识要终止的进程。
- renice 命令：renice 命令用于更改正在运行的进程的优先级。通过将更高的优先级分配给某些进程，可以使它们更快地响应。
- 系统监控工具：Linux 包含多个系统监控工具，如 sysstat、sar 和 perf 等，它们可以提供更详细的进程统计数据，并帮助诊断和优化系统性能问题。例如，sar 可以记录系统资源的使用情况，并将其汇总为报告。
- 守护进程管理工具：一些守护进程管理工具，如 systemd 和 upstart 等，可以自动启动、停止和重启守护进程，并处理进程的依赖关系和状态。

通过综合使用这些工具和技术，可以更好地了解和管理 Linux 操作系统中运行的进程，从而提高系统性能并减少出现问题的可能性。

任务设计与准备

一、任务设计

任务目的：
- 理解进程的基本概念；
- 掌握进程监控和管理的常用命令。

任务内容：
- 使用 ps 命令查看当前所有进程；
- 使用 top 命令查看当前系统资源使用情况；
- 使用 kill、killall 命令强制结束进程；
- 使用"&"控制进程后台运行；
- 使用 jobs 命令查看后台进程；
- 使用 nohup 命令实现后台进程脱机管理。

二、任务准备

- 准备 RHEL 9 虚拟机。
- 使用 root 用户登录 RHEL 9 虚拟机。

一、查看进程

(一) ps 命令

ps 是 Process Status 的缩写,它是一个命令行实用程序,用于显示或查看与 Linux 操作系统中运行的进程相关的信息。Linux 是一个多任务和多处理操作系统,因此多个进程可以并发运行,互不影响。ps 命令可用于列出当前正在运行的进程,以及其 PID 和其他属性。

ps 命令的语法如下:

[root@localhost ~]# ps [参数]

ps 命令常用参数及作用如表 5-2 所示。

表 5-2 ps 命令常用参数及作用

参数	功能说明
a	显示一个终端的所有进程
u	显示进程的归属用户及内存的使用情况
x	显示没有控制终端的进程
-l	以长格式显示更加详细的信息
-e	显示所有进程

其中,aux 是 ps 命令常用的参数组合,用来查看所有进程、内存使用情况等。ps 命令的基本用法如例 5-2-1 所示。

例 5-2-1 ps 命令的基本用法

```
[root@localhost ~]# ps -aux
USER  PID %CPU %MEM   VSZ   RSS TTY STAT START  TIME COMMAND
root    1  0.5  0.7 244624 13300 ?   Ss  11:19  0:02 /usr/lib/systemd/systemd --switched-roo
root    2  0.0  0.0      0     0 ?   S   11:19  0:00 [kthreadd]
root    3  0.0  0.0      0     0 ?   I<  11:19  0:00 [rcu_gp]
root    4  0.0  0.0      0     0 ?   I<  11:19  0:00 [rcu_par_gp]
root    6  0.0  0.0      0     0 ?   I<  11:19  0:00 [kworker/0:0H-kblockd]
```

在以上输出信息中:
- USER 表示进程的执行用户;
- PID 表示进程的唯一编号;
- %CPU 表示进程的 CPU 使用率;
- %MEM 表示进程的内存使用率;

- VSZ 代表进程使用的虚拟内存的大小(KB);
- RSS 表示进程使用的真实内存大小(KB);
- TTY 表示终端;
- STAT 表示进程的状态：D 为不可中断的进程，R 为正在运行的进程，S 为正在睡眠的进程，T 为停止或被追踪的进程，X 为死掉的进程，Z 为僵死进程;
- START 表示进程启动的时间;
- TIME 表示进程占有 CPU 的总时间;
- COMMAND 表示进程命令。

(二) top 命令

top 命令用于动态地查看进程的运行状态，top 命令的语法如下：

[root@localhost ~]# top [参数]

top 命令常用参数及作用如表 5-3 所示。

表 5-3 top 命令常用参数及作用

参数	功能说明
-d 秒数	指定 top 命令每隔几秒进行刷新，默认是 4 秒
-b	使用批处理模式输出。一般和-n 合用，用于把 top 命令重定向到文件中
-n 次数	指定 top 命令执行的次数，一般和-b 合用
-p PID	仅查看指定进程信息
-s	使 top 命令在安全模式中运行，避免在交互模式中出现错误
-u 用户名	监听某个用户的进程

top 命令的基本用法如例 5-2-2 所示。

例 5-2-2 top 命令的基本用法

```
[root@localhost ~]# top -d 10
top - 11:47:48 up 28 min,  2 users,  load average: 0.00, 0.00, 0.05
Tasks: 273 total,   1 running, 272 sleeping,   0 stopped,   0 zombie
%Cpu(s):  0.0 us,  0.1 sy,  0.0 ni, 99.3 id,  0.5 wa,  0.0 hi,  0.0 si,  0.0 st
MiB Mem :   1806.1 total,    157.4 free,   1150.3 used,    498.4 buff/cache
MiB Swap:   2048.0 total,   2012.2 free,     35.8 used.    484.8 avail Mem

  PID USER      PR  NI    VIRT    RES    SHR S  %CPU  %MEM     TIME+ COMMAND
  839 root      20   0  240312  13180  11596 S   0.2   0.7   0:02.13 vmtoolsd
 2469 root      20   0  422920  13132  11412 S   0.2   0.7   0:00.24 goa-identity-se
```

在以上输出信息中主要有两部分，上半部分显示当前的进程统计信息与资源使用情况，如任务总数、CPU、物理内存和虚拟内存的使用情况；下半部分是每个进程的资源使用情况,默认按照 CPU 使用率降序显示进程信息,如果想按内存使用率查看,则可按 M 键,按 P 键可恢复排序方式,按 Q 键退出 top 命令。

二、管理进程

(一)kill 命令

kill 命令用于终止指定的进程,是 Linux 下进程管理的常用命令。通常,终止一个前台进程可以使用"Ctrl+C"键,而对于一个后台进程则需要用 kill 命令来终止,先使用 ps/pidof/pstree/top 等工具获取 PID,然后使用 kill 命令终止该进程。kill 命令是通过向进程发送指定的信号来结束相应进程的。

kill 命令的语法如下:

```
[root@localhost ~]# kill [signal] [PID]
```

其中,PID 是进程的识别号,signal 是向进程发出的信号,使用-L 参数可以查看信号及编号。kill 命令的基本用法如例 5-2-3 所示。

例 5-2-3 kill 命令的基本用法

```
#查看 SSH 服务进程
[root@localhost ~]# ps -f | grep sshd
root       3835    3810  0 12:30 pts/0    00:00:00 grep --color=auto sshd
#编号 9 表示信号 SIGKILL,强制终止该进程
[root@localhost ~]# kill -9 3810
已杀死
#显示所有的信号列表
[root@localhost ~]# kill -L
 1)SIGHUP   2)SIGINT   3)SIGQUIT  4)SIGILL   5)SIGTRAP
 6)SIGABRT  7)SIGBUS   8)SIGFPE   9)SIGKILL 10)SIGUSR1
11)SIGSEGV 12)SIGUSR2 13)SIGPIPE 14)SIGALRM 15)SIGTERM
16)SIGSTKFLT 17)SIGCHLD 18)SIGCONT 19)SIGSTOP 20)SIGTSTP
21)SIGTTIN 22)SIGTTOU 23)SIGURG  24)SIGXCPU 25)SIGXFSZ
26)SIGVTALRM 27)SIGPROF 28)SIGWINCH 29)SIGIO 30)SIGPWR
31)SIGSYS  34)SIGRTMIN 35)SIGRTMIN+1 36)SIGRTMIN+2 37)SIGRTMIN+3
38)SIGRTMIN+4 39)SIGRTMIN+5 40)SIGRTMIN+6 41)SIGRTMIN+7 42)SIGRTMIN+8
43)SIGRTMIN+9 44)SIGRTMIN+10 45)SIGRTMIN+11 46)SIGRTMIN+12 47)SIGRTMIN+13
48)SIGRTMIN+14 49)SIGRTMIN+15 50)SIGRTMAX-14 51)SIGRTMAX-13 52)SIGRTMAX-12
53)SIGRTMAX-11 54)SIGRTMAX-10 55)SIGRTMAX-9 56)SIGRTMAX-8 57)SIGRTMAX-7
58)SIGRTMAX-6 59)SIGRTMAX-5 60)SIGRTMAX-4 61)SIGRTMAX-3 62)SIGRTMAX-2
63)SIGRTMAX-1 64)SIGRTMAX
```

(二)killall 命令

用户也可以用 killall 命令来终止进程。和 kill 命令不同的是,在 killall 命令后面指定

的是要终止的进程的名称,而不是 PID,和 kill 命令相同的是,在 killall 命令后也可以指定发送给进程的信号(可以是信号的编号,也可以是信号的名称)。

killall 命令的基本格式如下:

```
[root@localhost ~]# killall    [参数] [进程名]
```

killall 命令的基本用法如例 5-2-4 所示。

例 5-2-4　killall 命令的基本用法

```
#终止 crond 进程
[root@localhost ~]#killall crond
#编号 9 表示信号 SIGKILL,强制终止 crond 进程
[root@localhost ~]# killall -9 crond
```

三、作业管理

(一)作业的后台管理

1. 将作业放在后台运行的"&"

bash 环境下,存在前台(foreground)作业和后台(background)作业两种作业:

- 前台作业:可以控制的作业;
- 后台作业:在内存中可以自行运行的作业,无法直接控制,除非用命令调出来。

把前台作业放在后台,最简单的方式就是使用"&","&"的基本用法如例 5-2-4 所示。

例 5-2-4　"&"的基本用法

```
#将/etc/下的所有 Shell 脚本文件备份成/tmp/sh.bak.tar.gz,并放入后台运行
[root@localhost ~]# tar -zpcf /tmp/sh.bak.tar.gz /etc/*.sh &
[1] 18959
tar:从成员名中删除开头的"/"
[root@localhost ~]#
[1]+已完成    tar -zpcf /tmp/sh.bak.tar.gz /etc/*.sh
```

上述示例中,将 tar 命令放到后台之后,bash 会给这个命令一个作业号,如[1],后面接这个命令触发的 PID,如 18959,然后就可以继续操作 bash 了。

2. 把当前作业放在后台并暂停:Ctrl+Z

通过"&"放入后台的作业仍然处于运行状态。如果作业在前台运行时按"Ctrl+Z"键,则作业会被放入后台处理并处于暂停状态。"Ctrl+Z"的基本用法如例 5-2-5 所示。

例 5-2-5 "Ctrl+Z"键的基本用法

```
#将/etc/下的所有 Shell 脚本文件备份成/tmp/sh.bak.tar.gz,并放入后台运行
[root@localhost ~]# vi ~/.bashrc
#在 Vi 的一般模式下,按下"Ctrl+Z"键
[1]+  Stopped                    vi ~/.bashrc
```

作业号后面的"+"表示这是当前后台的默认作业,Stopped 表示作业的状态。

3. jobs 命令

jobs 命令主要用于观察当前后台作业状态,使用-l 除了列出作业号,还会列出 PID。jobs 命令的基本用法如例 5-2-6 所示。

例 5-2-6 jobs 命令的基本用法

```
[root@localhost ~]# jobs -l
[1]+ 19232 停止               vi ~/.bashrc
```

4. fg 命令

fg 命令主要用于将后台作业提到前台处理,如 fg 1 表示将作业号为 1 的作业提到前台运行。fg 命令的基本用法如例 5-2-7 所示。

例 5-2-7 fg 命令的基本用法

```
[root@localhost ~]# jobs -l
[1]+ 19232 停止               vi ~/.bashrc
#将作业号为[1]的作业提到前台运行
[root@localhost ~]# fg 1
```

5. bg 命令

bg 命令可使后台暂停运行的进程重新开始运行,如 bg 1 表示将作业号为 1 的作业转到后台运行。bg 命令的基本用法如例 5-2-8 所示。

例 5-2-8 bg 命令的基本用法

```
[root@localhost ~]# jobs -l
[1]+ 19232 停止               vi ~/.bashrc
[root@localhost ~]# bg 1
[1]+ vi ~/.bashrc &
[1]+已停止                    vi ~/.bashrc
```

(二)作业的脱机管理

Linux 提供了 nohup 命令,结合"&"可以帮助用户将作业放在后台一直运行,同时 nohup 可以将作业运行时的相关信息重定向输出到终端当前目录下的 nohup.out 文件中。

nohup 命令的语法如下：

[root@localhost ~]#　nohup [命令]

nohup 命令的基本用法如例 5-2-9 所示。

例 5-2-9　nohup 命令的基本用法

```
#写一个实例脚本,每秒输出一个数字,数字自动增加
[root@localhost ~]# vi nohuptest.sh
#! /bin/bash
count=0
while [[ $count -lt 10000 ]]
do
    echo $count
    sleep 1
    ((count++))
done
#前台运行,查看效果
[root@localhost ~]# sh nohuptest.sh
0
1
2
#按"Ctrl+C"键,系统接收到 SIGINT 信号后,前台执行的进程立刻就终止了
#使用 nohup,结合"&"在后台运行一个进程并输出 PID,进程在后台运行,前台不受影响
[root@localhost ~]# nohup sh nohuptest.sh &
nohup: ignoring input and appending output to 'nohup.out'
#按"Ctrl+C"键终止进程
#查看进程
[root@localhost ~]# ps -ef | grep nohup
root        4947    2830   0 14:01 pts/0    00:00:00 sh nohuptest.sh
root        5961    2830   0 14:05 pts/0    00:00:00 grep --color=auto nohup
#监视 nohup.out 文件内容变化
[root@localhost ~]# tail -f nohup.out
```

任务总结

本任务介绍了进程的基本概念、进程与程序的区别，以及进程的状态和类型，要求能熟练使用 ps 命令查询进程静态信息、使用 top 命令查询进程动态信息，学会使用 kill 命令强制终止进程，能进行作业的后台管理与脱机管理。通过本任务的学习，可以更好地理解和管理 Linux 操作系统中的进程，发现和解决问题，并提高系统效率和稳定性。

思考与练习

一、填空题

1. 与 Windows 的任务管理器进行进程管理不同，Linux 使用_____进行进程管理。
2. 当程序被执行时，执行人的权限和属性，以及程序的代码都会被载入内存，操作系统给这个进程分配一个 ID，称为_____(进程 ID)。
3. 一般情况下，进程列表中的绝大多数进程都处于_____状态。
4. _____也称为服务进程，是在操作系统启动时自动启动的进程。
5. _____程序启动脚本是一组命令和参数，用于在操作系统启动时自动启动进程。这些脚本可以定义在_____目录下，也可以使用_____等其他工具来实现。

二、选择题

1. 将进程从操作系统中删除时进入的状态是(　　)。
   A. TASK_INTERRUPTIBLE   B. TASK_STOPPED
   C. EXIT_ZOMBIE   D. EXIT_DEAD
2. 已经完成其工作，但尚未被父进程回收的进程叫作(　　)。它们不再响应任何信号，但仍然占用系统资源。
   A. 后台进程   B. 守护进程   C. 孤儿进程   D. 僵尸进程
3. (　　)命令用于更改正在运行的进程的优先级。通过将更高的优先级分配给某些进程，可以使它们更快地响应。
   A. top   B. htop   C. renice   D. perf
4. 在命令的输出信息中，STAT 代表进程的状态，其中 D 为(　　)。
   A. 不可中断的进程   B. 正在运行的进程
   C. 停止或被追踪的进程   D. 死掉的进程
5. (　　)命令主要用于将后台作业提到前台处理。
   A. jobs   B. fg   C. bg   D. Ctrl+Z

三、判断题

1. 进程是正在执行的一个程序或命令，每个进程都是一个运行的实体，都有自己的地址空间，并占用一定的系统资源。(　　)
2. 有一些进程和命令，如 touch 命令，启动之后就会一直在操作系统当中，我们把这样的进程称作常驻内存进程。(　　)
3. 子进程是依赖父进程而产生的，如果父进程不存在，那么子进程也不存在了。(　　)
4. 每个进程可以包含多个线程，它们共享同样的资源，并且容易在共享内存中进行通信。(　　)
5. 在 killall 命令后面指定的可以是要终止的进程的名称或 PID。(　　)

四、简答题

1. 什么是进程状态？进程有哪些状态？

2. 进程启动的方式有哪些？

3. 如何使用 ps 命令查看当前运行的进程的详细信息？如何使用 top 命令监控进程的 CPU 和内存使用情况？

4. 如何查看某个程序的作业号并使用 kill 命令终止 Linux 进程？

5. Linux 操作系统中，如何将进程放入后台运行或脱机管理？

项目六　配置网络与防火墙

任务一　配置网络

任务背景

　　Linux 操作系统可以提供各种丰富的网络服务，可进行稳定的系统资源分配，具备相对安全的网络防护能力，所以业界一般都采用 Linux 操作系统来进行网络服务器的架设。

　　Linux 操作系统提供的典型网络服务包括 HTTP(Web 网页服务)、FTP(文件传输服务)、SSH(远程登录服务)、Samba(文件共享服务)等，为了保障网络服务的运行，必须在 Linux 操作系统下进行相应的网络参数的配置，以保障主机之间能够顺畅通信。如果网络不通，那么即便服务部署得再正确，用户也无法顺利访问。

素质小课堂

　　当前，我国网民规模已超过 10 亿，形成了全球最为庞大、生机勃勃的数字社会，数字生活成为重要的生活方式。互联网为人类提供了交流、互动的平台，带来了前所未有的便利，也提出了前所未有的挑战。

　　网信事业代表着新的生产力和新的发展方向。党的十八大以来，我国加快完善数字信息基础设施体系，统筹推进 5G、IPv6、数据中心、卫星互联网、物联网等建设发展、互联互通、共建共享、协调联动水平快速提升，为经济社会高质量发展提供有力支撑。从"3G突破"到"4G同步"再到"5G引领"，目前我国已建成全球规模最大、技术领先的网络基础设施；IPv6规模部署和应用取得突破性进展，活跃用户数超7亿；移动物联网终端用户超过20.5亿，在全球主要经济体中率先实现"物"连接数超过"人"连接数……

在建设完善的网络体系的同时，网络空间的良好生态是广大网民的共同期待。"清朗"系列专项行动在全网开展"大扫除"，"护苗"专项行动坚决清理危害青少年身心健康的不良内容，"净网"专项行动依法严厉打击网络黑客、电信网络诈骗等违法犯罪行为，App违法违规收集使用个人信息专项治理切实保护公民隐私信息……一系列网络专项整治行动的开展使网络家园更加安全。

在学习Linux网络和防火墙的相关知识时，要明白网络安全对国家安全的重要意义。要建设网络强国，需要有健全的网络与信息安全组织体系、完善的网络与信息安全管理制度，以及高素质的网络与信息安全队伍。

知识准备

一台配备网卡的主机若要在网络中通信，则需要针对此网卡进行网络参数配置，通常包括主机互联网协议（Internet Protocol，IP）地址、子网掩码、网关、域名服务器（Domain Name Server，DNS）地址等。IP地址决定本主机在网络中的位置；子网掩码决定本主机所在局域网的网络大小，即子网掩码决定本主机所在局域网中的主机数量，这些主机有相同的网络地址；网关为本主机跨网段通信提供保障，网关也是IP地址，配置在网络中的三层设备（如路由器）上，由路由表决定转发路径；DNS地址为网络服务提供网络域名解析，方便用字符代替IP地址访问远程节点。

配置这些网络参数一般有两种方式：静态手动配置、动态主机配置协议（Dynamic Host Configuration Protocol，DHCP）服务自动获取（操作系统默认采用的方式）。

DHCP服务依靠网络中部署的DHCP服务器，通过网络管理员设置相关参数，可免去手动配置网络参数的困惑。

在Linux操作系统中，一切都是文件，因此，配置网络参数的本质，其实就是在操作系统中编辑网卡配置文件。

一、网络配置概念

(一)网络接口

在 Linux 中,所有的网络通信都发生在软件接口与物理网络设备之间。

物理网络设备需要对应的设备驱动程序才能在操作系统中以网络接口方式正常工作,网络设备的驱动程序是 Linux 内核的组成部分,RHEL 9 默认采用内核模块(Module)的方式在操作系统引导时,驱动网络接口提供网络服务。

与网络接口相关的配置文件,以及控制网络接口状态的脚本文件,全都位于操作系统 /etc/sysconfig/network-scripts/ 目录下。

在 Linux 中,网络接口配置文件用于控制操作系统中的网络接口,并通过网络接口实现对网络设备的控制。当操作系统启动时,操作系统通过这些网络接口配置文件决定启动哪些网络接口,以及如何对这些网络接口进行配置。

网络接口配置文件通常采用类似于 ifcfg-<name> 的格式来命名,其中 <name> 与配置文件所控制的网络接口相关。

常见的网络接口如表 6-1 所示。

表 6-1 网络接口

接口类型	接口名称	说明
以太网接口	ethX	最常用的网络接口,网线接口
光纤分布式数据接口	fddiX	常用在核心网或高速网络中
点对点协议接口	pppX	用于拨号网络或基于点到点协议(Point-to-Point Protocol,PPP)的虚拟专用网络(Virtual Private Network,VPN)中
本地环回接口	lo	用于支持 UNIX Domain Socket 技术的进程互通

(二)以太网接口

在所有的网络接口配置文件中,最常用的就是 ifcfg-eth0,它是操作系统中第一块网卡的配置文件。

说明:

eth0:RHEL 6 版本的默认网卡名。

ens33:RHEL 7 及 RHEL 7 以上版本的默认网卡名。

ens160:RHEL 9 版本的默认网卡名。如果操作系统中有多块网卡,则 ifcfg-eth 后面的数字会依次递增。

正因为每个网络接口设备都有一个对应的配置文件,管理员才能够单独地控制每一个网络接口设备。

以下是一个 ifcfg-eth0 配置文件的示例,其中通过静态手动方式为网卡设置了 IP 地址及子网掩码。

```
DEVICE=eth0
BOOTPROTO=none
ONBOOT=yes
NETWORK=10.0.1.0
NETMASK=255.255.255.0
IPADDR=10.0.1.27
USERCTL=no
```

在网络接口配置文件中，选项之间存在着一些关联，如果不像上例中那样使用固定 IP，而是使用 DHCP 方式自动获取 IP 地址，则配置文件会有所不同。

```
DEVICE=eth0
BOOTPROTO=dhcp
ONBOOT=yes
```

（三）网络配置文件

在 RHEL 9 版本之前，Linux 的主要网络配置文件如下。

1. /etc/hosts

/etc/hosts 文件用于设置主机名与 IP 地址的映射关系，为那些无法通过其他方式（如通过 DNS）解析的主机名进行解析，它还能够在没有 DNS 服务的小型网络中起到主机名解析的作用。默认情况下，该文件中只有一条关于环回链路（127.0.0.1）的主机记录。

2. /etc/resolv.conf

/etc/resolv.conf 文件用于设置 DNS 的 IP 地址和搜索域，除非另行配置，否则网络初始化脚本总是使用这个文件中的配置信息。

3. /etc/sysconfig/network

/etc/sysconfig/network 文件用于为所有网络接口设置路由和主机信息。

4. /etc/sysconfig/network-scripts/ifcfg-<interface-name>

每一个网络接口，都有一个与之对应的配置文件，这些配置文件为相应的网络接口设置指定的配置信息。

5. /etc/sysconfig/networking/

/etc/sysconfig/networking/ 目录下存放着网络管理工具使用的文件，请不要人为更改这些文件。

二、常用网络命令

网络配置涉及的参数主要有：IP 地址、子网掩码、网关、主机名、DNS 地址等。在 RHEL 9 中，有不同的命令和配置文件可以完成这些配置操作，接下来介绍常用网络配置的方法。

(一)ifconfig 命令

ifconfig 命令用于显示网络接口配置参数及流量统计信息。

语法：

```
ifconfig [-a] [interface]
```

参数说明：

- -a：显示所有的网络接口信息，包括 inactive 状态的接口。

(二)ip address 命令

ip address 命令用于显示网络接口列表。

语法：

```
ip address
```

(三)ping 命令

ping 命令用于检查本主机和目标主机之间连接是否通畅，是排除网络故障最重要的手段。

语法：

```
ping [target_name]
```

参数说明：

- target_name：主机的 IP 地址或主机名。

(四)host 命令

host 命令用于 DNS 信息查询，获取一个特定主机的 IP 地址，或者根据特定的 IP 地址获取主机名。

语法：

```
host [target_name]
```

(五)hostnamectl 命令

设置主机名有 3 种方式。

1. 使用 hostnamectl 命令修改主机名(推荐使用)

第一步：查看主机名。

```
hostnamectl status
```

第二步：修改主机名。

```
hostnamectl set-hostname 主机名
```

例如:

```
hostnamectl set-hostname manager-01
```

不需要重启主机,新开会话新的主机名即可生效。

2. 通过修改文件修改主机名

修改对应的文件/etc/hostname。

```
vi /etc/hostname           //编辑文件,添加或修改主机名,例如:work-01
vi /etc/sysconfig/network  //添加 IP 地址和主机名的对应关系,例如:192.168.8.107  work-01
```

主机重启后生效。

3. 临时修改主机名

```
hostname 主机名
```

例如:

```
hostname work-01
```

三、配置网络参数

在 RHEL 9 操作系统上,可以通过修改网络配置文件的方式配置网卡的 IP 地址、子网掩码、网关以及 DNS 参数,重启网络,使内核重读网络配置文件后,配置即可永久有效。

网络配置文件位于/etc/NetworkManager/system-connections/目录下,名称为 ens160.nmconnection,网络配置文件内容如图 6-1 所示。

```
[root@localhost ~]# cat /etc/NetworkManager/system-connections/ens160.nmconnection
[connection]
id=ens160
uuid=9f51c789-ce4d-3489-b91d-42a763394c12
type=ethernet
autoconnect-priority=-999
interface-name=ens160
timestamp=1710323300

[ethernet]

[ipv4]
method=auto

[ipv6]
addr-gen-mode=eui64
method=auto

[proxy]
```

图 6-1　网络配置文件内容

网络配置文件中常用的参数如下：
- [connection]：定义连接的基本信息。
- id=ens160：连接的唯一标识符为"ens160"。
- uuid = 9f51c789 - ce4d - 3489 - b91d - 42a763394c12：连接的通用唯一识别码为"9f51c789-ce4d-3489-b91d-42a763394c12"。
- type=ethernet：连接类型为以太网。
- autoconnect-priority=-999：自动连接优先级为-999，表示不会自动连接。
- interface-name=ens160：接口名称为"ens160"。
- timestamp=1710323300：时间戳，表示网络配置文件的修改时间。
- [ethernet]：定义以太网相关的设置。
- [ipv4]：定义IPv4相关的设置。
- method=auto：指定获取IPv4地址的方法为自动获取。
- [ipv6]：定义IPv6相关的设置。
- addr-gen-mode=eui64：IPv6地址生成模式为"eui64"。
- method=auto：指定获取IPv6地址的方法为自动获取。
- [proxy]：用于定义代理服务器相关的设置。

知识扩展

Linux操作系统中，网络操作非常重要，其命令也在不断改进，很多命令有着相同的作用，可以选择一种自己比较熟悉的方式。例如，修改IP地址等参数，除修改网络配置文件外，在RHEL 9中也可以采用图形用户界面方式修改。

任务设计与准备

一、任务设计

任务目的：
- 学习Linux网络基础知识；
- 掌握RHEL 9下配置网络参数的方法。

任务内容：
- 网络配置文件的编辑；
- 网络参数的查询与维护命令。

二、任务准备

针对第一块网卡ens160配置网络参数，地址采取静态方式指定，参数规划如下：

IP 地址	192.168.6.99
子网掩码	255.255.255.0
网关	192.168.6.2
DNS 地址 1	114.114.114.114
DNS 地址 2	8.8.8.8

注意：DNS 的两个地址都是公共免费域名。114.114.114.114 是国内移动、电信和联通通用的，而 8.8.8.8 是由 Google 提供的海外通用的。设置两个地址的用意是二者互为备用。

任务实施

一、网络参数查询

打开终端，输入命令"ifconfig"。检查网络接口命名，第一块网卡名称是 ens160。网络参数查询如图 6-2 所示。

图 6-2　网络参数查询

二、网络参数配置

采用编辑网络配置文件的方式配置网络参数。

输入命令"cd /etc/NetworkManager/system-connections/"，进入网络配置文件所在目

录，如图6-3所示。

```
[root@localhost ~]# cd /etc/NetworkManager/system-connections/
[root@localhost system-connections]# ls
ens160.nmconnection
```

图6-3 进入网络配置文件所在目录

打开ens160.nmconnection文件，文件内容如图6-1所示。

编辑该网络配置文件，输入命令"ens160.nmconnection"，修改网络配置文件中对应参数的内容，在IPv4设置下，将method参数修改为manual，代表手动设置，IP地址为192.168.6.99，子网掩码默认为/24，网关为192.168.6.2，DNS地址为114.114.114.114和8.8.8.8。网络参数配置如图6-4所示。

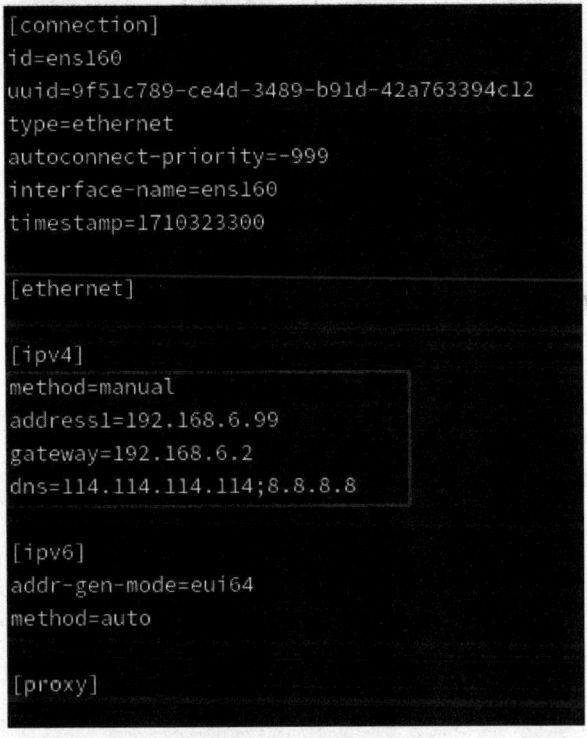

图6-4 网络参数配置

重启网络服务，输入命令：

```
nmcli n off && nmcli n on
```

重启完成后，输入"ifconfig"查看网络参数是否配置成功，如图6-5所示。

```
[root@localhost system-connections]# ifconfig
ens160: flags=4163<UP,BROADCAST,RUNNING,MULTICAST>  mtu 1500
        inet 192.168.6.99  netmask 255.255.255.0  broadcast 192.168.6.255
        inet6 fe80::20c:29ff:fe36:dbf9  prefixlen 64  scopeid 0x20<link>
        ether 00:0c:29:36:db:f9  txqueuelen 1000  (Ethernet)
        RX packets 15  bytes 1410 (1.3 KiB)
        RX errors 0  dropped 0  overruns 0  frame 0
        TX packets 39  bytes 4331 (4.2 KiB)
        TX errors 0  dropped 0 overruns 0  carrier 0  collisions 0

lo: flags=73<UP,LOOPBACK,RUNNING>  mtu 65536
        inet 127.0.0.1  netmask 255.0.0.0
        inet6 ::1  prefixlen 128  scopeid 0x10<host>
        loop  txqueuelen 1000  (Local Loopback)
        RX packets 62  bytes 7540 (7.3 KiB)
        RX errors 0  dropped 0  overruns 0  frame 0
        TX packets 62  bytes 7540 (7.3 KiB)
        TX errors 0  dropped 0 overruns 0  carrier 0  collisions 0
```

图 6-5　查看网络参数是否配置成功

三、检查网络连通状态

网络维护中常用 ping 命令检查网络连通状态，ping 后输入的是目的 IP 地址或主机名。ping 百度官网，ping 命令结果如图 6-6 所示。

```
[root@localhost system-connections]# ping www.baidu.com
PING www.a.shifen.com (153.3.238.102) 56(84) 比特的数据。
64 比特，来自 153.3.238.102 (153.3.238.102): icmp_seq=1 ttl=128 时间=17.0 毫秒
64 比特，来自 153.3.238.102 (153.3.238.102): icmp_seq=2 ttl=128 时间=16.9 毫秒
64 比特，来自 153.3.238.102 (153.3.238.102): icmp_seq=3 ttl=128 时间=17.6 毫秒
64 比特，来自 153.3.238.102 (153.3.238.102): icmp_seq=4 ttl=128 时间=16.6 毫秒
64 比特，来自 153.3.238.102 (153.3.238.102): icmp_seq=5 ttl=128 时间=15.3 毫秒
64 比特，来自 153.3.238.102 (153.3.238.102): icmp_seq=6 ttl=128 时间=16.1 毫秒
64 比特，来自 153.3.238.102 (153.3.238.102): icmp_seq=7 ttl=128 时间=15.8 毫秒
64 比特，来自 153.3.238.102 (153.3.238.102): icmp_seq=8 ttl=128 时间=16.5 毫秒
^C
--- www.a.shifen.com ping 统计 ---
已发送 8 个包，已接收 8 个包，0% packet loss, time 7016ms
rtt min/avg/max/mdev = 15.323/16.473/17.575/0.671 ms
```

图 6-6　ping 命令结果

四、虚拟机 VMware 三种网络模式

虚拟机 Vmware 提供了三种网络模式：桥接（Bridged）模式、网络地址转换模式

(Network Address Translation，NAT)、仅主机(Host-only)模式，三种网络模式对比如表 6-2 所示。

表 6-2　网络模式对比

模式	依赖的网络服务	虚拟网络组成	访问外部网络方式
桥接模式	VMnet0(虚拟网桥)	相当于主机所在局域网内一台独立的主机	通过虚拟网桥联网
NAT 模式	VMnet8(虚拟网卡)	虚拟 NAT + 虚拟 DHCP + 虚拟交换机	通过虚拟 NAT 联网
仅主机模式	VMnet1(虚拟网卡)	虚拟 DHCP + 虚拟交换机	通过主机转发至虚拟网卡

(一)桥接模式

桥接模式是通过虚拟网桥，将主机上的网卡与虚拟交换机 Vmnet0 连接在一起，虚拟机上的虚拟网卡都连接在虚拟交换机 Vmnet0 上，所以桥接模式的虚拟机网卡 IP 地址必须与主机网卡 IP 地址在同一网段内，网关也要求一致。桥接模式示意图如图 6-7 所示。

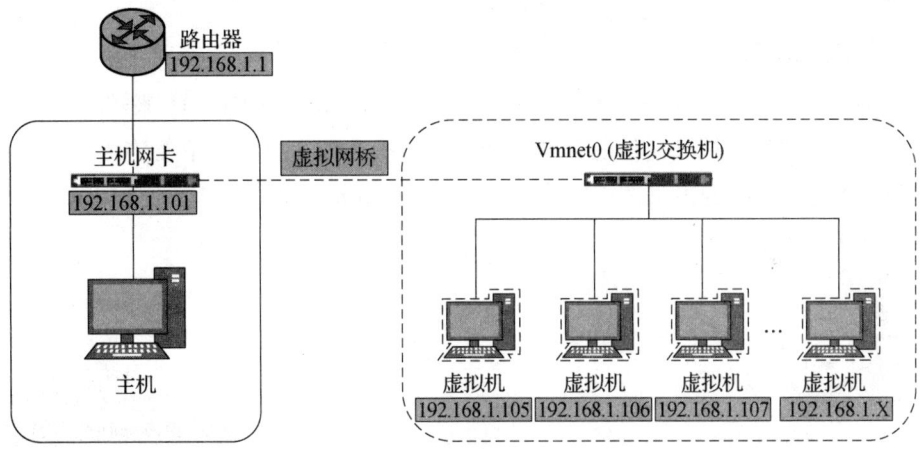

图 6-7　桥接模式示意图

(二)NAT 模式

在连接 Vmnet8 虚拟交换机时，虚拟机会将虚拟 NAT 设备及虚拟 DHCP 服务器连接到 Vmnet8 虚拟交换机上，同时会将主机上的虚拟网卡 VMware Network Adapter VMnet8 连接到 Vmnet8 虚拟交换机上。主机上的虚拟网卡 VMware Network Adapter VMnet8 只作为主机与虚拟机通信的接口，虚拟机并不依靠虚拟网卡 VMware Network Adapter VMnet8 来联网。NAT 模式示意图如图 6-8 所示。

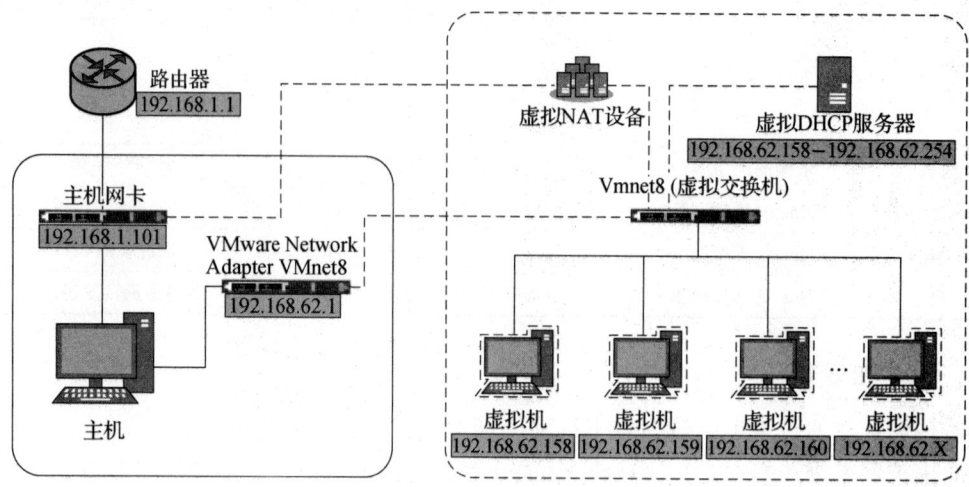

图 6-8 NAT 模式示意图

(三)仅主机模式

仅主机模式通过主机的虚拟网卡 VMware Network Adapter VMnet1 来连接虚拟交换机 Vmnet1，从而达到与虚拟机通信的目的。如果虚拟机在仅主机模式下要连接外网，则需要在主机上将能连接外网的主机网卡共享给 VMware Network Adapter VMnet1。仅主机模式示意图如图 6-9 所示。

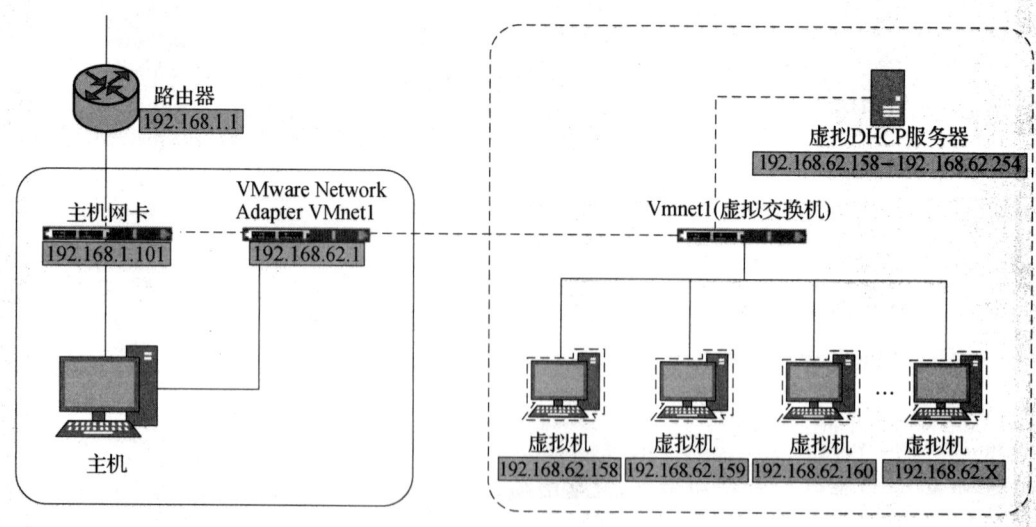

图 6-9 仅主机模式示意图

注意：
- 最方便的是桥接模式，直接选择就可以使用。
- NAT 模式自动获取 IP 地址也很方便，需要注意开启 VMnet8 网卡。

● 仅主机模式很少使用，但是它较为安全，需要注意开启 VMnet1 网卡。

任务总结

通过对 Linux 相关网络配置文件的编辑，基本掌握主机 IP 地址、子网掩码、网关、DNS 地址的配置方法，能够使用 ifconfig 命令查询网络参数，能够使用 ping 命令查询本主机至目标主机的网络通断状况。

主机的网络配置文件修改后，需要重新启动网卡设备或重启主机，相关修改方可生效。

思考与练习

一、填空题

1. _____决定本主机所在局域网的网络大小，即决定本主机所在局域网中的主机数量，这些主机有相同的网络地址。

2. 在 Linux 中，所有的网络通信都发生在_____与_____之间。

3. 在 RHEL 9 中，检查本主机和目标主机之间连接是否通畅的命令是_____命令，它是排除网络故障最重要的手段。

4. DNS 的_____地址是国内移动、电信和联通通用的，而_____地址是由 Google 提供、海外通用的。

5. 在 IPv4 设置下，将 method 参数修改为_____，代表手动设置 IP 地址。

二、选择题

1. 表示以太网接口的名称是(　　)。
   A. ethX　　　　　　B. fddiX　　　　　　C. pppX　　　　　　D. lo

2. 在 RHEL 9 版本之前，Linux 的主要网络配置文件/etc/resolv.conf 主要用于(　　)
   A. 设置主机名与 IP 地址映射关系　　　B. 设置 DNS 的 IP 地址和搜索域
   C. 为所有网络接口设置路由和主机信息　D. 为相应的网络接口设置指定的配置信息

3. 显示网络接口配置参数及流量统计信息的网络命令为(　　)。
   A. ifconfig　　　　B. ip address　　　C. host　　　　　　D. ping

4. 虚拟机 Vmware 提供的三种网络模式中，依赖网络服务为虚拟网卡的模式为(　　)。
   A. 桥接模式　　　　　　　　　　　　　B. NAT 模式
   C. 仅主机模式　　　　　　　　　　　　D. NAT 模式和仅主机模式

5. 网络配置文件中参数 interface-name=ens160 表示(　　)。
   A. 连接的唯一标识符为"ens160"　　　　B. 接口名称为"ens160"
   C. 连接的通用唯一标识码为"ens160"　　D. 地址生成模式为"ens160"

三、判断题

1. 在 Linux 操作系统中，一切都是文件，因此配置网络的工作本质，其实就是编辑网络配置文件。   (   )
2. RHEL 7 及其以上版本的默认网卡名为 eth0。   (   )
3. 使用 hostnamectl 修改主机名后需要重启主机并新开会话，新的主机名才会生效。

   (   )
4. 在 RHEL 9 操作系统上，可以通过修改网络配置文件的方式配置网卡的 IP 地址、子网掩码、网关以及 DNS 服务器参数，重启网络，使内核重读配置文件后，配置即可永久有效。   (   )
5. 桥接模式的虚拟机网卡 IP 地址必须与主机网卡 IP 地址在同一网段内，网关也要求一致。   (   )

四、简答题

1. RHEL 9 中查询网卡的命令是什么？
2. RHEL 9 中接口命名是怎样的？与旧版本相比有什么区别？
3. RHEL 9 要使配置的网卡 IP 重启后还能自动生效，需要如何配置？
4. RHEL 9 如何检验网络通断状况？
5. 虚拟机 Vmware 提供的三种网络模式如何选择？

任务二　配置防火墙

任务背景

在计算机网络中，防火墙(Firewall)是一个架设在互联网与企业内网之间的信息安全防御系统，根据企业预定的规则来监控往来数据的传输，让安全、核准的信息进入，抵制有威胁的数据，防止未授权通信进出被保护的网络，是重要的网络防护手段。

防火墙规则一般基于流量的源 IP、目的 IP、端口号、协议应用等信息来规划，防火墙使用基于这些信息规划的规则，监控出入接口的流量，若流量与某一条规则相匹配，则执行相应的处理，反之则将其丢弃。换句话说，不通过防火墙规则，内网中的主机就无法访问外网，同时外网中的主机也无法与内网中的主机进行通信。防火墙在网络中的位置如图 6-10 所示。

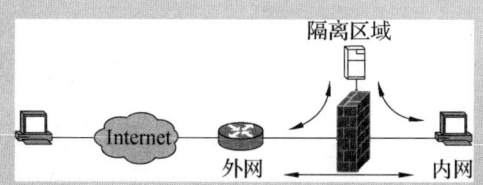

图 6-10　防火墙在网络中的位置

防火墙从诞生开始，经历了四个发展阶段：基于路由器的防火墙、用户化的防火墙工具套、建立在通用操作系统上的防火墙、具有安全操作系统的防火墙。

本任务将介绍建立在 Linux 操作系统上的防火墙软件 firewalld 及其配置方法。

素质小课堂

2003 年 7 月，中国建设银行陕西省分行（以下简称"建行陕西省分行"）接到了一个重要任务——启动"国产 Linux 系统在金融领域的重大应用示范"课题的试点，课题目标是在建行陕西省分行用国产 Linux 操作系统替代业务中使用的 SCO UNIX 操作系统。

其时，正值 Linux 的风潮席卷全球之际，出于对成本、技术等的考虑，国外不少企业开始尝试将 UNIX 切换到更具价格优势且应用灵活的 Linux。尤其是在金融领域，雷曼兄弟公司率先宣布，用 Linux 操作系统代替其原有的服务器，摩根士丹利、高盛、E-Trade 等一众知名企业也迅速跟进，大举转向 Linux。顺着这波风潮，国内刚刚兴起不久的国产操作系统也得到了一个历史性的契机，实现了在金融领域的第一次成功突围——经过两年多时间，建行陕西省分行 428 个营业网点的 3600 多个柜员的柜面业务，9 个地市的电话银行、中间业务均顺利切换到中标普华国产 Linux 操作系统，打破了进口操作系统和进口设备在金融领域一统天下的竞争格局。

2020 年以后，CentOS 停服的消息再次提供了一个契机，让国产操作系统重新有了一个"撕开口子"的机会。尤其是在最近几年，随着大量金融企业纷纷加速自主创新，以及国产操作系统在生态、产品等方面的完善，国产操作系统突围开始快速进入深水区。

市场研究公司沙利文报告显示，2022 年，中国服务器操作系统行业装机量达 401.2 万套，同比增长 13.9%，预计 2023 将进一步增长到 447.3 万套。其中，政府、电信、金融三大关键基础设施领域年装机量将继续稳步增长，2023 年装机量将分别达到 74.8 万套、60.0 万套和 44.2 万套。

知识准备

一、firewalld 的基本概念

(一) 防火墙功能

防火墙主要的功能就是"限制某些服务的存取来源"。例如：

- 可以限制文件传输协议（File Transfer Protocol，FTP）服务只有在子域内的主机才能使用，而不对外网开放；
- 可以限制主机仅接受客户端的万维网（World Wide Web，WWW）服务请求，而关闭其他的网络服务；
- 可以限制特定主机仅能主动对外网通信，而封锁其他主机对该主机的联机请求。

防火墙的任务如下：

- 切割出被信任网段与不被信任网段；
- 划分出可提供 Internet 的服务与必须受保护的服务；
- 分析出可接受与不可接受的封包状态。

对于单一主机的防火墙来说，最简单的任务就是上述三项。

(二) 防火墙主要类别

Linux 下防火墙主要有两种，分别是 iptables 和 firewalld。在 RHEL 7 版本之前的操作系统使用的防火墙是 iptables，从 RHEL 7 版本后，操作系统使用的防火墙就从 iptables 变成了 firewalld；Linux 默认使用 firewalld 来管理操作系统内核 netfilter 子系统，不过底层调用的命令仍然是 iptables 命令。Linux 防火墙如图 6-11 所示。

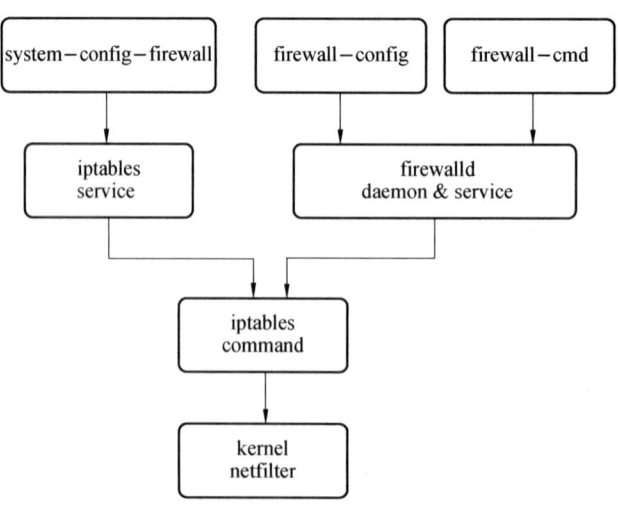

图 6-11　Linux 防火墙

firewalld 与 iptables 相比，firewalld 要求每个服务都需要设置后才能放行，因为其默认规则是拒绝；而 iptables 默认规则是允许，需要拒绝时才去限制。firewalld 自身并不具备防火墙的功能，而是和 iptables 一样需要通过内核中的 netfilter 来实现，也就是说，firewalld 和 iptables 一样，它们的作用都是维护规则，而真正使用规则工作的是内核中的 netfilter，只不过 firewalld 和 iptables 的结构及使用方法不一样罢了。

firewalld 防火墙工作在网络层，属于包过滤防火墙。

（三）firewalld 主要特点

firewalld 是基于区域（zone）概念来管理规则的。所谓区域，就是预先准备了几套防火墙规则集合（规则模板），用户可以根据应用需求场景，选择合适的规则集合，从而实现防火墙规则之间的快速切换。

firewalld 将配置信息存储在/etc/firewalld/（优先加载）和/usr/lib/firewalld/（默认的配置文件）下的各种 XML 文件里。

在 firewalld 运行时间内改变规则，不会导致现行连接丢失，firewalld 是动态防火墙管理工具。

firewalld 将所有的网络数据流量划分为 9 个区域（默认为 public），从而简化防火墙的管理。firewalld 中常见区域及规则如表 6-3 所示。

表 6-3 firewalld 中常见区域及规则

区域	规则
信任区域（trusted）	允许所有网络连接
公共区域（public）	不信任网络上任何主机，只接受预定义服务的网络连接（如 SSH）。网络接口的默认区域
外部区域（external）	不信任网络上其他主机，只接受传入的网络连接
内部区域（internal）	信任网络上其他主机，只接受传入的网络连接
家庭区域（home）	信任网络上其他主机，只接受传入的网络连接。用在家庭网络中
工作区域（work）	信任网络上其他主机，只接受传入的网络连接。用在工作网络中
隔离区域（dmz）	内外网之间增加的一层网络，起到缓冲作用。隔离区域只接受传入的网络连接
限制区域（block）	拒绝所有传入流量
丢弃区域（drop）	丢弃所有传入流量，并且不产生包含 ICMP 的错误响应

在流量经过防火墙时，firewalld 防火墙会对传入的每个数据包进行检查，如果此数据包的源地址关联到特定的区域，则会应用该区域的规则对此数据包进行处理；如果该源地址没有关联到任何区域，则将使用传入网络接口所在的区域规则进行处理。如果流量与不允许的端口、协议或者服务相匹配，则防火墙拒绝传入流量。

说明：
- 一个区域的安全程度最终取决于管理员在此区域中设置的规则。
- 区域如同进入主机的安全门，每个区域都具有限制程度不同的规则，只允许符合规则的流量传入。
- 可以根据网络规模使用一个或多个区域，但是任何一个活跃区域都至少需要关联源地址或接口。
- 公共区域(public)是默认区域，包含所有网卡接口。安装好 Linux 操作系统后，默认 firewalld 防火墙的区域就是公共区域，如果不做更改，那么后续所安装的服务将都在公共区域内。

(四) firewalld 配置文件

对应上述的 9 个区域，firewalld 默认提供了 9 个配置文件：

```
block.xml
dmz.xml
drop.xml
external.xml
home.xml
internal.xml
public.xml
trusted.xml
work.xml
```

这些文件全部保存在/usr/lib/firewalld/zones/目录下。而在/etc/firewalld/zones/下，默认只有一个 public.xml 文件。

如果给另外一个区域做一些改动并永久保存，那么将会自动生成对应区域的配置文件。

例如，给工作区域增加一个端口：

```
# firewall-cmd --permanent --zone=work --add-port=1000/tcp
```

此时就会生成一个 work.xml 配置文件。

(五) firewalld 配置方法

firewalld 主要有以下 3 种配置方法：
- 使用 firewall-cmd 命令行工具(常用的配置方法)。
- 使用 firewall-config 图形工具。
- 编辑/etc/firewalld/中的配置文件。

firewalld 配置涉及的文件存储在以下 2 个目录下：
- /usr/lib/firewalld/(系统配置，尽量不要修改)。
- /etc/firewalld/(用户配置后生成)。

注意：手动修改防火墙配置文件后，必须重新加载防火墙，配置才会生效。

```
# firewall-cmd --reload
```

（六）网络服务配置文件

在 /usr/lib/firewalld/services/ 目录中，还保存了另外一类配置文件，每个配置文件对应一项具体的网络服务，如用于远程连接管理的 SSH 服务等，与之对应的配置文件中记录了各项网络服务所使用的 TCP/UDP 端口。

当默认提供的网络服务不够用或者需要自定义某项网络服务的端口时，需要将网络服务配置文件放置在 /etc/firewalld/services/ 目录下。

网络服务配置的好处如下：
- 通过网络服务名来管理规则，便于理解及管理；
- 通过网络服务来组织端口分组的模式，配置上更加方便高效。一个网络服务可能使用了若干个网络通信端口，该网络服务配置文件可以提供这些端口的批量规则管理方式。

例如，服务器的 FTP 服务可能不使用默认的 21 号端口，而需要改为 1121 号端口，此时就可以通过该网络服务的配置文件操作防火墙。

复制模板到/etc下对应文件目录下，以便修改和调用。

```
# cp /usr/lib/firewalld/services/ftp.xml /etc/firewalld/services/
```

修改模板配置，把默认的 21 号端口改为 1121 号端口。

```
# vim /etc/firewalld/services/ftp.xml
```

默认区域为公共区域，所以还要编辑 public.xml 配置文件，针对对应的网络服务 FTP 添加一行。

```
# vim /etc/firewalld/zones/public.xml
```

二、firewalld 的安装和启停

安装 firewalld。

```
# yum install firewalld firewall-config
```

启动服务。

```
# systemctl start firewalld
```

关闭服务。

```
# systemctl stop firewalld
```

开机自动启动服务。

```
# systemctl enable firewalld
```

取消开机启动。

```
# systemctl disable firewalld
```

查看状态。

```
# systemctl status firewalld
# firewall-cmd --state
```

防火墙完全重启命令：以 root 用户身份重新加载防火墙，并中断用户连接。

注意：通常在防火墙出现严重问题时（如防火墙规则是正确的，但出现状态信息问题，无法建立连接），这个命令才会被使用。

```
# firewall-cmd --complete-reload
```

另外一个防火墙重启命令是 firewall-cmd --reload，其与完全重启命令的区别：firewall-cmd --reload 命令无需断开连接（firewalld 特性之一，动态添加规则）；firewall-cmd --complete-reload 命令需要断开连接，类似重启服务。

三、firewalld 的基本配置

firewalld 防火墙配置是通过命令行界面方式，采用 firewalld-cmd 命令，配有"长格式"参数来实现的。

配置方式有两种模式，一种是运行时（Runtime）模式，另一种是永久（Permanent）模式。

运行时模式实时生效，firewalld 重新启动后会失效；不中断现有连接；不能修改服务配置。

永久模式不立即生效，除非 firewalld 重新启动；中断现有连接；可以修改服务配置。

永久模式就是在用 firewalld-cmd 命令正常设置防火墙规则时，添加 --permanent 参数，这样配置的防火墙规则就可以永久生效。当然，永久模式不能立即生效，需要手动执行"firewall-cmd --reload"命令。

提醒：配置时，一定要看清楚使用的是运行时模式还是永久模式，否则，即使正确配置了防火墙规则，也无法达到预期的效果。

（一）常用的 firewall-cmd 命令

注意：配置前一定要启动防火墙服务！

1. 区域管理

（1）显示当前系统中的默认区域。

```
# firewall-cmd --get-default-zone
```

（2）显示默认区域的所有规则。

```
# firewall-cmd --list-all
```

（3）显示当前正在使用的区域及对应的网卡。

```
# firewall-cmd --get-active-zones
```

（4）设置默认区域（例如：修改默认区域为家庭区域）。

```
# firewall-cmd --set-default-zone=home
```

2. 服务端口管理

（1）以允许 TCP 的 443 号端口到内部区域（internal）为例。

```
# firewall-cmd --zone=internal --add-port=443/tcp
# firewall-cmd --list-all --zone=internal
```

（2）以从内部区域（internal）将 TCP 的 443 号端口移除为例。

```
# firewall-cmd --zone=internal --remove-port=443/tcp
```

（3）查看开放的端口。

```
# firewall-cmd --list-ports
```

（4）开放自定义的 SSH 端口号为 12222。

注意：--permanent 参数代表可以永久保存配置到配置文件中。配置永久开放端口需要重新加载防火墙；重新加载防火墙后，临时配置的开放端口将失效。

```
# firewall-cmd --add-port=12222/tcp --permanent
# firewall-cmd --reload
```

3. 控制网络服务

可以通过两种方式控制端口的开放，一种是指定端口号，另一种是指定服务名。

通过指定端口号开放的服务，就要通过指定端口号关闭；通过指定服务名开放的服务，就要通过指定服务名关闭。例如，我们开放了 HTTP 网页浏览服务，但是不能通过端口号 80 来关闭它，尽管 HTTP 网页浏览服务使用的就是端口号 80。此外，指定端口时一定要指定使用的是什么协议（TCP 或 UDP）。

（1）显示支持的服务。

```
# firewall-cmd --get-services
```

（2）显示默认区域开启的服务，如果要显示某个区域开启的服务，则要加参数--zone=XX。

```
# firewall-cmd --list-services
```

(3) 添加 HTTP 服务到内部区域(internal)，并保存到配置文件中。

```
# firewall-cmd --permanent --zone=internal --add-service=http
```

(4) 开放 MySQL 服务。

```
# firewall-cmd --add-service=mysql
```

(5) 阻止 MySQL 服务。

```
# firewall-cmd --remove-service=mysql
```

(6) 获取永久支持的区域。

```
# firewall-cmd --permanent --get-zones
```

(7) 启用区域中的服务(永久启用区域中的服务。如果未指定区域，则将使用默认区域)。

```
# firewall-cmd --permanent [--zone=] --add-service=
```

例如：在公共区域(public)添加 httpd 服务并保存，重新加载防火墙后立即生效。

```
#firewall-cmd --permanent --zone=public --add-service=httpd
```

例如：在公共区域(public)禁用 httpd 服务并保存，重新加载防火墙后立即生效。

```
# firewall-cmd --permanent --zone=public --remove-service=httpd
```

(二) systemctl 命令速查

```
# systemctl                                  #查看已激活单元
# systemctl unmask firewalld                 #取消服务的锁定
# systemctl mask firewalld                   #下次需要锁定该服务
# systemctl list-units                       #查看已激活单元
# systemctl --failed                         #查看运行失败的单元
# systemctl list-unit-files                  #查看已安装服务列表
# systemctl start firewalld.service          #启动防火墙
# systemctl stop firewalld.service           #停止防火墙
# systemctl restart firewalld.service        #重启服务
# systemctl reload firewalld.service         #重新加载防火墙配置
# systemctl status firewalld.service         #查看服务运行状态
# systemctl is-enabled firewalld.service     #检查服务是否配置为自动启动
# systemctl enable firewalld.service         #开机自动启动服务
# systemctl disable firewalld.service        #取消开机自动启动服务
```

（三）firewall-cmd 命令速查

```
# firewall-cmd --state              #查看防火墙状态
# firewall-cmd --update             #更新防火墙规则
# firewall-cmd --reload             #重新加载防火墙规则
# firewall-cmd --list-ports         #查看所有开放的端口
# firewall-cmd --list-services      #查看所有允许的服务
# firewall-cmd --get-services       #获取所有支持的服务
```

（四）区域相关命令速查

```
# firewall-cmd --list-all-zones             #查看所有区域信息
# firewall-cmd --get-active-zones           #查看活动区域信息
# firewall-cmd --set-default-zone=public    #设置 public 为默认区域
# firewall-cmd --get-default-zone           #查看默认区域信息
```

（五）接口相关命令速查

```
# firewall-cmd --zone=public --add-interface=eth160         #将接口 eth160 加入区域 public
# firewall-cmd --zone=public --remove-interface=eth160      #从区域 public 中删除接口 eth160
# firewall-cmd --zone=default --change-interface=eth160     #修改接口 eth160 所属区域为 default
# firewall-cmd --get-zone-of-interface=eth160               #查看接口 eth160 所属区域
```

（六）端口控制命令速查

```
# firewall-cmd --add-port=80/tcp --permanent                        #永久添加指定端口（全局）
# firewall-cmd --remove-port=80/tcp --permanent                     #永久删除指定端口（全局）
# firewall-cmd --add-port=65001-65010/tcp --permanent               #永久添加多个端口（全局）
# firewall-cmd --zone=public --add-port=80/tcp --permanent          #永久添加指定端口（区域 public）
# firewall-cmd --zone=public --remove-port=80/tcp --permanent       #永久删除指定端口（区域 public）
# firewall-cmd --zone=public --add-port=65001-65010/tcp --permanent #永久添加多个端口外（区域 public）
# firewall-cmd --query-port=8080/tcp                                #查询指定端口是否开放
# firewall-cmd --permanent --add-port=80/tcp                        #开放指定端口
# firewall-cmd --permanent --remove-port=8080/tcp                   #移除指定端口
# firewall-cmd --reload                                             #重启防火墙（修改配置后）
```

（七）了解 firewalld 中的富规则

firewalld 中的富规则表示更细致、更详细的防火墙规则配置，它可以针对系统服务、端口号、源地址和目的地址等诸多信息进行更有针对性的规则配置。它的优先级在所有的防火墙规则中是最高的。

任务设计与准备

一、任务设计

任务目的:
- 了解 Linux 防火墙的实际配置;
- 了解防火墙对网络服务的控制。

任务内容:
- 控制主机相关的网络服务;
- Linux 防火墙的相关配置命令。

二、任务准备

虚拟机上已经安装好 RHEL 9 以上版本操作系统,并已经安装和启动 firewalld 服务;虚拟机可以访问外网所有服务。

任务实施

一、查看 firewalld 服务当前状态和默认区域。

```
# firewall-cmd --state                    #查看防火墙状态
# systemctl restart firewalld
# firewall-cmd --get-default-zone         #查看默认区域
```

二、查看防火墙生效的区域并设定默认区域

```
# firewall-cmd --get-active-zones                  #查看当前防火墙中生效的区域
# firewall-cmd --set-default-zone=trusted          #设定默认区域
```

三、将网络接口从一个区域更改为另一个区域

将 firewalld 服务中 ens160 网卡的默认区域修改为 external。

```
$ sudo firewall-cmd --zone=external --change-interface=ens160
$ sudo firewall-cmd --get-active-zones       #验证修改结果
```

四、启动/关闭 firewalld 防火墙服务的应急状况模式

启动 firewalld 防火墙服务的应急状况模式,将阻断一切网络连接(注意远程控制服务

器时慎用)。

```
# firewall-cmd --panic-on
success
# firewall-cmd --panic-off
success
```

五、查询指定区域相关请求协议流量

查询 public 区域是否允许请求 SSH 和 HTTPS 协议的流量。

```
# firewall-cmd --zone=public --query-service=ssh
yes
# firewall-cmd --zone=public --query-service=https
no
```

六、设置指定区域指定端口的流量

把在 firewalld 服务中访问 8088 号和 8089 号端口的流量规则设置为允许,仅当前生效。

```
# firewall-cmd --zone=public --add-port=8088-8089/tcp
success
# firewall-cmd --zone=public --list-ports
8088-8089/tcp
```

七、设置指定区域相关请求协议流量

把 firewalld 服务中请求 HTTPS 协议的流量规则设置为永久允许,并立即生效。

```
# firewall-cmd --get-service              #查看所有可以设定的服务
# firewall-cmd --zone=public --add-service=https
# firewall-cmd --permanent --zone=public --add-service=https
# firewall-cmd --reload
# firewall-cmd --list-all                 #查看生效的防火墙规则
```

八、综合任务

采用 Linux 操作系统上网的主机规划开放 80 号端口,提供访问外网 HTTP 网页浏览服务。

步骤 1:将 http.xml 复制到 /etc/firewalld/services/ 目录下,以网络文件服务形式管理防火墙。

```
# cp /usr/lib/firewalld/services/http.xml /etc/firewalld/services/
```

系统将先去读取/etc/firewalld 目录下的文件，然后去/usr/lib/firewalld/services/目录下再次读取文件。

注意：为了方便修改和管理，强烈建议复制文件到/etc/firewalld 下编辑。

步骤2：修改/etc/firewalld/zones/public.xml，加入一行，添加 HTTP 服务。

```
# vi /etc/firewalld/zones/public.xml
```

修改完成后，可以用 cat 命令检查配置结果。

```
# cat public.xml
<?xml version="1.0" encoding="utf-8"?>
<zone>
    <short>Public</short>
    <description>For use in public areas. You do not trust the other computers on networks to not harm your computer. Only selected incoming connections are accepted.</description>
    <service name="ssh"/>
    <service name="http"/>
    <service name="dhcpv6-client"/>
    <service name="cockpit"/>
</zone>
```

步骤3：以 root 用户身份重新加载防火墙，并不中断用户连接，即不丢弃状态信息。

```
# firewall-cmd --reload
```

或者以 root 用户身份输入以下信息，重新加载防火墙并中断用户连接，即丢弃状态信息。

```
# firewall-cmd --complete--reload
```

任务总结

除非另外指定，否则几乎所有命令都作用于运行时模式，需要配置永久生效时要添加--permanent 参数，采用永久配置模式。

列出的许多命令都采用 --zone 参数来确定所影响的区域，如果在这些命令中省略--zone，则将使用默认区域。

使用--permanent 配置的所有更改，如果要使其生效，则必须使用 firewall-cmd --reload(重新加载防火墙)。

思考与练习

一、填空题

1. 在计算机网络中，_____是一个架设在互联网与企业内网之间的信息安全防御系统，根据企业预定的规则来监控往来数据的传输，让安全、核准的信息进入，抵制有威胁的数据，防止未授权通信进出被保护的网络，是目前最重要的一种网络防护手段。

2. Linux下防火墙有两种。在 RHEL 7 版本之前的操作系统使用的防火墙是_____，从 RHEL 7 版本后，操作系统使用的防火墙就变成了_____。他们的作用都是维护规则，而真正使用规则工作的是内核中的_____。

3. firewalld 是基于_____概念来管理规则，即预先准备了几套防火墙规则集合(规则模板)，用户可以根据应用需求场景，选择合适的规则集合，从而实现防火墙规则之间的快速切换。

4. 可以通过两种方式控制端口的开放，一种是指定_____，另一种是指定_____。

5. firewalld 防火墙配置是通过_____方式，采用_____命令，配有_____参数来实现的。

二、选择题

1. 防火墙的最重要的任务有(　　)。
①切割出被信任网段与不被信任网段。
②划分出可提供 internet 的服务与必须受保护的服务。
③分析出可接受与不可接受的封包状态。
A. ①②　　　　B. ①③　　　　C. ②③　　　　D. ①②③

2. firewalld 中信任网络上其他主机，只选择接受传入的网络连接的区域为(　　)。
A. 外部区域 external　　　　B. 内部区域 internal
C. 工作区域 work　　　　　　D. 隔离区域 dmz

3. 显示网络接口配置参数及流量统计信息的网络命令为(　　)。
A. ifconfig　　B. ip address　　C. host　　D. ping

4. 在防火墙出现严重问题时，需要完全重启防火墙，使用的命令为(　　)。
A. firewall-cmd --reload　　　　B. firewall-cmd --complete-reload
C. systemctl status firewalld　　D. systemctl start firewalld

5. firewall-cmd --query-port=8080/tcp 的意思是(　　)。
A. 查询 8080 号端口是否开放　　B. 永久添加 8080 号端口(全局)
C. 开放 8080 号端口　　　　　　D. 移除 8080 号端口

三、判断题

1. firewalld 中的公共区域 public 允许所有网络连接。　　　　　　　　(　　)

2. firewalld 可以根据网络规模使用一个或多个区域，但是任何一个活跃区域都至少需要关联源地址或接口。（　　）

3. 当安装好 Linux 操作系统后，firewalld 防火墙的默认区域就是公共区域 public。
（　　）

4. 永久模式就是在用 firewalld-cmd 命令正常设置防火墙规则时，添加--permanent 参数，这样配置的防火墙规则就可以立即永久生效。（　　）

5. firewalld 在运行时间内，改变规则设置会导致现行连接丢失。（　　）

四、简答题

1. RHEL 9 中，firewall-cmd 命令中添加通信端口的命令是什么？

2. RHEL 9 中，若需要永久添加 HTTPS 服务，则可以在 firewall-cmd 命令中增加什么参数？

3. RHEL 9 中，如何开启与关闭防火墙？

4. RHEL 9 中，重启防火墙与完全重启防火墙有何区别？

5. 请说明 firewalld 防火墙配置的两种模式和区别。

项目七　使用 Docker 实现 Linux 应用容器化

任务一　Docker 的安装与使用

任务背景

公司在开发一个产品时，通常需要开发和上线，这就涉及开发人员和运维人员的工作，一个产品通常会有两套环境，一套是开发人员开发时所用的环境，另一套则是运维人员根据开发人员的提示配置的环境，这两套环境和应用配置难免会有不同或冲突，导致有时候应用在开发人员电脑上可以运行，上线时却无法运行或者版本更新导致服务不可用。作为公司系统维护人员，要如何确保应用能够在这些环境中运行和通过质量检测，并且在部署过程中不出现令人头疼的版本、配置问题，也无需重新编写代码和进行故障修复？

答案是使用 Docker 容器技术。使用 Docker 可以提高系统效率、可靠性和安全性，并简化运维工作。随着容器化技术的发展，掌握 Docker 已经成为 Linux 运维领域中的重要技能。

素质小课堂

据流量监测公司 StatCounter 统计，Windows 操作系统在中国的市场占有率已从 2020 年的 87.09% 下滑至 2023 年的 80.82%；Linux 操作系统的市场占有率从 2020

年的 0.79% 提升至 2023 年的 1.90%。

　　2023 年，中国操作系统市场规模不断扩大，一系列开发工具实现"从 0 到 1"的突破，让有志于投身国产操作系统的开发者看到了曙光。据相关机构调研，预计 2027 年国产操作系统市场规模将超过 130 亿元。巨大的市场增量空间意味着更广阔的机遇和发展平台。云原生操作系统、人工智能操作系统等新形态涌现，赋予传统操作系统更多智慧功能，如传统操作系统与 AI 的融合为需求侧提供了强有力的支持。数字化技术的不断发展和数字化应用的不断丰富，促进了国产操作系统原生应用的发展。在操作系统与 AI 融合方面，我国企业也有所尝试，如统信 UOS AI 操作系统目前已接入 10 多个应用；同时，该操作系统未来还将搭载桌面智能 AI 助手、自然语言操作系统，并支持多模态输入与生成、知识问答、内容创作等功能，高效协助用户完成事务处理和内容创作。

　　科技是国家强盛之基，创新是民族进步之魂，开发我国自主操作系统迫在眉睫，同学们在学习本任务知识时，要具备正确的理想信念、价值取向、政治素养和社会责任感，把国家富强、民族振兴、人民幸福内化为努力学习的动力，为国产操作系统的开发添砖加瓦。

知识准备

一、Docker 的定义

　　Docker 的出现可以追溯到 2013 年前后，当时容器化技术正在兴起。在这个时期，虚拟化技术是主流，但虚拟机有一个缺点：资源消耗较大。每个虚拟机都需要自己的操作系统和一整套系统软件，这导致虚拟机占用的磁盘空间和内存很大，且启动速度较慢。

　　因此，人们开始尝试使用容器化技术解决这些问题。容器是一种轻量级的、可移植的运行环境，它们与主机共享同一个操作系统，节省了许多资源并提高了应用程序的可移植性和可靠性。

　　Docker 正是在这个背景下出现的。Docker 最初由 DotCloud 公司开发，并于 2013 年发布。Docker 基于 Linux 内核提供的 Cgroups 和命名空间等特性，实现了一个完整的容器化方案。Docker 容器可以在任何支持 Docker 的操作系统上运行，包括 Linux、Windows 和 macOS 等。

　　随着时间推移，Docker 越来越受欢迎，成为了一种主流的容器化解决方案。Docker 公司也逐渐壮大，并吸引了众多开发者和社区贡献者。同时，Docker 促进了容器生态系统的发展和进步，如 Kubernetes 等开源容器编排工具的出现。

Docker 是一个开源的容器化平台，可以将应用程序及其依赖项打包到容器中，并在不同的环境中运行。它基于 Linux 容器技术(LXC)和核心虚拟化技术，通过使用操作系统层面的虚拟化来提供轻量级的隔离环境。Docker 可以帮助开发人员和运维人员快速构建、测试和部署应用程序，同时能够提高应用程序的可移植性、可伸缩性和安全性。Docker 采用了客户端-服务器架构，用户可以使用命令行界面或者图形用户界面来管理容器、镜像和其他组件。

Docker 容器是一种轻量级、可移植、自包含的软件打包技术，使应用程序可以在几乎任何地方以相同的方式运行。开发人员在自己的计算机上创建并测试好的容器，无需任何修改就能够在生产系统的虚拟机、物理服务器或公共云主机上运行。

二、Docker 的核心概念

Docker 的核心概念包括以下几个方面：

- Docker 容器(Container)：Docker 容器是由 Docker 镜像启动的运行实例。每个容器都是一个独立的进程，可以运行在不同的操作系统环境中，并且与其他容器和主机操作系统隔离开来。

- Docker 镜像(Image)：Docker 镜像是用于创建 Docker 容器的模板，包含了应用程序及其依赖的所有文件和设置。Docker 镜像可以通过构建或从 Docker Hub 等公共或私有的镜像仓库中获取。

- Docker 仓库(Repository)：Docker 仓库是存储 Docker 镜像的地方。公共的 Docker 仓库包括 Docker Hub、Google Container Registry 和 Amazon Elastic Container Registry 等，用户也可以创建自己的私有 Docker 仓库。

- Dockerfile：Dockerfile 是一种文本文件，用于定义 Docker 镜像的构建过程。它包含了一系列的指令，如 FROM、RUN、COPY 和 CMD 等，用于描述如何构建 Docker 镜像。

- Docker 网络(Network)：Docker 网络是用于连接 Docker 容器的虚拟网络。Docker 提供了桥接网络、主机网络和覆盖网络等多种网络模式，以满足不同的需求。

- Docker 卷(Volume)：Docker 卷是用于在 Docker 容器和主机操作系统之间共享数据的一种机制。Docker 卷可以将主机上的目录或文件挂载到容器中，也可以将容器中的数据持久化到主机操作系统中。

- Docker Compose：Docker Compose 是用于定义和运行多个 Docker 容器的工具，它基于 YAML 语法，方便用户快速搭建复杂的应用程序环境。

三、Docker 的架构

Docker 采用了客户端-服务器架构，其架构包括以下三个部分：

Docker 客户端(Docker Client)：Docker 客户端是用户与 Docker 交互的工具，可以使用命令行界面或图形用户界面来管理 Docker 容器、镜像和其他组件。Docker 客户端会将用户的请求发送到 Docker 守护进程进行处理。

Docker 守护进程(Docker Daemon)：Docker 守护进程是运行在主机操作系统上的后台服务，负责管理 Docker 容器、镜像和网络等组件。Docker 守护进程会监听来自 Docker 客户端的请求，并根据请求的内容进行相应的操作。

Docker 注册中心(Docker Registry)：Docker 注册中心是用于存储 Docker 镜像的地方。公共的 Docker 注册中心包括 Docker Hub、Google Container Registry 和 Amazon Elastic Container Registry 等，用户也可以创建自己的私有 Docker 注册中心。

Docker 的架构如图 7-1 所示。

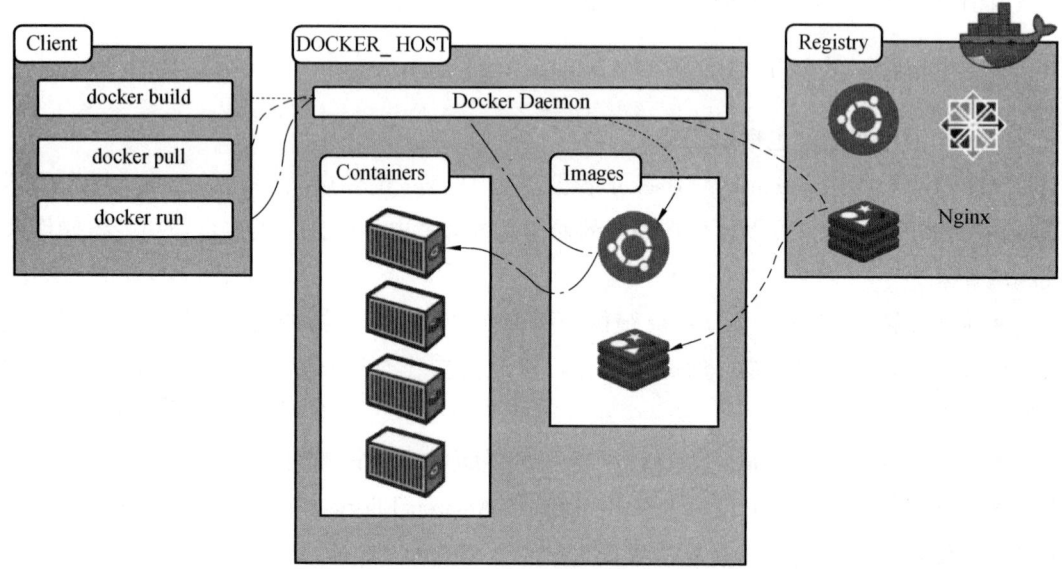

图 7-1 Docker 架构

当用户在 Docker 客户端输入一个命令时，Docker 客户端会将该命令发送给 Docker 守护进程。Docker 守护进程会从本地的 Docker 仓库中查找所需的镜像，并启动一个 Docker 容器来运行应用程序。如果所需的镜像不存在于本地 Docker 仓库中，则会从 Docker 注册中心下载相应的镜像。在 Docker 容器运行期间，Docker 守护进程会监控和管理该容器的状态，并提供相应的操作接口给 Docker 客户端使用。

四、Docker 容器与虚拟机的区别

容器和虚拟机之间的主要区别在于虚拟化层的位置和系统资源的使用方式，容器和虚拟机的主要区别如图 7-2 所示。

项目七 使用 Docker 实现 Linux 应用容器化

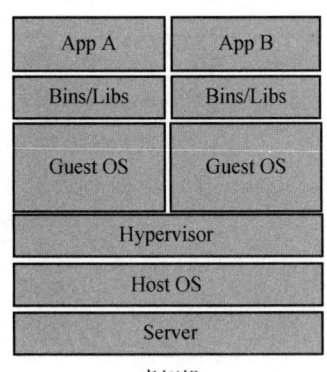 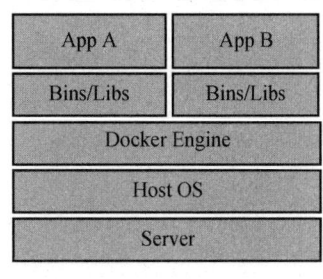

图 7-2 容器和虚拟机的主要区别

它们之间存在以下几点区别：

● 架构差异：Docker 容器是操作系统层面的虚拟化技术，将应用程序及其依赖项打包到容器中，并在容器中运行，因此它们与主机操作系统共享同一个内核；而虚拟机则是在硬件层面上进行虚拟化，包含独立的操作系统、应用程序和库等，需要额外的资源来支持。

● 资源消耗：由于 Docker 容器与主机操作系统共享同一个内核，因此每个容器只需要使用相对较少的资源，如内存和 CPU 等；虚拟机则需要独立的操作系统和内核，并且通常需要更多的资源。

● 启动时间：由于 Docker 容器不需要启动额外的操作系统和内核，因此其启动速度更快；虚拟机需要启动独立的操作系统和内核，因此通常需要更长的启动时间。

● 可移植性：Docker 容器可以在不同的操作系统上运行，前提是这些操作系统都支持 Docker 引擎；虚拟机则需要在每个操作系统上都安装相应的虚拟化软件或驱动程序。

● 安全性：Docker 容器共享主机操作系统的内核，因此可能存在一些安全风险；虚拟机则可以提供更高的安全性，因为每个虚拟机都有独立的操作系统和内核，并且与其他虚拟机和主机操作系统隔离开来。

容器与虚拟机参数对比如表 7-1 所示。

表 7-1 容器与虚拟机参数对比

参数	容器（Docker）	对比	虚拟机
快速创建、删除	启动应用	>	启动 Guest OS+启动应用
交互、部署	容器镜像	=	虚拟机镜像
密度	单 Node 100~1000 个	>	单 Node 10~100 个
更新管理	迭代式更新，通过修改 Dockerfile，对增量内容进行分发、存储、节点启动	>	向虚拟机推送应用软件安装、升级补丁包
启动时间	秒级	>	分钟级

续表

参数	容器(Docker)	对比	虚拟机
轻量级	镜像大小通常以 MB 为单位	>	虚拟机以 GB 为单位
性能	容器共享宿主机内核，系统级虚拟化，占用资源少，没有 Hypervisor 层开销，性能基本接近物理机	>	虚拟机需要 Hypervisor 层支持来虚拟化一些设备，具有完整的 Guest OS，虚拟化开销大，因而没有容器性能好
安全性	容器具有宿主机 root 权限，有一定安全隐患	<	资源隔离，相对安全
高可用性	通过业务本身的高可用性来保证	<	武器库丰富：快照、克隆、HA、动态迁移、异地容灾、异地双活
使用要求	共享宿主机内核，不用考虑 CPU 是否支持虚拟化技术	>	基于硬件的完全虚拟化，需要硬件 CPU 虚拟化技术支持

五、Docker 容器与镜像的区别

Docker 容器和镜像是 Docker 中的两个核心组件，Docker 容器通过 Docker 镜像来创建。Docker 容器与镜像有以下几点区别：

- Docker 镜像是用于创建 Docker 容器的模板，包含了应用程序及其依赖的所有文件和设置，而 Docker 容器是由 Docker 镜像启动的运行实例。
- 生命周期差异：Docker 镜像是静态的，一旦创建就不会改变；Docker 容器则是动态的，可以通过启动、停止、暂停、恢复等操作进行管理，并且在容器中所做的修改不会影响到原始的 Docker 镜像。
- 体积差异：Docker 镜像通常比 Docker 容器更小，因为它只包含必要的应用程序和依赖项；而 Docker 容器则可能包含额外的数据和修改，因此通常比 Docker 镜像更大。
- 可移植性差异：Docker 镜像可以轻松地在不同的主机操作系统和 Docker 环境中移动和部署，因为它是一个独立的、可重复的构建单元；而 Docker 容器则依赖于特定的主机操作系统和 Docker 环境。
- 用途差异：Docker 镜像通常用于构建和分发 Docker 容器，以便在不同的主机操作系统和 Docker 环境中运行；而 Docker 容器则用于运行应用程序和服务，并提供一个隔离的、可重复的执行环境。它们的关系类似于面向对象编程中的对象与类。

任务设计与准备

一、任务设计

任务目的：

- 熟悉 Docker 容器的基本概念；

项目七 使用 Docker 实现 Linux 应用容器化

- 熟悉 Docker 容器的核心组件；
- 掌握 Docker 容器的安装方法；
- 掌握 Docker 容器与镜像管理方法；
- 熟悉 Docker 容器网络配置方法。

任务内容：

- Docker 引擎的安装；
- Docker 镜像的管理；
- Docker 容器的管理；
- Docker 网络的管理；
- Docker 卷的管理；
- Docker 端口映射管理。

二、任务准备

- 准备 RHEL 9 虚拟机；
- 使用 root 用户登录 RHEL 9 虚拟机；
- 虚拟机能够正常连接外网。

任务实施

一、Docker 容器安装

Docker 目前支持 RHEL 7.x 及其以后的版本，要求使用 64 位操作系统，内核版本至少为 3.10，以获得最佳性能和稳定性，确保至少保留 20 GB 的空闲磁盘空间。如果操作系统是在虚拟机上运行的，则还需要确保虚拟化软件和硬件支持虚拟化，并且已经启用了硬件虚拟化技术。

(一) 确认操作系统版本

首先确认 RHEL 操作系统是否为 64 位的，内核版本是否满足上述条件，使用 "uname -r" 命令查看当前操作系统内核版本。

```
[root@localhost ~]# uname -r
5.14.0-362.8.1.el9_3.x86_64
```

(二) 脚本一键安装

```
#安装命令
[root@localhost ~]# curl -fsSL https://get.docker.com | bash -s docker--mirror Aliyun
#或使用国内 daocloud 一键安装命令
[root@localhost ~]# curl -sSL https://get.daocloud.io/docker | sh
```

205

Docker 安装的默认路径为 /var/lib/docker，其下的 containers 文件夹为容器文件夹，image 为镜像文件夹。

(三) 手动安装

1. 安装依赖软件包

```
[root@localhost ~]# yum install -y yum-utils device-mapper-persistent-data lvm2
```

yum-util 提供了 yum-config-manager，devicemapper 存储驱动程序需要依赖 device-mapper-persistent-data 和 lvm2。

2. 设置 YUM 源

由于官方提供的安装源效率较低，建议采用国内源。

```
#阿里源
[root@localhost ~]# yum-config-manager --add-repo http://mirrors.aliyun.com/docker-ce/linux/centos/docker-ce.repo
已加载插件:fastestmirror, langpacks
adding repo from: http://mirrors.aliyun.com/docker-ce/linux/centos/docker-ce.repo
grabbing filehttp://mirrors.aliyun.com/docker-ce/linux/centos/docker-ce.repo to /etc/yum.repos.d/docker-ce.repo
repo saved to /etc/yum.repos.d/docker-ce.repo
```

3. 安装最新版本的 Docker 和 containerd

```
#最新的 Docker 社区版本
[root@localhost ~]# yum install -y docker-ce docker-ce-cli containerd.io
```

(四) 启动 Docker，查看版本，设置开机启动

```
[root@localhost ~]# systemctl start docker        #启动 Docker
docker version                                     #查看当前版本,是否启动成功
[root@localhost ~]# systemctl enable docker       #设置开机自启动
```

(五) 配置 Docker 阿里云镜像加速

修改 daemon.json 文件，加入阿里云镜像地址，以加快镜像下载速度。

```
[root@localhost ~]# tee /etc/docker/daemon.json <<-'EOF'
{
  "registry-mirrors": ["https://mjpmak3l.mirror.aliyuncs.com"]
}
EOF
```

（六）重新加载镜像地址，重启 Docker 服务

```
[root@localhost ~]# systemctl daemon-reload
[root@localhost ~]# systemctl restart docker
```

二、Docker 镜像的管理

镜像是 Docker 三大核心概念中最重要的，自 Docker 诞生之日起，镜像就是相关社区中最为热门的关键词。Docker 运行容器前需要本地存在对应的镜像，如果镜像不存在，则 Docker 会尝试从默认镜像仓库中下载（默认使用 Docker Hub 公共注册中心中的仓库），用户也可以通过配置，使用自定义的镜像仓库。

（一）获取镜像

Docker 镜像是一个只读的模板，是运行容器的前提。Docker Hub 的官网上提供了很多镜像供用户下载，获取一个镜像，语法如下：

```
docker [image] pull NAME:[TAG]
```

其中，NAME 是镜像仓库名称（用来区分镜像），TAG 是镜像的标签（表示版本信息）。通常情况下，描述一个镜像需要"名称+标签"信息。

例如，获取一个 CentOS 操作系统的基础镜像，命令如下：

```
[root@localhost ~]# docker pull centos
Using default tag: latest
latest: Pulling from library/centos
a1d0c7532777: Pull complete
Digest: sha256:a27fd8080b517143cbbbab9dfb7c8571c40d67d534bbdee55bd6c473f432b177
Status: Downloaded newer image for centos:latest
docker.io/library/centos:latest
```

（二）查看镜像

列出本机已有镜像的基本信息，语法如下：

```
docker images
```

或

```
docker images ls
```

例如，列出本机已有的镜像信息，命令如下：

```
[root@localhost ~]# docker images
REPOSITORY   TAG      IMAGE ID       CREATED        SIZE
centos       latest   5d0da3dc9764   19 months ago  231MB
```

以上列出的信息包括以下几个字段：
- REPOSITORY：表示来自哪个仓库，如 CentOS 系列的基础镜像。
- TAG：表示镜像的标签信息，如 centos8、latest，标签仅表示镜像的版本。
- IMAGE ID：表示镜像的唯一标识，上述两个镜像的标识相同，说明来自同一个镜像。
- CREATED：表示镜像最后创建的时间。
- SIZE：表示镜像的大小。

images 子命令支持的参数如表 7-2 所示。

表 7-2　images 子命令支持的参数

参数	描述
-a，--all	显示所有镜像，包括中间层镜像
--digests	显示镜像摘要
--filter	根据指定条件筛选镜像。例如，--filter "dangling=true" 可筛选所有没有关联容器的镜像
--format	指定输出格式
--no-trunc	显示完整的镜像信息
-q，--quiet	只显示镜像 ID
--size	显示每个镜像的大小

（三）查看镜像详情

获取镜像的详细信息，包括作者、适应架构、各层的数字摘要等，语法如下：

```
docker [image] inspect
```

例如，查看 CentOS 镜像详细信息，命令如下：

```
[root@localhost ~]# docker    inspect centos:latest
[
    {
        "Id": "sha256:5d0da3dc976460b72c77d94c8a1ad043720b0416bfc16c52c45d4847e53fadb6",
        "RepoTags": [
            "centos:latest"
        ],
        "RepoDigests": [
            "centos@sha256:a27fd8080b517143cbbbab9dfb7c8571c40d67d534bbdee55bd6c473f432b177"
        ],
        "Parent": "",
        "Comment": "",
        "Created": "2021-09-15T18:20:05.184694267Z",
        "Container": "9bf8a9e2ddff4c0d76a587c40239679f29c863a967f23abf7a5babb6c2121bf1",
        ...
]
```

(四)搜索镜像

搜索 Docker Hub 官方仓库中的镜像,语法如下:

```
docker search
```

search 子命令支持的参数如表 7-3 所示。

表 7-3 search 子命令支持的参数

参数	描述
--automated	只显示自动构建的镜像
--filter	根据指定条件筛选镜像,如--filter "is-official=true" 筛选所有官方镜像
--format	指定输出格式
-s,--stars	根据星级对结果进行排序
--no-trunc	显示完整的描述信息
-f,--filter	使用提供的过滤器筛选镜像,格式为 key=value

其中,--filter 参数支持以下键值,filter 参数支持的键值如表 7-4 所示。

表 7-4 filter 参数支持的键值

键	描述
is-automated	是否是自动构建的镜像
is-official	是否是官方镜像
stars	星级评价,如 stars=3 表示筛选 3 颗星以上的镜像

例如,搜索官方提供的带 nginx 关键字的镜像,命令如下:

```
[root@localhost ~]# docker search nginx
NAME            DESCRIPTION                                  STARS    OFFICIAL    AUTOMATED
nginx           Official build of Nginx.                     18376    [OK]
unit            Official build of NGINX Unit: a polyglot app… 0       [OK]
bitnami/nginx   Bitnami nginx Docker Image                   157      [OK]
```

(五)删除镜像

1. 使用标签删除镜像

使用 docker rmi 或 docker image rm 命令可以删除镜像,语法如下:

```
docker rmi IMAGE[ IMAGE… ]
```

其中,IMAGE 可以为标签或 ID,删除镜像命令支持的参数如表 7-5 所示。

表 7-5 删除镜像命令支持的参数

参数	描述
-f, --force	强制删除镜像，即使有容器在使用该镜像
--no-prune	不自动清理未被引用的镜像

例如，删除 centos 镜像，命令如下：

```
[root@localhost ~]# docker image rm centos:latest
Untagged: centos:latest
[root@localhost ~]# docker images
REPOSITORY      TAG           IMAGE ID          CREATED    SIZE
```

使用 docker images 命令查看本机镜像，发现 centos 的镜像已被删除。

2. 通过镜像 ID 删除

当使用 docker rmi 命令，并且后面跟镜像的 ID（也可以是能进行区分的部分 ID 前缀）时，会先尝试删除所有指向该镜像的标签，然后删除该镜像本身。

例如，通过镜像 ID 删除镜像，命令如下：

```
[root@localhost ~]# docker images
REPOSITORY      TAG           IMAGE ID          CREATED          SIZE
centos          latest        5d0da3dc9764      19 months ago    231MB
[root@localhost ~]# docker rmi 5d0da3dc9764
Untagged: centos:latest
Untagged: centos@sha256:a27fd8080b517143cbbbab9dfb7c8571c40d67d534bbdee55bd6c473f432b177
Deleted: sha256:5d0da3dc976460b72c77d94c8a1ad043720b0416bfc16c52c45d4847e53fadb6
Deleted: sha256:74ddd0ec08fa43d09f32636ba91a0a3053b02cb4627c35051aff89f853606b59
[root@localhost ~]# docker images
REPOSITORY      TAG           IMAGE ID          CREATED          SIZE
```

注意：当有该镜像创建的容器存在时，默认是无法删除该镜像的。使用-f 参数可以强制删除一个存在容器依赖的镜像。

（六）创建镜像

创建镜像时，可以在一个容器中进行修改，将修改后的容器保存为一个新的镜像。通过 docker commit 命令可以将容器保存为一个新的镜像。

语法如下：

```
docker [container] commit [OPTIONS] CONTAINER [REPOSITORY [:TAG]]
```

创建镜像命令支持的参数如表 7-6 所示。

表 7-6 创建镜像命令支持的参数

参数	描述
-a，--author	设置新镜像的作者
-c，--change	应用在容器上的 Dockerfile 指令，如-c "CMD bash"
-m，--message	提交新镜像时的提交信息
-p，--pause	提交新镜像时暂停容器中的进程

例如，基于容器的修改创建镜像，命令如下：

```
#拉取 centos 镜像
[root@localhost ~]# docker pull centos
Using default tag: latest
latest: Pulling from library/centos
a1d0c7532777: Pull complete
Digest: sha256:a27fd8080b517143cbbbab9dfb7c8571c40d67d534bbdee55bd6c473f432b177
Status: Downloaded newer image for centos:latest
docker.io/library/centos:latest
#使用 centos 镜像创建容器，在容器内部创建 test 目录
[root@localhost ~]# docker run -it centos:latest /bin/bash
[root@e82fabd1fb9f /]# mkdir test
[root@e82fabd1fb9f /]# exit
exit
#使用 docker commit 生成镜像
[root@localhost ~]# docker commit -m "add new a file" -a "docker user" e82fabd1fb9f mycentos:1.0
sha256:487d0eb65b27c07ffd4830f447e1046ba8a693b3b5accf4197031427d6852569
#查看镜像，新创建的 mycentos:1.0 镜像已存在
[root@localhost ~]# docker images
REPOSITORY    TAG       IMAGE ID        CREATED          SIZE
mycentos      1.0       487d0eb65b27    6 seconds ago    231MB
centos        latest    5d0da3dc9764    19 months ago    231MB
```

(七) 导出和导入镜像

1. 导出镜像

导出镜像到本地文件中，语法如下：

```
docker [image] save
```

例如，导出本地的 centos 镜像为 centos:centos8.tar，命令如下：

```
[root@localhost ~]# docker save -o centos:centos8.tar centos:latest
[root@localhost ~]# ls centos:centos8.tar
centos:centos8.tar
```

2. 导入镜像

将导出的 .tar 文件导入到本地镜像库，语法如下：

```
docker [image] load
```

例如，将以上的 centos：centos8.tar 文件导入本地镜像库，命令如下：

```
[root@localhost ~]# docker load -i centos:centos8.tar
Loaded image: centos:centos8
```

三、Docker 容器的管理

Docker 容器是 Docker 的核心概念之一，它是一个轻量级、可移植的应用程序运行环境。Docker 容器的重要操作包括创建一个容器、启动容器、终止一个容器、进入容器执行操作、删除容器和通过导入导出容器来实现容器迁移等。

（一）创建容器

使用 docker create 命令新建一个名为 centos01 的容器，命令如下：

```
[root@localhost ~]# docker create -it --name centos01 centos:latest
ded0b3a76c262e7cbd0bb536c9b3e8c265af0e40d55d5f8d9af0d17d67f102ca
```

使用 docker create 命令创建的容器默认处于停止状态，可以使用 docker start 命令启动。

与 docker create 命令相关的参数包括以下几大类：与容器运行模式相关、与容器环境配置相关。与容器运行模式相关的常用参数如表 7-7 所示。

表 7-7 与容器运行模式相关的常用参数

参数	说明
-d, --detach=true|false	是否在后台运行容器，默认为否
--expose=[ ]	指定容器会暴露出来的端口或端口范围
--group-add=[ ]	运行容器的用户组
-i, --interactive=true|false	保持标准输入打开，默认为 false
--net="bridge"	指定容器网络模式，包括 bridge、none、host 等
-p, --publish=[ ]	指定如何映射到本地主机端口，如 -p11234-12234:1234-2234
--userns=""	启用 userns-remap 时配置用户命名空间的模式
-t, --tty=true|false	是否分配一个伪终端，默认为 false
--tmpfs=[ ]	挂载临时文件系统到容器内
-v | --volume[=[[HOST-DIR:]CONTAINER-DIR[:OPTIONS]]]	挂载主机上的文件卷到容器内
--volume-driver=""	挂载文件卷的驱动类型

续表

参数	说明
--volumes-from=[ ]	从其他容器内挂载卷
-w, --workdir=nm	容器内的默认工作目录

与容器环境配置相关的常用参数如表 7-8 所示。

表 7-8 与容器环境配置相关的常用参数

参数	说明
--add-host=[ ]	在容器内添加一个主机名到 IP 地址的映射关系(通过/etc/hosts 文件)
--device=[ ]	映射物理机上的设备到容器内
-e, --env=[ ]	指定容器内环境变量
--env-file=[ ]	从文件中读取环境变量到容器内
-h, --hostname=""	指定容器内的主机名
--ip=""	指定容器的 IPv4 地址
--link=[\<name or id\>: alias]	链接到其他容器
--name= m	指定容器的别名

(二)启动容器

使用 docker start 命令可以启动一个已创建好的容器。

例如,启动刚创建好的 centos01 容器,查看容器状态,命令如下:

```
[root@localhost ~]# docker start centos01
centos01
#查看运行中的容器
[root@localhost ~]# docker ps
CONTAINER ID   IMAGE          COMMAND       CREATED         STATUS         PORTS    NAMES
ded0b3a76c26   centos:latest  "/bin/bash" About  a minute ago  Up About a minute           centos01
```

(三)创建并启动容器

使用 docker run 命令可以创建并启动一个新的 Docker 容器。该命令将根据指定的镜像创建容器,并在容器中启动一个新的进程(相当于先执行 docker create 命令,再执行 docker start 命令)。

例如,使用 centos 镜像创建名为 centos02 的容器并进入交互模式,命令如下:

```
[root@localhost ~]# docker run –it --name centos02 centos:latest /bin/bash
[root@9895ce225956 /]#
```

上述示例中,-t 让 Docker 分配一个伪终端(pseudo-tty)并将其绑定到容器的标准输入上,-i 则让容器的标准输入保持打开。在交互模式下,可以输入命令完成相关操作。

例如,在容器内部执行 pwd、ps 命令,命令如下:

```
[root@9895ce225956 /]# pwd
/
[root@9895ce225956 /]# ps
   PID TTY          TIME CMD
     1 pts/0    00:00:00 bash
    14 pts/0    00:00:00 ps
[root@9895ce225956 /]#
```

(四)停止容器

要停止 Docker 容器，可以使用 docker stop 命令。

例如，停止 centos02 容器，查看容器状态，命令如下：

```
[root@localhost ~]# docker stop centos02
centos02
[root@localhost ~]# docker ps -a
CONTAINER ID   IMAGE          COMMAND       CREATED         STATUS          PORTS     NAMES
9895ce225956   centos:latest  "/bin/bash"   20 minutes ago  Exited (127)    11seconds ago   centos02
```

容器状态为 Exited，说明容器已经停止。

(五)进入容器

要进入已启动并运行的 Docker 容器，可以使用 docker exec 命令，语法如下：

```
docker exec [参数] <容器名称或 ID> <命令>
```

其中，<容器名称或 ID>是要执行命令的容器的名称或 ID，<命令>是要在容器中执行的命令。docker exec 命令支持的参数如表 7-9 所示。

表 7-9   docker exec 命令支持的参数

参数	描述
-d	后台模式下执行命令
-i	保持 STDIN 打开，并将其连接到容器中的进程
-t	分配一个伪终端(tty)并将其连接到容器中的进程
--user	指定要在容器中执行命令的用户
-e, --env	设置环境变量
--privileged	赋予容器特权，并以 root 用户身份运行命令

例如，以交互模式进入 centos02 容器，命令如下：

```
[root@localhost ~]# docker start centos02
centos02
[root@localhost ~]# docker exec -it centos02 /bin/bash
[root@9895ce225956 /]#
```

四、Docker 网络管理

Docker 网络管理是指在 Docker 容器中进行网络配置和管理的过程。Docker 提供了多种网络管理选项，以便在容器之间进行通信，并将容器连接到外网。默认情况下，Docker 的网络有 3 种模式，分别为 bridge、host 和 none。使用 Docker 网络管理，可以创建自定义网络，将容器连接到网络并从网络中分离容器；还可以列出可用的网络并查看特定网络的详细信息。

（一）显示所有的网络类型

显示 Docker 的网络类型，可使用 docker network 命令。

例如，查看所有的网络类型命令如下：

```
[root@localhost ~]# docker network ls
NETWORK ID     NAME      DRIVER    SCOPE
0074625fc25c   bridge    bridge    local
f63c93f0bc5e   host      host      local
5a38216a5db5   none      null      local
```

（二）bridge 模式创建容器

bridge 模式是默认的，不需要指定参数。

例如，创建一个 centos03 容器，不指定网络模式，命令如下：

```
[root@localhost ~]# docker run -it --name centos03 centos:latest
[root@887df8bac0a9 /]# ip a
1: lo: <LOOPBACK,UP,LOWER_UP> mtu 65536 qdisc noqueue state UNKNOWN group default qlen 1000
    link/loopback 00:00:00:00:00:00 brd 00:00:00:00:00:00
    inet 127.0.0.1/8 scope host lo
       valid_lft forever preferred_lft forever
12: eth0@if13: <BROADCAST,MULTICAST,UP,LOWER_UP> mtu 1500 qdisc noqueue state UP group default
    link/ether 02:42:ac:11:00:02 brd ff:ff:ff:ff:ff:ff link-netnsid 0
    inet 172.17.0.2/16 brd 172.17.255.255 scope global eth0
       valid_lft forever preferred_lft forever
```

可以看到，eth0@if13 的 IP 地址为 172.17.0.2/16，可以使用 ping 命令测试物理机和容器通断情况。

（三）host 模式创建容器

例如，创建一个 centos04 容器，使用 host 模式，命令如下：

```
[root@localhost ~]# docker run -it --name centos04 --network host centos:latest
[root@localhost /]# ip a
1: lo: <LOOPBACK,UP,LOWER_UP> mtu 65536 qdisc noqueue state UNKNOWN group default qlen 1000
    link/loopback 00:00:00:00:00:00 brd 00:00:00:00:00:00
    inet 127.0.0.1/8 scope host lo
       valid_lft forever preferred_lft forever
    inet6 ::1/128 scope host
       valid_lft forever preferred_lft forever
2: ens160: <BROADCAST,MULTICAST,UP,LOWER_UP> mtu 1500 qdisc mq state UP group default qlen 1000
    link/ether 00:0c:29:b2:3e:42 brd ff:ff:ff:ff:ff:ff
    inet 192.168.200.131/24 brd 192.168.200.255 scope global dynamic noprefixroute ens160
       valid_lft 1152sec preferred_lft 1152sec
    inet6 fe80::fa83:6152:b1bf:601/64 scope link noprefixroute
       valid_lft forever preferred_lft forever
3: docker0: <NO-CARRIER,BROADCAST,MULTICAST,UP> mtu 1500 qdisc noqueue state DOWN group default
    link/ether 02:42:22:15:9c:e9 brd ff:ff:ff:ff:ff:ff
    inet 172.17.0.1/16 brd 172.17.255.255 scope global docker0
       valid_lft forever preferred_lft forever
    inet6 fe80::42:22ff:fe15:9ce9/64 scope link
       valid_lft forever preferred_lft forever
4: virbr0: <NO-CARRIER,BROADCAST,MULTICAST,UP> mtu 1500 qdisc noqueue state DOWN group default qlen 1000
    link/ether 52:54:00:13:f5:92 brd ff:ff:ff:ff:ff:ff
    inet 192.168.122.1/24 brd 192.168.122.255 scope global virbr0
       valid_lft forever preferred_lft forever
5: virbr0-nic: <BROADCAST,MULTICAST> mtu 1500 qdisc fq_codel master virbr0 state DOWN group default qlen 1000
    link/ether 52:54:00:13:f5:92 brd ff:ff:ff:ff:ff:ff
```

退出容器，查看 IP 地址信息，其和容器显示的是一样的。

(四) none 模式创建容器

例如，创建一个 centos05 容器，使用 none 模式，命令如下：

```
[root@localhost ~]# docker run -it --name centos05 --network none centos:latest
[root@38938e75e7da /]# ip a
1: lo: <LOOPBACK,UP,LOWER_UP> mtu 65536 qdisc noqueue state UNKNOWN group default qlen 1000
    link/loopback 00:00:00:00:00:00 brd 00:00:00:00:00:00
    inet 127.0.0.1/8 scope host lo
       valid_lft forever preferred_lft forever
```

进入容器查看 IP 地址,只有 127.0.0.1 本地环回地址。

(五) container 模式创建容器

前面采用 bridge 模式创建了一个名为 centos03 的容器,且它的 IP 地址为 172.17.0.2/16,下面创建一个 centos06 容器,它和 centos03 的网络共享。

例如,以 cotainer 模式实现 centos06 和 centos03 容器网络共享,命令如下:

```
[root@localhost ~]# docker run -it --name centos06 --network container:centos03 centos:latest
[root@887df8bac0a9 /]# ip a
1: lo: <LOOPBACK,UP,LOWER_UP> mtu 65536 qdisc noqueue state UNKNOWN group default qlen 1000
    link/loopback 00:00:00:00:00:00 brd 00:00:00:00:00:00
    inet 127.0.0.1/8 scope host lo
       valid_lft forever preferred_lft forever
16: eth0@if17: <BROADCAST,MULTICAST,UP,LOWER_UP> mtu 1500 qdisc noqueue state UP group default
    link/ether 02:42:ac:11:00:02 brd ff:ff:ff:ff:ff:ff link-netnsid 0
    inet 172.17.0.2/16 brd 172.17.255.255 scope global eth0
       valid_lft forever preferred_lft forever
[root@887df8bac0a9 /]# exit
exit
```

退出 centos06 容器,进入 centos03 容器,查看 IP 地址,结果与 centos06 的 IP 地址相同。

```
[root@localhost ~]# docker exec -it centos03 /bin/bash
[root@887df8bac0a9 /]# ip a
1: lo: <LOOPBACK,UP,LOWER_UP> mtu 65536 qdisc noqueue state UNKNOWN group default qlen 1000
    link/loopback 00:00:00:00:00:00 brd 00:00:00:00:00:00
    inet 127.0.0.1/8 scope host lo
       valid_lft forever preferred_lft forever
16: eth0@if17: <BROADCAST,MULTICAST,UP,LOWER_UP> mtu 1500 qdisc noqueue state UP group default
    link/ether 02:42:ac:11:00:02 brd ff:ff:ff:ff:ff:ff link-netnsid 0
    inet 172.17.0.2/16 brd 172.17.255.255 scope global eth0
       valid_lft forever preferred_lft forever
```

从以上示例可以看出,container 模式是一种较为特殊的模式。在 container 模式下,每个容器都有一个独立的网络命名空间,并且只有容器内的进程可以访问它。

container 模式适用于以下情况:

- 轻量级应用程序:如果需要运行轻量级应用程序或服务,则容器模式是一个很好的选择。使用 container 模式可以使应用程序具有隔离性并且更易于管理。

- 让多个容器使用相同的配置：如果需要启动多个容器，并希望它们共享相同的配置，则可以使用container模式。在这种情况下，可以创建一个包含配置的容器，并将其他容器连接到该容器上。
- 安全隔离：container模式可以提供额外的安全隔离层。由于每个容器都有一个独立的网络命名空间，因此容器之间的通信可以被限制在特定的端口上。
- 定制化应用程序：如果需要在应用程序中进行一些自定义设置（如修改环境变量），则container模式是一个很好的选择。在这种情况下，可以使用Docker镜像来构建自定义容器。

（六）自定义网络模式创建容器

Docker提供了3种自定义网络驱动：bridge、overlay、macvlan。bridge类似默认的bridge模式，但增加了一些新的功能；overlay和macvlan用于创建跨主机网络。Docker提供了默认网络驱动程序，可以创建一个新的bridge网络、overlay或macvlan网络。此外，还可以创建一个网络插件或远程网络来进行完整的自定义和控制。

例如，使用bridge驱动自定义网络模式创建容器，命令如下：

```
[root@localhost ~]# docker network create -d bridge mybridge
66c0d90d3af8130b4092e08f6baedba37128e00c3abd2f5a06983e0c76e032e1
```

查看Docker网络信息，在默认的3个网络基础上多了一个名为mybridge的网络。

```
[root@localhost ~]# docker network ls
NETWORK ID      NAME        DRIVER      SCOPE
0074625fc25c    bridge      bridge      local
f63c93f0bc5e    host        host        local
66c0d90d3af8    mybridge    bridge      local
5a38216a5db5    none        null        local
```

查看mybridge网络信息。

```
[root@localhost ~]# docker network inspect mybridge
[
    {
        "Name": "mybridge",
        "Id": "66c0d90d3af8130b4092e08f6baedba37128e00c3abd2f5a06983e0c76e032e1",
        "Created": "2023-04-12T22:09:12.471953432+08:00",
        "Scope": "local",
        "Driver": "bridge",
        "EnableIPv6": false,
        "IPAM": {
            "Driver": "default",
            "Options": {},
            "Config": [
```

```
                    {
                        "Subnet": "172.18.0.0/16",
                        "Gateway": "172.18.0.1"
                    }
                ]
            },
            "Internal": false,
            "Attachable": false,
            "Ingress": false,
            "ConfigFrom": {
                "Network": ""
            },
            "ConfigOnly": false,
            "Containers": {},
            "Options": {},
            "Labels": {}
        }
]
```

从以上结果可知 mybridge 网络的子网为 172.18.0.0/16，网关为 172.18.0.1。

创建以 mybridge 为网络的容器 centos07。

```
[root@localhost ~]# docker run -it --name centos07 --network mybridge  centos:latest
[root@edd7e34f5b34 /]# ip a
1: lo: <LOOPBACK,UP,LOWER_UP> mtu 65536 qdisc noqueue state UNKNOWN group default qlen 1000
    link/loopback 00:00:00:00:00:00 brd 00:00:00:00:00:00
    inet 127.0.0.1/8 scope host lo
       valid_lft forever preferred_lft forever
19: eth0@if20: <BROADCAST,MULTICAST,UP,LOWER_UP> mtu 1500 qdisc noqueue state UP group default
    link/ether 02:42:ac:12:00:02 brd ff:ff:ff:ff:ff:ff link-netnsid 0
    inet 172.18.0.2/16 brd 172.18.255.255 scope global eth0
       valid_lft forever preferred_lft forever
```

从以上结果可知这个自定义的网络分配给 centos07 容器的 IP 地址为 172.18.0.2。

五、Docker 卷的管理

Docker 卷(Volume)是用来持久化存储数据的一种方式，可以将数据存储在宿主机上的某个目录下，或者使用一个 Docker 卷容器来管理数据。以下是 Docker 卷的管理方法。

(一)创建 Docker 卷

可以使用 docker volume create 命令创建 Docker 卷。

例如，创建一个名为 my-volume 的 Docker 卷，命令如下：

```
[root@localhost ~]# docker volume create   my-volume
my-volume
```

(二)查看所有的 Docker 卷

可以使用 docker volume ls 命令列出所有 Docker 卷。

例如，查看所有的 Docker 卷信息，命令如下：

```
[root@localhost ~]# docker volume ls
DRIVER      VOLUME NAME
local       my-volume
```

(三)查看单个 Docker 卷的详细信息

可以使用 docker volume inspect 命令查看单个 Docker 卷的详细信息。

例如，显示名为 my-volume 的 Docker 卷的详细信息，命令如下：

```
[root@localhost ~]# docker volume inspect my-volume
[
    {
        "CreatedAt": "2023-04-13T09:09:12+08:00",
        "Driver": "local",
        "Labels": null,
        "Mountpoint": "/var/lib/docker/volumes/my-volume/_data",
        "Name": "my-volume",
        "Options": null,
        "Scope": "local"
    }
]
```

(四)删除 Docker 卷

可以使用 docker volume rm 命令删除 Docker 卷。

例如，删除名为 my-volume 的 Docker 卷，命令如下：

```
[root@localhost ~]# docker volume rm my-volume
my-volume
[root@localhost ~]# docker volume ls
DRIVER      VOLUME NAME
```

(五)挂载 Docker 卷到容器内部

可以通过指定 -v 参数来挂载 Docker 卷到容器内部。

例如，启动一个新容器，并将名为 my-volume 的 Docker 卷挂载到/data 目录下，命令如下：

```
[root@localhost ~]# docker run -it -v my-volume:/data --name centos-volume centos:latest
[root@c2b1e8313bcc /]# ls
bin  data  dev  etc  home  lib  lib64  lost+found  media  mnt  opt  proc  root  run  sbin  srv
sys  tmp  usr  var
```

（六）备份 Docker 卷

例如，将挂载到 Docker 容器内的 /data 目录备份，命令如下：

```
[root@localhost ~]# docker run --privileged=true -it --rm --volumes-from centos-volume -v /sb:/sb centos:latest tar czvf /sb/backup.tar.gz /data
```

说明：

- --privileged=true：避免访问目录权限不足。
- --volumes-from centos-volume：挂载需要备份的数据卷容器名称，它就是一个容器。
- -v /sb:/sb：挂载主机目录到窗口中，第一个 /sb 代表容器的目录，第二个 /sb 代表主机的目录。
- centos:latest：代表容器的 REPOSITORY 的 ID，这个 ID 可以用 docker images 命令查看。
- tar czvf /sb/backup.tar.gz /data：这部分放在后面，代表容器启动成功后的命令。这部分是对数据卷进行压缩，/sb/backup.tar.gz 这个目录是挂载的主机的目录，只要压缩到这个目录下，就相当于主机的目录下也有了相应的数据；/data 这个目录是挂载的数据卷容器中的目录。这组压缩命令实现了把数据卷中的数据备份到当前主机中。

（七）恢复 Docker 卷

例如，将 /sb/backup.tar.gz 恢复到容器中，命令如下：

```
[root@localhost ~]# docker run -v my-volume:/backup -v /sb:/sb centos:latest bash -c "cd /backup && tar xvf /sb/backup.tar.gz"
data/
data/backup.tar
```

说明：

- -v my-volume:/backup -v /sb:/sb：分别将 my-volume 卷和本地的 /sb 目录挂载到容器的 /backup 目录和 /sb 目录下。
- centos:latest：代表容器的 REPOSITORY 的 ID，这个 ID 可以用 docker images 命令查看。
- bash -c "cd /backup && tar xvf /sb/backup.tar.gz"：表示容器启动后执行 tar 命令将 /sb/backup.tar.gz 解压到容器的 /backup 目录下。

六、Docker 端口映射管理

Docker 端口映射允许 Docker 容器与主机的端口进行绑定，从而使外网可以通过主机上暴露的端口访问 Docker 容器中运行的服务。以下是 Docker 端口映射的几种方法。

（一）使用-p 参数

用-p 参数可以将 Docker 容器中的端口映射到主机上的端口。

例如，将 Docker 容器的 3306 号端口映射到主机上的 3307 号端口，命令如下：

```
[root@localhost ~]# docker run –it -p 3307:3306 centos:latest /bin/bash
[root@localhost ~]# docker ps –a
CONTAINER ID    IMAGE          COMMAND        CREATED         STATUS              PORTS      NAMES
42661e10f2cf    centos:latest  "/bin/bash"    11 seconds ago  Exited (0) 2 seconds ago        keen_cohen
[root@localhost ~]# docker start 42661e10f2cf
[root@localhost ~]# docker ps –a
CONTAINER ID    IMAGE          COMMAND        CREATED          STATUS         PORTS           NAMES
42661e10f2cf    centos:latest  "/bin/bash"    About a minute ago  Up 3 seconds   0.0.0.0:3307->3306/tcp, :::3307->3306/tcp    keen_cohen
```

（二）映射多个端口

可以在命令行界面中指定多个端口，以便同时映射多个容器端口到主机上的端口。

例如，将容器内的 80 号端口和 8080 号端口映射到主机的 20180 号端口和 20181 号端口，命令如下：

```
[root@ localhost ~]# docker run –itd -p20180:80  -p20181:8080 -p20182:8976 --name centos-port centos:latest /bin/bash
[root@ localhost ~]# docker ps –a
CONTAINER ID    IMAGE          COMMAND        CREATED         STATUS        PORTS           NAMES
98c748b74184    centos:latest  "/bin/bash"    8 seconds ago   Up 6seconds   0.0.0.0:20180->80/tcp, :::20180->80/tcp, 0.0.0.0:20181->8080/tcp, :::20181->8080/tcp   centos-port
```

（三）查看容器的端口信息

可以使用 docker port 命令查看已经分配的端口。

例如，查看 centos-port 容器的端口信息，命令如下：

```
[root@localhost ~]# docker port centos-port
80/tcp -> 0.0.0.0:20180
80/tcp -> [::]:20180
8080/tcp -> 0.0.0.0:20181
8080/tcp -> [::]:20181
```

项目七 使用 Docker 实现 Linux 应用容器化

任务总结

本任务介绍了 Docker 容器的基本概念、核心组件，以及容器与虚拟机的区别。通过本任务的学习，要求掌握 Docker 容器的安装、Docker 镜像管理、Docker 容器管理、Docker 网络配置、Docker 卷的管理、端口映射方法等。由于 Docker 涉及的命令非常多，各命令的参数也比较复杂，Docker 提供了大量的文档和示例，可以帮助用户更好地了解 Docker 的用法，以便对 Docker 有更深入的了解。

思考与练习

一、填空题

1. _____是一种轻量级的、可移植的运行环境，它们与主机共享同一个操作系统，节省了许多资源并提高了应用程序的可移植性和可靠性。

2. Docker 是一个开源的容器化平台，可以将应用程序及其依赖项打包到容器中，并在不同的环境中运行。它基于_____技术和_____技术，通过使用操作系统层面的虚拟化来提供轻量级的隔离环境，可以帮助开发人员和运维人员快速构建、测试和部署应用程序，同时能够提高应用程序的可移植性、可伸缩性和安全性。

3. Docker 采用了客户端-服务器架构，其架构包括_____、_____、_____三部分。

4. 可以通过两种方式控制端口的开放，一种是指定_____，另一种是指定_____。

5. Docker 提供了多种网络管理选项，以便在容器之间进行通信，并将容器连接到外网。默认情况下，Docker 的网络有 3 种模式，分别为_____、_____和_____。

二、选择题

1. (　　)是用于在 Docker 容器和主机操作系统之间共享数据的一种机制，可以将主机上的目录或文件挂载到容器中，也可以将容器中的数据持久化到主机操作系统中。

A. Docker 容器　　　B. Docker 镜像　　　C. Docker 网络　　　D. Docker 卷

2. Docker 的(　　)是用于存储 Docker 镜像的地方。

A. 客户端　　　　　B. 守护进程　　　　　C. 注册中心　　　　D. 容器

3. 与虚拟机相比，Docker 容器的优势不包括(　　)。

A. 启动时间快　　　B. 轻量级镜像　　　　C. 安全性高　　　　D. 占用资源少

4. 手动安装 Docker 容器的最后一步一般是(　　)。

A. 重新加载镜像地址，重启 Docker 服务

B. 设置 YUM 源

C. 启动 Docker，查看版本，设置开机启动

223

D. 配置 Docker 阿里云镜像加速

5. Docker 容器创建命令中，-p，--publish=[ ]的意思是(　　)。

A. 指定如何映射到本地主机端口

B. 挂载临时文件系统到容器

C. 指定容器会暴露出来的端口或端口范围

D. 运行容器的用户组

三、判断题

1. firewalld 中的公共区域 public 允许所有网络连接。　　　　　　　　(　　)
2. Docker 每个容器都是一个独立的进程，可以运行在不同的操作系统环境中，并且与其他容器和主机操作系统隔离开来。　　　　　　　　　　　　　　　(　　)
3. 相比于 Docker 镜像，Docker 容器可以轻松地在不同的主机操作系统和 Docker 环境中移动和部署。　　　　　　　　　　　　　　　　　　　　　　(　　)
4. Docker 注册中心是用于存储 Docker 镜像的地方，用户可以创建自己的私有 Docker 注册中心。　　　　　　　　　　　　　　　　　　　　　　　　(　　)
5. Docker 单 Node 的密度一般比虚拟机单 Node 的密度高。　　　　　　(　　)

四、简答题

1. Docker 常用命令有哪些？
2. 一个完整的 Docker 由哪些部分组成？
3. Docker 容器和虚拟机有什么区别？
4. 说明 Docker 镜像和 Docker 容器之间的关系。
5. 手动安装 Docker 容器的步骤是什么？

任务二　基于 Docker 的 Linux 应用容器化实践

任务背景

随着云计算的流行，容器化已经成为最热门的话题之一。容器化在软件领域引起了越来越多的关注，尤其是在开发和运行应用程序方面。Linux 容器(LXC)技术为应用程序提供资源隔离和高度可移植性，以实现虚拟化部署。

其中，Docker 为开发者提供了一个具有可比和可携性的交付平台，用于部署应用程序。如果用户想要在更高级别上使用容器化，则 Docker 可以与 Linux 一起使用。

由于 Linux 是一种操作系统，因此 Docker 的使用需要基于 Linux 的一些其他组件，如容器本身所需的存储服务、用于网络和资源管理的服务等。Docker 可以利用 Linux 中的很多资源，如文件系统，用于容器创建、管理，以及网络和存储服务，这些服务可以由 Docker 管理。

另外，Docker 也可以与 Linux 内核本身紧密结合，以便针对基于 Linux 的容器镜像进行更高级别的封装。例如，使用命名空间或 Cgroups 等 Linux 内核相关的功能来限制资源消耗范围，对应用程序资源的使用进行动态监控等。

通过 Docker 与 Linux 的联合使用，Linux 开发者可以更加轻松地开发容器应用程序，灵活地利用 Linux 上的资源，从而提高部署效率，提升容器化环境的可见度，实现弹性扩展和更好的自动化管理。例如，在这种情况下，在服务器上安装一个 Linux 虚拟机，并在其中安装 Docker，那么就可以利用 Linux 的强大功能，为其他基于 Linux 的配置和服务创建更好的容器，从而实现非常高效的运行部署。

素质小课堂

在国内，除了服务器和桌面端的操作系统外，各家厂商，尤其是手机制造商，正致力于研发原本由 Android 和 iOS 主导的移动端操作系统。他们积极投入研发力量，以期在移动操作系统领域取得更多的话语权和市场份额。

2019 年，华为推出了自研 HarmonyOS 操作系统。2023 年 5 月，Counterpoint 公布的最新数据显示，华为 HarmonyOS 操作系统已成为 Android、iOS 之后的第三大手机操作系统，并且数据表明，华为 HarmonyOS 操作系统的市场份额一直在增长。

2023 年 9 月，华为宣布鸿蒙下一个版本 HarmonyOS NEXT 将完全自研操作系统底层，不再兼容 Android 应用，只能运行鸿蒙原生应用。这一重大变化引发了互联网行业的关注，可以说，HarmonyOS NEXT 承载着鸿蒙的全部期望。

2023 年 12 月 9 日，华为常务董事余承东在"2023 华为花粉年会"上表示，华为将在 2024 年推出非常有引领性、创新性、颠覆性的产品，其中就有鸿蒙原生应用与原生体验的产品。

就在华为 HarmonyOS 风生水起之时，2023 年 10 月，小米正式带来了全新的操作系统——小米澎湃 OS，它取代了 MIUI。在最底层的操作系统内核层，小米将自研的 Xiaomi Vela 操作系统内核与深度修改的 Linux 操作系统内核进行融合。新操作系统将从"手机×AIoT(人工智能物联网)"，升级到"人车家全生态"。从个人设备到智能家居，再到智能出行，小米意在打造以人为中心的"人车家全生态"智能世界。

在华为、小米之后，vivo 也在 2023 年 11 月 1 日发布全新自研操作系统——蓝河操作系统 BlueOS。值得注意的是，vivo 自研的蓝河操作系统不兼容 Android 应用，首先应用在智能手表中，目前暂未考虑应用于手机上。

从国内手机操作系统的发展路径来看，与 Android 和 iOS 专注于手机不同，不论是 HarmonyOS，还是小米澎湃，抑或是 BlueOS，重点都在于构建生态。研发操作系统容易，构建生态难。虽然越来越多的企业开始进入操作系统领域，各厂商研发的国产操作系统也在一些领域得到大规模应用，但这些不同领域的众多操作系统之间相互割裂，形成一个个"软烟囱"，导致操作系统之间的生态没法打通。正如中国工程院院士倪光南所说，操作系统的成功与否，关键在于生态系统，需要搭建起完整的软件开发者、芯片企业、终端企业、运营商等产业链上各个主体共生的生态体系。

"开源是迄今为止最先进、最广泛、最活跃的协同创新模式之一。"开放原子开源基金会理事长、中国电子技术标准化研究院原副院长孙文龙介绍，"在开放的操作系统平台上，开源软件和技术不断协作、成长，是推进基础软硬件建设的重要条件和基础。"

工业和信息化部信息技术发展司副司长王威伟也指出："操作系统是软件领域的大国重器，产业要以开源为抓手，进行有益的软件探索。工业和信息化部将推动完善开源顶层设计，解决关键技术难题，推动产业链共同铸牢信息软件的'灵魂'。"

 知识准备

一、Dockerfile

（一）什么是 Dockerfile

Dockerfile 是一个文本文件，其包含了用于构建 Docker 镜像的命令。Docker 可以根据 Dockerfile 中的命令自动构建镜像，并将其发布到 Docker 仓库中。

（二）Dockerfile 的作用

Dockerfile 的作用是定义一种可重复的、基于代码的方式来构建 Docker 镜像。通过 Dockerfile，可以指定要使用哪个基础镜像（如 Ubuntu、Alpine 等），在该基础镜像上安装依赖项和软件包，进行配置环境变量、运行脚本等操作，最终生成一个新的 Docker 镜像。这样可以确保在不同环境下使用相同的 Dockerfile 可以构建出相同的镜像，从而避免了因环境差异而导致的问题。

（三）Dockerfile 的命令

Dockerfile 中常用的命令如下：
- FROM：指定用作基础镜像的 Docker 镜像；
- RUN：在容器中执行命令（如安装软件、下载文件等）；
- COPY：将文件或目录从主机中复制到容器内部；
- ADD：与 COPY 类似，但支持将 URL 下载的压缩文件自动解压缩；
- WORKDIR：设置容器中的工作目录；
- ENV：设置环境变量；
- EXPOSE：声明应用程序使用的端口号；
- CMD：定义容器启动时要运行的命令。

此外，还有一些其他命令，如 LABEL、MAINTAINER、USER 等，可以用于设置镜像的元数据信息、维护者、使用者等。

（四）Dockerfile 构成

Dockerfile 是用于定义 Docker 镜像构建过程的文本文件，通常分为 4 个部分。

1. 基础镜像（FROM）

在 Dockerfile 中，首先需要指定一个基础镜像，将它作为新镜像的基础。例如：

```
FROM centos:latest
```

2. 构建镜像所需的命令（RUN、COPY、ADD 等）

在基础镜像上，可以执行多个命令以构建新的镜像。这些命令包括：RUN，用于在镜像中运行命令并创建新的镜像层；COPY 和 ADD，用于从主机中复制文件到 Docker 容器内部等。例如：

```
RUN apt-get update \
    && apt-get install -y git \
    && git clone https://github.com/username/repo.git /opt/app
COPY ./config /opt/app/config
```

3. 设置环境变量和其它元数据（ENV、LABEL 等）

要设置环境变量或添加标签等元数据，可以使用 ENV 和 LABEL 等命令。例如：

```
ENV APP_PORT=8080
LABEL maintainer="Your Name <your.email@example.com>"
```

4. 定义容器启动时要运行的命令

可以使用 CMD 或 ENTRYPOINT 指定容器启动时默认运行的命令。例如：

```
CMD ["python", "/opt/app/start.py"]
ENTRYPOINT ["/bin/bash", "-c", "/opt/app/entrypoint.sh"]
```

总之，Dockerfile 是 Docker 镜像构建的基础，它用于定义一个可重复且可扩展的构建过程。掌握 Dockerfile 有助于更好地理解和管理 Docker 镜像。

二、Web 服务与应用

Web 服务和应用通常是指通过互联网提供的软件和服务，可以运行在不同平台上，被广泛用于各种互联网应用程序和电子商务系统中。

Web 服务通常使用标准化的协议和接口，如 SOAP、RESTful API 等，可以让不同的应用程序之间进行通信和数据交换。Web 应用则是基于 Web 技术构建的应用程序，可以通过 Web 浏览器访问和使用。Web 应用通常由前端和后端两部分组成，前端是指用户界面和交互逻辑，后端是指数据存储和处理逻辑。Web 应用可以运行在不同的操作系统和设备上，具有跨平台性和易于维护的特点。

Web 服务和应用在当今互联网领域发挥着重要的作用，它们可以提高应用程序的可用性、可扩展性和安全性，并且能够支持多种不同类型的设备和应用场景。

（一）Apache 服务

Apache Web Server 是一种开源的 Web 服务器软件，由 Apache 软件基金会开发和维护。它支持多种操作系统（如 Linux、UNIX、Windows 等），被广泛用于互联网上的 Web 服务和应用程序中。Apache 标识如图 7-3 所示。

图 7-3 Apache 标识

Apache Web Server 提供了丰富的功能和模块化的架构，可以处理静态和动态内容，支持多种编程语言（如 PHP、Perl、Python 等）和框架（如 Ruby on Rails、Django 等），同时支持 SSL、TLS、HTTPS 等安全协议，以及其他高级特性，如虚拟主机、反向代理、负载均衡等。

Apache 常常作为 LAMP（Linux + Apache + MySQL + PHP/Perl/Python）技术栈中的 Web 服务器，被广泛用于 Web 应用的开发和部署。它具有可靠、稳定、高效的特点，并且易于配置和扩展。

（二）Nginx 服务

Nginx（发音同"engine X"）是一种高性能、开源的 Web 服务器软件，由 Igor Sysoev 创建并维护。它既可以作为 Web 服务器，又可以作为反向代理和负载均衡器使用，被广泛用于互联网上的 Web 服务和应用程序中。Nginx 标识如图 7-4 所示。

图 7-4 Nginx 标识

Nginx 具有轻量级、高性能、低内存占用等特点，可以处理大量并发连接和大流量的数据传输，支持多种编程语言（如 PHP、Python、Ruby 等）和框架（如 Django、Flask 等），同时支持 SSL、TLS、HTTPS 等安全协议，并且易于配置和扩展。

Nginx 常常作为 LNMP（Linux + Nginx + MySQL + PHP/Python/Ruby）技术栈中的 Web 服务器。与 Apache Web Server 相比，Nginx 在处理静态文件、负载均衡和反向代理等方面表现更出色。

Nginx 具有以下几个主要特性：
- 高性能：Nginx 采用事件驱动和异步非阻塞的工作方式，可以处理大量并发连接和大流量的数据传输。
- 轻量级：Nginx 的内存占用很少，并且其安装包非常小，在资源受限的环境下表现更出色。
- 可扩展性：Nginx 支持模块化架构，可以通过插件或自定义模块来扩展功能，提高灵活性和可维护性。
- 安全性：Nginx 支持 SSL、TLS、HTTPS 等安全协议，并且可以进行反向代理和负载均衡，从而提高 Web 应用程序的安全性和可用性。
- 稳定性：Nginx 在设计上考虑了容错和稳定性问题，并且能够优雅地处理异常情况和进行故障恢复。
- 易于配置：Nginx 的配置文件简洁明了，并且支持热更新和动态加载配置，使得管理员可以快速进行配置和调整。

后续会重点介绍如何使用 Docker 来运行常见的 Web 服务容器。通过 Web 服务镜像构建与使用步骤展示容器的强大功能。

任务设计与准备

一、任务设计

任务目的：
- 了解 Dockerfile 基础知识；
- 掌握 Dockerfile 使用方法；
- 掌握 Web 服务容器创建方法。

任务内容：
- 使用 Dockerfile 构建镜像；
- 使用 Docker 创建 Web 服务容器。

二、任务准备

- 准备 RHEL 9 虚拟机；
- 使用 root 用户登录 RHEL 9 虚拟机；
- 安装 Docker 引擎，启动 Docker 服务。

任务实施

一、使用 Dockerfile 构建镜像

使用 Dockerfile 构建镜像的步骤如图 7-5 所示。

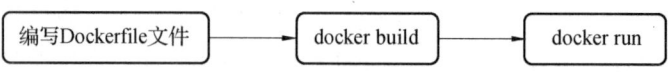

图 7-5 使用 Dockerfile 构建镜像的步骤

下面使用 Dockerfile 制作 sshd 镜像。

(一) 编写 Dockerfile 文件

```
[root@localhost~]# vimDockerfile
#基础镜像
FROM centos:latest
#用户信息
LABEL this is sshd project
#基于基础镜像更新系统、安装软件
RUN yum -y update
RUN yum -y install openssh* net-tools lsof telnet passwd
#设置用户密码
RUN echo '123456' | passwd --stdin root
#关闭 PAM 认证
RUN sed -i 's/UsePAM yes/UsePAM no/g' /etc/ssh/sshd_config
#添加非对称密钥
RUN ssh-keygen -t rsa -f /etc/ssh/ssh_host_rsa_key
#关闭 PAM 会话模块
RUN sed -i '/^session\s\+required\s\+pam_loginuid.so/s/^/#/' /etc/pam.d/sshd
#创建 SSH 工作目录,设置权限
RUN mkdir -p /root/.ssh && chown root.root /root && chmod 700 /root/.ssh
#设置端口号
EXPOSE 22
#启动容器时执行操作
CMD ["/usr/sbin/sshd","-D"]
```

以上编写的 Dockerfile 文件中使用了 Dockerfile 相关命令,说明如下:

● FROM:指定基础镜像,语法为 FROM <image> [AS <name>] 或 FROM <image>:<tag> [AS <name>] FROM <image>@<digest> [AS <name>]。任何 Dockerfile 中第一条命令都必须为 FROM 命令。如果在同一个 Dockerfile 中创建多个镜像,则可以使用多个 FROM 命令(每个镜像使用一次)。

- LABEL：用于添加镜像的元数据信息，如镜像版本、描述、维护者等。这些信息可以帮助用户更好地了解和管理 Docker 镜像。
- RUN：用于在 Docker 容器中执行一条或多条命令，并将结果保存为新的镜像层。可以使用多个 RUN 命令来构建复杂的应用程序镜像。
- EXPOSE：用于声明 Docker 镜像运行时需要开放的端口，使得在运行容器时可以更好地管理网络连接。EXPOSE 命令的语法为 EXPOSE <port> [<port>/<protocol>…]，其中，port 是要开放的端口的端口号，protocol 是要使用的协议。可以使用多个 EXPOSE 命令来声明多个端口。需要注意的是，EXPOSE 命令并不会自动将容器内部的端口映射到宿主机上，而只是声明了容器内运行的应用程序的端口，通知 Docker 守护进程该容器将使用这些端口。在启动容器时，可以通过-p 或-P 参数将容器内部的端口映射到宿主机上。

Dockerfile 涉及的命令非常多，每个命令都有不同的作用和语法规则，可以参考 Docker 官方文档提供的使用指南和最佳实践，也可以查阅一些优秀的第三方教程和示例代码。

(二)使用 Dockerfile 创建镜像

docker build 命令用于使用 Dockerfile 构建 Docker 镜像，可以根据指定的 Dockerfile 和上下文(context)创建新的镜像。

docker build 命令的语法如下：

```
docker build [参数] PATH | URL | -
```

其中，PATH 表示 Dockerfile 所在的目录位置，URL 表示 Dockerfile 所在的 Git 仓库地址，-表示使用标准输入作为 Dockerfile。常用的参数包括：

- -t，--tag：为生成的镜像添加一个名称和标签；
- -f，--file：指定 Dockerfile 文件名；
- --network：指定命名用的网络模式。

例如，使用 docker build 生成 sshd: new 镜像，命令如下：

```
[root@localhost ~]# docker build --network host -t sshd:new
[+] Building 15.4s (11/11) FINISHED
 => [internal] load build definition from Dockerfile    0.0s
 => => transferring dockerfile: 782B 0.0s
 => [internal] load .dockerignore    0.0s
 => => transferring context: 2B    0.0s
 => [internal] load metadata for docker.io/library/centos:7 15.3s
 ...
 => exporting to image    0.0s
 => exporting layers0.0s
 => naming to docker.io/library/sshd:new    0.0s
#查看镜像
```

```
[root@localhost ~]# docker images
REPOSITORY    TAG       IMAGE ID        CREATED          SIZE
sshd          new       9a93f5e6cb62    2 minutes ago    504MB
busybox       latest    beae173ccac6    15 months ago    1.24MB
centos        latest    5d0da3dc9764    19 months ago    231MB
```

注意：由于构建镜像时，使用了 RUN 命令更新系统或者下载相关工具软件，因此，建议指定--network host，那么在构建 Docker 镜像时将使用 host 网络模式，否则会造成下载失败。

（三）创建容器验证

例如，使用 docker run 命令创建并运行容器，并将本机 3722 号端口映射到容器的 22 号端口，命令如下：

```
#使用 sshd:new 创建容器
[root@localhost ~]# docker run -d -p3722:22 sshd:new
6325ffe3a937001738ff7ba43495e3a833045c67be8c9eeed81ec2552f79e61f
#查看运行中的容器
[root@localhost ~]# docker ps -a
CONTAINER ID    IMAGE      COMMAND            CREATED        STATUS        PORTS              NAMES
6325ffe3a937    sshd:new   "/usr/sbin/sshd -D" 5 seconds ago  Up 4 seconds  0.0.0.0:3722->22/tcp, :::3722->22/tcp    clever_ramanujan
#通过 3722 号端口连接容器
[root@localhost ~]# ssh localhost -p 3722
The authenticity of host '[localhost]:3722 ([::1]:3722)' can't be established.
RSA key fingerprint is SHA256:z7h9W04aQTLMX2EYf44WdUJsW2sp5odkRG9QVDsAQzU.
Are you sure you want to continue connecting (yes/no/[fingerprint])? yes
Warning: Permanently added '[localhost]:3722' (RSA) to the list of known hosts.
root@localhost's password:
[root@6325ffe3a937 ~]#
```

二、使用 Docker 创建 Web 服务容器

（一）创建 Apache 服务容器

1. 拉取 Apache 镜像

```
[root@localhost ~]# docker pull daocloud.io/sectest/php-apache:master-ca84461
master-ca84461: Pulling from sectest/php-apache
7ee37f181318: Pull complete
df5ffabe5e97: Pull complete
....
Digest: sha256:429805871415e63b283c68879ce6536716e5a6e9a9fa79fcc6c5ea8d26e8225e
Status: Downloaded newer image for daocloud.io/sectest/php-apache:master-ca84461
daocloud.io/sectest/php-apache:master-ca84461
```

2. 启动容器

[root@localhost ~]# docker run -d -it -p 8888:80 --name apache_php -v /var/www/html:/var/www/html daocloud.io/sectest/php-apache:master-ca84461 /bin/sh
312070442f20ead26c94c9b8ca69932640a0236e62c673ce43822d567fe840af

3. 连接容器，启动服务

[root@localhost ~]# docker exec -t -i apache_php /bin/bash
#启动 Apache 服务
[root@312070442f20:/app# service apache2 start
 * Starting web server apache2   *
root@312070442f20:/app# exit
exit

4. 连接测试

打开本地浏览器，输入"http://localhost:8888"即可访问 Web 服务器，Apache Web 服务器页面如图 7-6 所示。

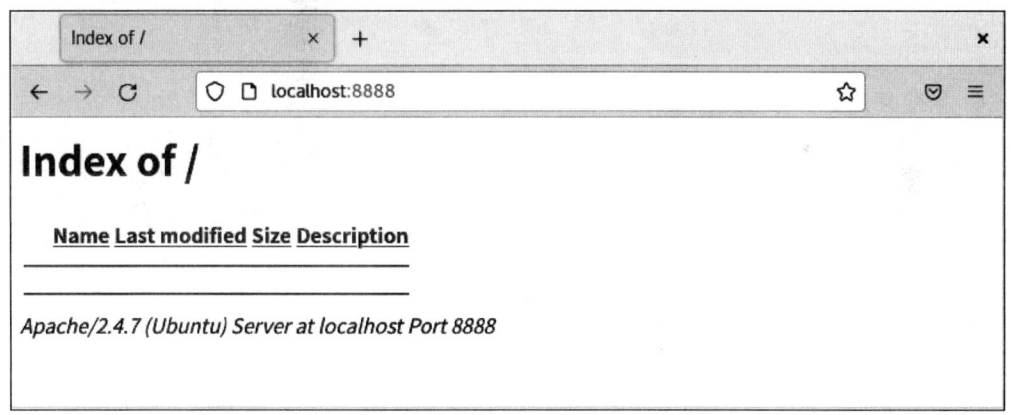

图 7-6 Apache Web 服务器页面

（二）创建 Nginx 服务容器

1. 拉取 Nginx 镜像

可以从远程仓库中拉取相应的镜像，也可以使用本地仓库获取镜像。在默认的情况下，从 Docker Hub 中拉取镜像。

[root@localhost ~]# docker search nginx
NAME   DESCRIPTION   STARS   OFFICIAL   AUTOMATED
nginx   Official build of Nginx.   18384   [OK]
...

2. 下载镜像

```
[root@localhost ~]# docker pull nginx
Using default tag: latest
latest: Pulling from library/nginx
a2abf6c4d29d: Pull complete
a9edb18cadd1: Pull complete
589b7251471a: Pull complete
186b1aaa4aa6: Pull complete
b4df32aa5a72: Pull complete
a0bcbecc962e: Pull complete
Digest: sha256:0d17b565c37bcbd895e9d92315a05c1c3c9a29f762b011a10c54a66cd53c9b31
Status: Downloaded newer image for nginx:latest
docker.io/library/nginx:latest
```

3. 查看镜像

[root@localhost ~]# docker images

REPOSITORY	TAG	IMAGE ID	CREATED	SIZE
nginx	latest	605c77e624dd	15 months ago	141MB

4. 创建并启动一个 Nginx 服务容器

```
[root@localhost ~]# docker run --name tb-nginx -p 1080:80 -d nginx
c6569caf4f6f7742d9233761bb04e26a541ea42b2ecbda112cb1a1d84eefe17a
```

其中，tb-nginx 表示容器名称；-d 设置容器在后台一直运行；-p 指定端口映射，将本机 1080 号端口映射到容器内部的 80 号端口。

5. 访问本地页面

打开本地浏览器，输入"http://localhost:1080"即可访问 Web 服务器。Nginx Web 服务器页面如图 7-7 所示。

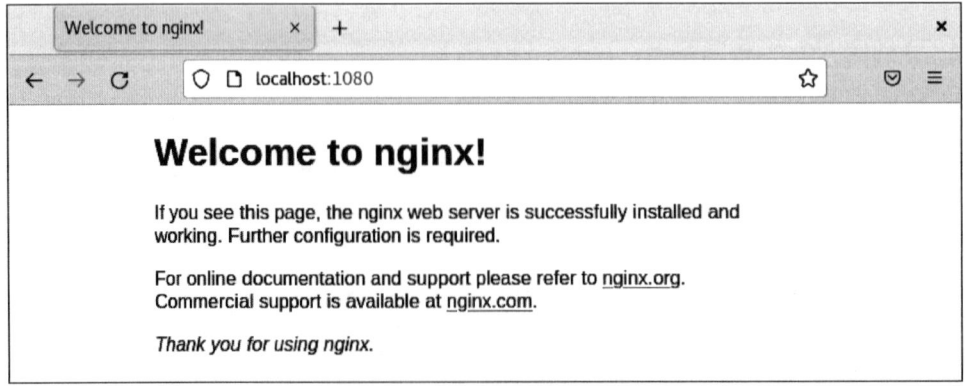

图 7-7　Nginx Web 服务器页面

任务总结

本任务介绍围绕 Dockerfile 文件构建镜像的过程，包括 Dockerfile 的基本结构、所支持的内部指令、使用它创建镜像的基本过程，以及合理构建镜像的方法。通过本任务中的实践，读者可以利用 Dockerfile 快速构建典型的 Web 服务容器（包括 Apache、Nginx），以及持续开发与管理的工具。关于 Dockerfile 更多的编写技巧和实践，还需要在实际的生产任务中不断地学习和实践。

思考与练习

一、填空题

1. Docker 可以与 Linux _____ 本身紧密结合，以便针对基于 Linux 的容器镜像进行更高级别的封装。

2. _____ 是一个文本文件，其包含了用于构建 Docker 镜像的命令。Docker 可以根据 Dockerfile 中的命令自动构建镜像，并将其发布到 Docker 仓库中。

3. Web 应用通常由前端和后端两部分组成，_____ 是指用户界面和交互逻辑，_____ 是指数据存储和处理逻辑。

4. 使用 Dockerfile 制作镜像分为三个步骤：_____、_____、_____。

5. 使用 Docker 创建 Web 服务容器，进行连接测试时，打开本地浏览器，输入_____即可访问 Web 服务器。

二、选择题

1. Dockerfile 的命令 CMD 的意思是（   ）。
A. 在容器中执行命令（如安装软件、下载文件等）
B. 设置容器中的工作目录
C. 声明应用程序使用的端口号
D. 定义容器启动时要运行的命令

2. 下面不属于 Dockerfile 构建镜像所需的命令的是（   ）。
A. LABEL　　　　B. RUN　　　　C. COPY　　　　D. ADD

3. 下面不属于 Nginx Web 服务器的优点的是（   ）。
A. 高性能　　　B. 高稳定性　　　C. 高兼容性　　　D. 可扩展性

4. 编写 Dockerfile 文件所使用的 EXPOSE 命令可以（   ）。
A. 声明 Docker 镜像运行时需要开放的端口，使得在运行容器时可以更好地管理网络连接
B. 指定基础镜像
C. 添加镜像的元数据信息，如镜像版本、描述、维护者等

D. 在 Docker 容器中执行一条或多条命令，并将结果保存为新的镜像层

5. 创建并启动一个 Nginx 容器，[root@ localhost ~]# docker run --name tb-nginx -p 1080:80 -d nginx，其中参数的意义解释错误的是(　　)。

A. tb-nginx 表示容器名称

B. -d 设置容器在在前台一直运行

C. -p 设置端口映射，将本机 1080 号端口映射到容器内部的 80 号端口

D. 都正确

三、判断题

1. Dockerfile 是 Docker 镜像构建的基础，它用于定义一个可扩展但不可重复的构建过程。　　　　　　　　　　　　　　　　　　　　　　　　　　　　　　(　　)

2. Apache Web Server 提供了丰富的功能和模块化的架构，可以处理静态和动态内容、支持多种编程语言和框架。　　　　　　　　　　　　　　　　　　　(　　)

3. 编写 Dockerfile 文件中的 RUN 命令用于在 Docker 容器中执行最多一条命令，并将结果保存为新的镜像层。　　　　　　　　　　　　　　　　　　　(　　)

4. Nginx 镜像只能从远程仓库中拉取，不能从本地仓库中获取。　　(　　)

5. Dockerfile 中要设置环境变量或添加标签等元数据，可以使用 ENV 和 LABEL 等命令。　　　　　　　　　　　　　　　　　　　　　　　　　　　　　　(　　)

四、简答题

1. Linux 下常用的 Web 服务工具有哪些？

2. Dockerfile 有哪些常用的关键命令？

3. 如何优化 Dockerfile 文件编写过程？

4. 编写 Dockerfile 文件中使用的 Dockerfile 相关命令有哪些？

5. 创建 Nginx 服务容器的步骤是什么？

项目八　Linux 远程控制与 Zabbix 系统监控

任务一　远程工具安装与使用

任务背景

某大型企业的业务系统正式上线后，系统的运行、维护工作尤为重要，传统的系统维护方式需要运维人员进行现场排查，如果企业规模较大，计算机数量众多，则这种操作模式的工作效率较差且工作量大，需要企业配备较多的运维人员。采用远程运维的方式，通过远程控制软件维护业务系统和服务器，将分散在企业各处的计算机终端进行集中化管理，实现计算机终端的远程控制，极大减少了运维人员的工作量，显著提升工作效率，可以更大程度地节约企业成本。

素质小课堂

《环球时报》记者 2022 年 9 月 13 日从相关部门获悉，在西北工业大学遭受美国国家安全局(NSA)网络攻击事件中，名为"饮茶"的嗅探窃密类网络武器是导致大量敏感数据遭窃的最直接"罪魁祸首"之一。相关网络安全专家介绍，NSA 使用"饮茶"作为嗅探窃密工具，将其植入西北工业大学内部网络服务器，窃取了 SSH 等远程管理和远程文件传输服务的登录密码，从而获得内网中其他服务器的访问权限，实现内网横向移动，并向其他高价值服务器投送其他嗅探窃密类、持久化控制类和

> 隐蔽消痕类网络武器，造成大规模、持续性敏感数据失窃。
> 　　无论是数据窃取还是系统毁灭瘫痪，网络攻击行为都会给网络空间，甚至现实世界造成巨大破坏，尤其是针对重要关键信息基础设施的攻击行为。网络空间在很大程度上是物理空间的映射，网络活动轻易跨越国境的特性使之成为持续性斗争的先导。没有网络安全就没有国家安全，只有发展在科技领域的非对称竞争优势，才能建立起属于中国的、独立自主的网络防护和对抗能力。在学习本任务内容时，需要增强自身的网络安全意识，合理利用网络，明辨是非，做遵纪守法的好公民。

 知识准备

一、VNC 远程工具

VNC（Virtual Network Computing）为一种使用远程帧缓存（Remote Framebuffer，RFB）协议的屏幕画面分享及远程操作软件。此软件借由网络，可发送键盘和鼠标的动作，以及即时的屏幕画面。VNC 与操作系统无关，因此可跨平台使用，如可用 Windows 连接到某 Linux 计算机，反之亦同。甚至在没有安装客户端程序的计算机中，只要有支持 Java 的浏览器，就也可使用 VNC。

（一）VNC 简介

VNC 由 Olivetti & Oracle 研究室开发，此研究室在 1999 年并入美国电话电报公司（AT&T）。AT&T 于 2002 年中止了此研究室的运作，并把 VNC 以通用公共许可证（General Public License，GPL）发布。VNC 标识如图 8-1 所示。

它是免费的，并且可用于数量庞大的不同操作系统，它的简单、可靠、和向后兼容性使之进化成为使用最为广泛的远程控制软件，多平台的支持对网络管理员来说是十分重要的，这使得网络管理员可以使用一种工具管理几乎所有系统。

图 8-1　VNC 标识

（二）VNC 原理

VNC 系统由客户端、服务器端和一个协议组成。

VNC 的服务器端目的是分享其所运行机器的屏幕，服务器端被动地允许客户端控制它。VNC 客户端（或 Viewer）观察、控制服务器端，与服务器端交互。VNC 协议 RFB 是一个简单的协议，传送服务器端的原始图像到客户端，客户端传送事件消息到服务器端。

服务器端发送帧缓存给客户端，在最简单的情况下，VNC 协议使用大量的带宽，因此

各种各样的方法被发明出来减少通信的开支，举例来说，有各种各样的编码方法来决定如何最有效率地传送这些点阵方块。

协议允许客户端和服务器端去协商哪种编码会被使用。最简单的，也是被大多数客户端和服务器端所支持的编码是，从左到右的像素扫描数据的原始编码，当原始的满屏数据被发送后，只发送变化的方块区域。这种编码在帧间只有小部分变化的情况下工作得非常好（如在光标处敲击文字），如果大量的像素同时变化，则带宽将会增加得非常高，如拖动一个窗口或观看全屏录像。

VNC 默认使用 TCP 端口 5900 至 5906，而 Java 的 VNC 客户端使用端口 5800 至 5806。一个服务器端可以在端口 5900 用监听模式连接一个客户端，使用监听模式的一个好处是服务器端不需要设置防火墙。

（三）VNC 软件

VNC 以 GPL 授权，派生出了几个 VNC 软件：

- RealVNC：由 VNC 团队部分成员开发，分为全功能商业版本及免费版本。
- TightVNC：强调节省带宽，开源软件，但没有 GitHub 仓库。
- TigerVNC：开源软件，开始是 TightVNC 的一个分支。其客户端支持 Windows、Linux 和 macOS，服务器支持 Linux。
- UltraVNC：加入了 TightVNC 的部分程序及加强性能的图形映射驱动程序，并结合 Active Directory 及 NTLM 的账号密码认证，但仅有 Windows 版本。
- Vine Viewer：Mac OS X 的 VNC 客户端。
- x11vnc：构建于 X 窗口系统（X Window System）之上。

二、noVNC 远程工具

noVNC 也称为 WebVNC，它使用 HTML5 编码，以解决网络传输过程中所面临的技术问题。noVNC 对客户端与服务器之间的通信进行编码，并将数据格式转换成 HTML5 的编码格式，以便在 Web 浏览器中更高效地传输和处理。

（一）noVNC 简介

noVNC 标识如图 8-2 所示，noVNC 是一个 HTML5 VNC 客户端，采用 HTML 5 WebSockets、Canvas 和 JavaScript 实现，noVNC 被普遍用在各大云计算、虚拟机控制面板中，如 OpenStack Dashboard 和 OpenNebula Sunstone 都用的是 noVNC。noVNC 采用 WebSockets 实现，但是目前大多数 VNC 服务器都不支持 WebSockets，所以 noVNC 是不能直接连接 VNC 服务器的，noVNC 提供了一个代理 websockify 来做 WebSockets 和 TCP sockets 之间的转换，实现了通信数据转换。

图 8-2　noVNC 标识

(二) noVNC 原理

noVNC 原理主要分为两个部分：客户端和服务器端。客户端主要负责将鼠标和键盘输入在浏览器中显示出来；服务器端负责视频和音频流的接收、解码和发送，使用 HTML5 客户端和服务器之间的通信数据加密，以增强安全性。

noVNC 客户端浏览器中的信息以 JSON 格式发送到服务器中，并提供鼠标和键盘的输入，以及窗口大小的变化等信息，服务器接收这些信息后，将其转换成可识别的二进制代码，对发送的信息进行处理，并将处理后的信息发送给客户端，因此客户端可以将收到的信息直接反馈到远程桌面上，以实现流畅的远程桌面操作。

在 noVNC 中，还采用了压缩技术，使用算法压缩数据，减少传输数据量，提高传输效率，加快信息的传输速度，同时保证信息的完整性和可靠性。

三、OpenSSH 远程工具

在 Linux 操作系统中，OpenSSH 是目前最流行的远程登录与文件传输应用，也是传统 Telnet、FTP 和 R 系列等网络应用的换代产品，由 OpenBSD 项目的一些开发人员开发，并以 BSD 风格的许可证提供。

(一) OpenSSH 简介

OpenSSH 标识如图 8-3 所示，OpenSSH 是 SSH 协议的免费开源实现。SSH 协议可以用来进行远程控制或在计算机之间传送文件，而实现此功能的传统方式，如 Telnet（终端仿真协议）、RCP、FTP、rlogin、rsh 等，都是极为不安全的，并且会使用明文传送密码。OpenSSH 提供了服务端后台程序和客户端工具，用来加密远程控制和文件传输过程中的数据，并由此代替原来的类似服务。此外，OpenSSH 还提供大量安全隧道功能、多种身份验证方法和复杂的配置选项。

图 8-3　OpenSSH 标识

(二) OpenSSH 特点

- 以提供开源的加密通信软件为发展目标。
- 用来进行远程控制，或在计算机之间传送文件。
- 使用 SSH 协议实现计算机网络加密通信。
- 提供了服务端后台程序和客户端工具，用来加密远程控制和文件传输过程中的数据。
- 取代由 SSH Communications Security 所提供的商用版本的开源方案。

(三) OpenSSH 功能

1. 客户端主动联机请求

若客户端想要联机到 SSH 服务器，则需要使用适当的客户端程序，包括 PuTTY 等客户端程序。

2. 服务器建立公钥

每一次启动 sshd 服务时，该服务会主动去找 /etc/ssh/ssh_host * 文件，若系统刚刚安装完成，没有这些公钥，则 sshd 会主动去计算出需要的公钥，同时计算出服务器自己需要的私钥。

3. 回传客户端的公钥到服务器端

用户将自己的公钥传送给服务器，此时服务器具有服务器的私钥和客户端的公钥，而客户端则具有服务器的公钥和客户端的私钥，可以看到，此次联机的服务器与客户端的密钥系统（公钥+私钥）并不一样，所以称之为非对称加密系统。

4. 服务器传送公钥给客户端

接收到客户端的请求后，服务器便将取得的公钥传送给客户端使用，客户端记录并比对服务器的公钥数据，随机计算自己的公私钥。若客户端第一次连接到此服务器，则客户端会将服务器的公钥记录到用户主目录下的 ~/.ssh/known_hosts。若客户端已经记录过该服务器的公钥，则客户端会去比对此次接收到的与之前的记录是否有差异。若客户端接受此公钥，则客户端开始计算自己的公私钥。

5. 开始双向加解密

服务器到客户端：服务器传送数据时，用用户的公钥加密后送出；客户端接收数据后，用自己的私钥解密。

客户端到服务器：客户端传送数据时，用服务器的公钥加密后送出；服务器接收数据后，用自己的私钥解密，这样就能保证通信安全。

任务设计与准备

一、任务设计

任务目的：
- 掌握 VNC 远程工具的安装和使用方法；
- 掌握 noVNC 远程工具的安装和使用方法；
- 掌握 OpenSSH 远程工具的安装和使用方法。

任务内容：
- VNC 工具安装；
- noVNC 工具安装；
- OpenSSH 工具安装。

二、任务准备

- 准备 RHEL 9 虚拟机；

- 使用 root 用户登录 RHEL 9 虚拟机；
- 虚拟机能够正常连接外网。

一、VNC 工具安装

VNC 允许 Linux 操作系统像 Windows 中的远程桌面访问那样访问 Linux 桌面。以下配置是在 RHEL 9 桌面环境下运行的。

(一)关闭 SELinux 服务及防火墙

如果操作系统上启用了 SELinux 和防火墙，则 VNC 服务器将无法正常工作，使用以下命令关闭 SELinux 防火墙。

```
[root@localhost ~]# systemctl stop firewalld
[root@localhost ~]# systemctl disable firewalld
[root@localhost ~]#   setenforce 0
[root@localhost ~]#   sed -i --follow-symlinks ' s/SELINUX = enforcing/SELINUX = disabled/g' /etc/sysconfig/selinux
```

(二)安装 VNC 服务器

```
[root@localhost ~]# yum install tigervnc-server tigervnc-server-module -y
下载软件包：
(1/5): tigervnc-license-1.13.1-3.el9_3.6.noarch.rpm          15 kB/s |  18 kB     00:01
(2/5): tigervnc-selinux-1.13.1-3.el9_3.6.noarch.rpm          22 kB/s |  27 kB     00:01
(3/5): tigervnc-server-1.13.1-3.el9_3.6.x86_64.rpm          163 kB/s | 227 kB     00:01
(4/5): tigervnc-server-module-1.13.1-3.el9_3.6.x86_64.rpm   330 kB/s | 248 kB     00:00
(5/5): tigervnc-server-minimal-1.13.1-3.el9_3.6.x86_64.rpm  528 kB/s | 1.1 MB     00:02
...
[root@localhost ~]#
```

(三)设置 VNC 密码

```
[root@localhost ~]# vncpasswd
#输入密码
Password:* * * * * *
#确认密码
Verify:* * * * * *
#是否创建只读视图密码,这里不设置,选择 n
Would you like to enter a view-only password (y/n)? n
A view-onlypassword is not used
[root@localhost ~]#
```

(四)配置 VNC 服务

创建一个文件/etc/systemd/system/vncserver@.service,以便为用户 root 启动 TigerVNC 服务器的服务。

```
[root@localhost ~]# vim /etc/systemd/system/vncserver@.service
[Unit]
Description=Remote desktop service (VNC)
After=syslog.target network.target
[Service]
Type=forking
ExecStartPre=/bin/sh -c '/usr/bin/vncserver -kill %i > /dev/null 2>&1 || :'
ExecStart=/sbin/runuser -l root -c "/usr/bin/vncserver %i -geometry1280x1024"
PIDFile=/root/.vnc/%H%i.pid
ExecStop=/bin/sh -c '/usr/bin/vncserver -kill %i > /dev/null 2>&1 || :'
[Install]
WantedBy=multi-user.target
[root@localhost ~]#
```

默认情况下,VNC 服务器在 TCP 端口 5900+n 上侦听,其中 n 是显示编号,如果显示编号为 1,则 VNC 服务器将在 TCP 端口 5901 上侦听请求。

(五)启动 VNC 服务

```
[root@localhost ~]# systemctl daemon-reload
[root@localhost ~]# systemctl start vncserver@:1.service
[root@localhost ~]# systemctl enable vncserver@:1.service
```

(六)验证 VNC 服务端口状态

使用 netstat 命令验证 VNC 服务器是否在端口 5901 上开始侦听请求。

```
[root@localhost ~]# netstat -tunlp | grep 5901
tcp        0      0 0.0.0.0:5901        0.0.0.0:*        LISTEN      2596/Xvnc
tcp6       0      0 :::5901             :::*             LISTEN      2596/Xvnc
[root@localhost ~]#
```

(七)查看 VNC 服务状态

```
[root@localhost ~]# systemctl status vncserver@:1.service
● vncserver@:1.service - Remote desktop service (VNC)
   Loaded: loaded (/etc/systemd/system/vncserver@.service; enabled; vendor preset: disabled)
   Active: active (running) since Mon 2023-05-08 14:22:35 CST; 17minago
 Main PID: 2596 (Xvnc)
    Tasks: 0 (limit: 11236)
   Memory: 4.0K
```

```
CGroup: /system. slice/system-vncserver. slice/vncserver@:1. service
   ▶ 2596 /usr/bin/Xvnc :1 -alwaysshared -desktop sandbox -geometry 2000x1200 -auth /root/
. Xauthority -fp catalogue:/etc/X11/fontpath. d -pn -rfbauth /root/. vnc/passwd -rfbport 5901 -rfbwait 30000
   …
[root@localhost ~]#
```

(八)连接到远程桌面会话

要访问远程桌面,需要在 Windows 宿主机中启动 VNC Viewer,如图 8-4 所示,输入 VNC 服务器的 IP 地址和端口号后,按回车键。

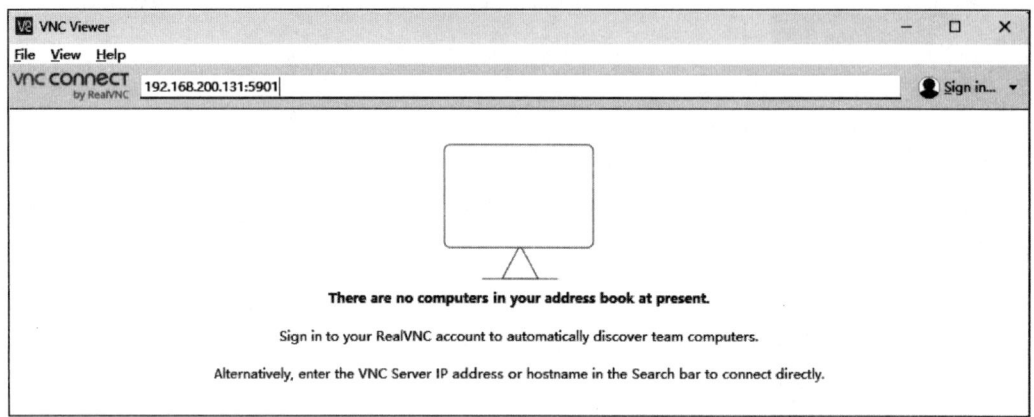

图 8-4　启动 VNC Viewer

接下来,根据提示输入用户名和密码,如图 8-5 所示,单击"OK"按钮。

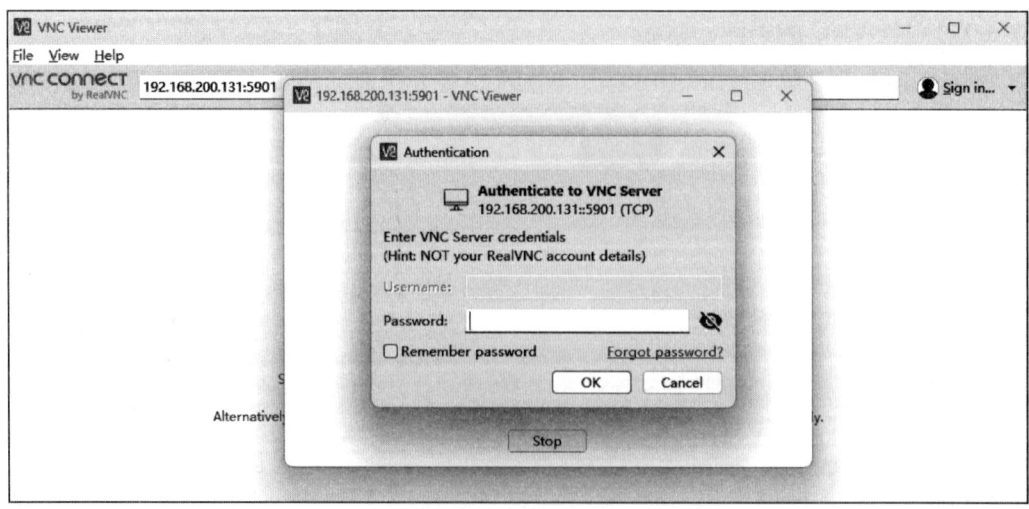

图 8-5　输入用户名和密码

远程桌面连接成功，如图 8-6 所示，后期可以远程管理和维护这台 Linux 服务器。

图 8-6　远程桌面连接成功

二、noVNC 工具安装

noVNC 是一款开源 VNC 客户端，也是一个 JavaScript 库，可以在包含移动浏览器（iOS 和 Android）在内的任何浏览器中远程连接 VNC 服务器，广泛应用于各大云计算和虚拟机控制面板。

（一）下载 noVNC 安装包

```
[root@localhost ~]# git clone   https://github.com/novnc/noVNC.git
正克隆到 'noVNC'...
...
接收对象中: 100% (12405/12405), 10.12 MiB | 322.00 KiB/s, 完成.
处理 delta 中: 100% (8620/8620), 完成.
```

（二）启动 noVNC

noVNC 在数据传输时和原生的 VNC 客户端不同。原生的 VNC 客户端的 RFB 数据是直接承载在 TCP（Raw TCP）上的，而 noVNC 处理的 RFB 数据是承载在 WebSockets 之上的。由于目前大多数 VNC 服务器都不支持 WebSockets，noVNC 是不能直接连接 VNC 服务器的，这就需要一个代理来实现 Websockets 和 Raw TCP 之间的转换，这个代理就是 Websockify。在启动 noVNC 时，会从 GitHub 上获取 Websockify，并自动安装 Websockify。

```
[root@localhost noVNC]# ./utils/novnc_proxy --vnc localhost:5901
No installed websockify, attempting to clone websockify...
正克隆到 '/root/noVNC/utils/websockify'...
......
WebSocket server settings:
  - Listen on :6080
  - Web server. Web root: /root/noVNC
  - No SSL/TLS support (no cert file)
```

```
- proxying from :6080 to localhost:5901
Navigate to this URL:
http://localhost.localdomain:6080/vnc.html?host=localhost.localdomain&port=6080
```

启动 noVNC 后，系统生成访问地址，如 http://localhost.localdomain:6080/vnc.html?host=localhost.localdomain&port=6080，其中，6080 是外部访问的端口号；localhost 是主机名，主机名在外部访问时可替换为服务器实际的 IP 地址。

(三) 连接服务器

打开宿主机的浏览器，在地址栏中输入访问地址"http://localhost.localdomain:6080/vnc.html?host=localhost.localdomain&port=6080"，连接 VNC 服务，如图 8-7 所示。

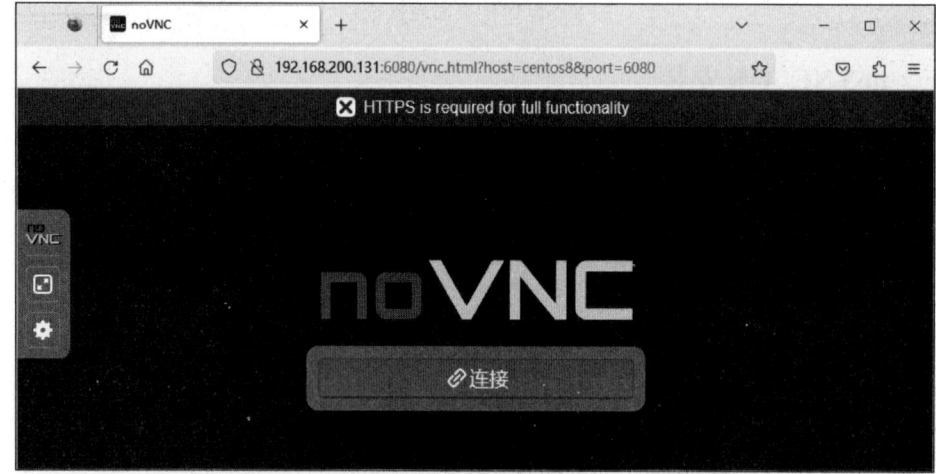

图 8-7　连接 VNC 服务

单击"连接"按钮，输入 VNC 服务设置的密码，如图 8-8 所示。

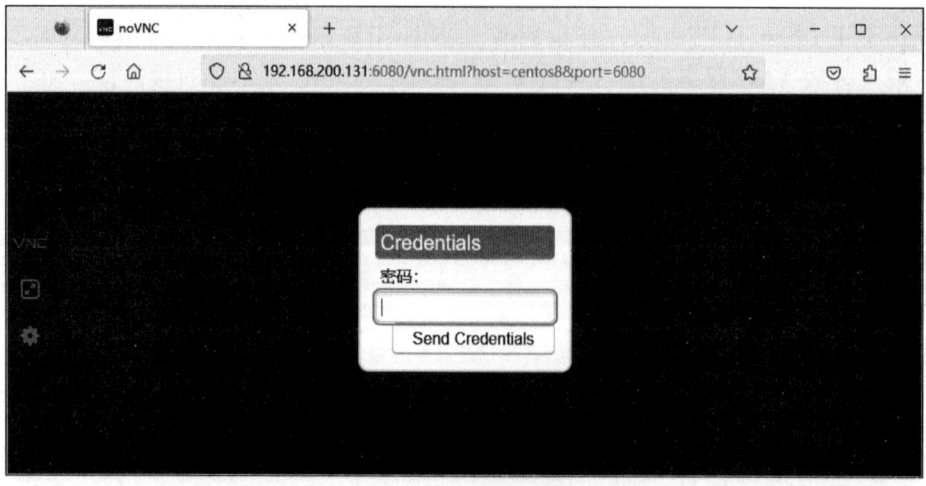

图 8-8　输入 VNC 服务设置的密码

进入 Linux 桌面，如图 8-9 所示，这样就可以在浏览器中对 Linux 服务器进行管理和维护了。

图 8-9　进入 Linux 桌面

三、OpenSSH 工具安装

OpenSSH 是一种用于安全登录和文件传输的开源软件。它提供了加密的通信协议，使得用户可以在不安全的网络上进行安全的远程登录、数据传输和管理，从而保证用户数据的机密性和完整性。OpenSSH 工具可以方便运维人员通过远程方式对服务器进行管理和维护。

（一）下载 OpenSSH 软件包

```
[root@localhost ~]# yum install -y openssh-server openssh-clients
下载软件包:
(1/2): openssh-server-8.0p1-10.el8.x86_64.rpm        136 kB/s | 485 kB     00.03
(2/2): openssh-clients-8.0p1-10.el8.x86_64.rpm        93 kB/s | 668 kB     00:07
总计                                                 160 kB/s | 1.1 MB    00:07
...
已安装:
openssh-clients-8.0p1-10.el8.x86_64
openssh-server-8.0p1-10.el8.x86_64
完毕!
[root@localhost ~]#
```

(二)启动 SSH 服务

```
[root@localhost ~]# systemctl start sshd
#查看状态
[root@localhost ~]# sudo systemctl status sshd
● sshd.service - OpenSSH server daemon
    Loaded: loaded (/usr/lib/systemd/system/sshd.service; enabled; vendor preset: enabled)
    Active: active (running) since ...
localhost systemd[1]: Starting OpenSSH server daemon...
localhost sshd[6481]: Server listening on 0.0.0.0 port 22.
localhost sshd[6481]: Server listening on :: port 22
```

上述"active(running)"信息说明 SSH 服务已经启动,SSH 默认使用 22 号端口进行监听和连接。

(三)SSH 远程连接

例如,要通过 OpenSSH 连接远程计算机,IP 地址为 192.168.200.131,用户名为 root,则可以使用以下命令:

```
[root@localhost ~]# ssh root@192.168.200.131
The authenticity of host '192.168.200.131 (192.168.200.131)' can't be established.
ECDSA key fingerprint is SHA256:L8JB4BrTIPBGur0O2/N5CmU5yLHeMIhHyUjLgUnHmBA.
Are you sure you want to continue connecting (yes/no/[fingerprint])? yes
Warning: Permanently added '192.168.200.131' (ECDSA) to the list of known hosts.
root@192.168.200.131's password:
Activate the web console with: systemctl enable --now cockpit.socket
```

第一次连接时会询问用户是否要连接,输入"yes"后,输入 root 用户有效密码,即连接成功。

(四)修改 SSH 默认端口

SSH 默认使用 22 号端口进行监听和连接,为了增强系统的安全性,可以将 SSH 服务的监听端口修改为其他非标准端口。用户可以通过修改 SSH 配置文件/etc/ssh/sshd_config 来更改其监听端口。

```
#打开/etc/ssh/sshd_config 文件,找到关于端口的行,默认情况下是"#Port 22",去掉前面的注释符号
"#"并将端口号改为想要使用的端口号,本例中为 2022 号端口
[root@localhost ~]# vim /etc/ssh/sshd_config
...
#Port 22
Port 2022
...
[root@localhost ~]# systemctl restart sshd
[root@localhost ~]# ssh 192.168.200.131
```

```
#提示22号端口拒绝连接
ssh: connect to host localhost port 22: Connection refused
#使用2022号端口连接,-p 参数指定端口号
[root@localhost ~]# ssh -p 2022 192.168.200.131
root@192.168.200.131's password: ******
Activate the web console with: systemctl enable --now cockpit.socket
Last login: Tue May 16 16:18:43 2023 from 192.168.200.131
[root@localhost ~]#
```

（五）SSH 免密登录

在分布式应用场景中一般有多台计算机构成的集群，多台计算机之间往往需要相互访问，如果没有配置免密，则每次连接远程服务器时都需要输入"yes"和密码；配置免密后，无需输入"yes"和密码进行确认，使得集群维护更加方便。

```
#生成密钥,输入命令后一直按回车键
[root@localhost ~]# ssh-keygen -t rsa
Generating public/private rsa key pair.
Enter file in which to save the key (/root/.ssh/id_rsa):
Enter passphrase (empty for no passphrase):
Enter same passphrase again:
Your identification has been saved in /root/.ssh/id_rsa.
Your public key has been saved in /root/.ssh/id_rsa.pub.
The key fingerprint is:
SHA256:ootTuXcbFZbwu9ELdZmy24j289uXJQYv3C3f7zxwhTw root@localhost
The key's randomart image is:
+---[RSA 3072]----+
|        .        |
|       o. o      |
|      = o. +.    |
|     . =. +E .   |
|     .. S = o+ o |
|    o. . =o* * .o|
|    ... + +o+++ |
|    .....o..  =+|
|    ....... .oooO|
+----[SHA256]-----+

#密钥生成后的存放目录是~/.ssh,查看已生成的密钥文件
[root@localhost ~]# cd ~/.ssh
[root@localhost .ssh]# ls
id_rsa  id_rsa.pub  known_hosts
```

```
#将公钥id_rsa.pub复制到当前目录下的authorized_keys列表中,并修改权限为600
[root@localhost .ssh]# cat id_rsa.pub >> authorized_keys
[root@localhost .ssh]# chmod 600 authorized_keys
[root@localhost .ssh]# ssh 192.168.200.131
ssh: connect to host 192.168.200.131 port 22:Connection refused
#使用ssh命令连接2022号端口(默认为22号端口)
[root@localhost .ssh]# ssh -p 2022 192.168.200.131
Activate the web console with: systemctl enable --now cockpit.socket
Last login: Tue May 16 16:27:23 2023 from 192.168.200.131
#不用输入密码即可登录,SSH免密登录设置成功
[root@localhost ~]#
```

上述操作仅在一台计算机上实现免密登录,读者可自行查阅相关资料实现集群中多台计算机的免密登录。

任务总结

本任务介绍了 VNC、noVNC、OpenSSH 远程工具的原理、特点、功能等。通过本任务的学习,要求理解这些工具如何运作,更重要的是要掌握它们的安装方法,以便在实际工作中灵活应用。

思考与练习

一、填空题

1. VNC 系统由_____、_____和一个_____组成。

2. noVNC 原理主要分为两个模块。_____模块主要负责将鼠标和键盘输入在浏览器中显示出来;_____模块负责视频和音频流的接收、解码和发送,使用 HTML5 客户端和服务器之间的通信数据加密,以增强安全性。

3. _____是 SSH 协议的免费开源实现,提供了服务器端后台程序和客户端工具,用来加密远程控制和文件传输过程中的数据,并由此代替原来的类似服务。

4. 如果操作系统上启用了_____和_____,则 VNC 服务器将无法正常工作。

5. noVNC 在数据传输时和原生的 VNC 客户端不同。原生的客户端的 RFB 数据是直接承载在 TCP 上的,而 noVNC 处理的 RFB 数据是承载在_____之上的。

二、选择题

1. SSH 默认使用( )号端口进行监听和连接。为了增强系统的安全性,可以将 SSH 服务的监听端口修改为其他非标准端口。

  A. 6   B. 12   C. 22   D. 61

2. 下面不属于 VNC 的派生软件的是（　　）。
   A. RealVNC　　　B. noVNC　　　C. TigerVNC　　　D. Vine Viewer
3. 下面不属于 OpenSSH 特点的是（　　）。
   A. 以提供开源码的加密通信软件为发展目标
   B. 用来进行远程控制，或在计算机之间传送文件
   C. 使用 SSH 实现计算机网络加密通信
   D. 提供了服务器端前台程序和客户端工具，用来加密远程控制和文件传输过程中的数据
4. 默认情况下，VNC 服务器在 TCP 端口（　　）+n 上侦听，其中 n 是显示编号。
   A. 5000　　　　　B. 5800　　　　　C. 5900　　　　　D. 6300
5. OpenSSH 服务器到客户端的双向加解密是指服务器传送数据时，用用户的（　　）加密后送出；客户端接收数据后，用自己的（　　）解密。
   A. 公钥，公钥　　B. 公钥，私钥　　C. 私钥，公钥　　D. 私钥，私钥

三、判断题

1. VNC 默认使用 TCP 端口 5900 至 5906，而 Java 的 VNC 客户端使用端口 5800 至 5806。（　　）
2. noVNC 可以直接连接 VNC 服务器。（　　）
3. VNC 软件派生的 TightVNC 强调节省带宽。它是开源软件，有对应的 GitHub 仓库。（　　）
4. 在分布式应用场景中一般有多台计算机构成的集群，多台计算机之间往往需要相互访问，如果没有配置免密，则每次连接远程服务器都需要输入"yes"和密码。配置免密后，无需输入"yes"和密码进行确认，使得集群维护更加方便。（　　）
5. 每一次启动 sshd 服务时，该服务会主动去找 /etc/ssh/ssh_host* 文件，若系统刚刚安装完成，没有这些公钥，则 sshd 会主动去计算出需要的公钥，但不会计算出服务器自己需要的私钥。（　　）

四、简答题

1. 简单说明 VNC 系统的组成。
2. 简述 noVNC 的原理。
3. OpenSSH 有哪些功能？
4. 列出几个 VNC 派生软件。
5. 安装 VNC 工具的步骤是什么？

任务二　Zabbix 分布式系统监控

任务背景

企业服务器为用户提供服务，作为运维工程师，最重要的责任就是保证网站正常稳定运行。运维工程师需要实时监控网站、服务器的运行状态，及时处理故障。监控网站无须时刻访问 Web 网站或者登录服务器，可以借助开源监控软件，如 Zabbix、Cacti、Nagios、Ganglia 等来实现对网站的 7×24 小时的监控，并且做到有故障并且做到有故障及时报警通知 SA（System Administrator，系统管理员）解决。

本任务将介绍 Zabbix 安装、Zabbix 主机监控、自定义监控等内容。

素质小课堂

除了桌面和服务器操作系统，我国车载操作系统也处于飞速发展期。车载操作系统分为智能驾驶操作系统、安全车控操作系统和座舱操作系统。其中，以影音娱乐为主的座舱操作系统技术相对成熟，真正影响汽车行驶的智能驾驶操作系统和安全车控操作系统是亟待攻下的技术"山头"，尤其是智能驾驶操作系统，更是重中之重。

"与电脑操作系统一样，智能驾驶操作系统同样面临着产业供应链安全问题，同时应用需求的不断升级，也牵引着国产车载操作系统加速研发。"国家智能网联汽车创新中心副主任张文杰介绍，人工智能在车上的应用越来越丰富，如自动停车、车道保持、"车路云一体化"等，这些应用不断涌现，智能汽车将成为自主移动 AI 计算机，这对操作系统的要求更高。

为此，2023 年开始，国家智能网联汽车创新中心联合中国汽车工程学会、中国计算机学会共同发起，清华大学、电子科技大学、中兴通讯、国汽智控等单位加入，成立车用操作系统和泛在操作系统联合实验室，围绕顶层架构设计、核心技术攻关、标准建设、测试认证、生态建设、示范应用等方向，研发车载智能计算基础平台和国产自主智能驾驶操作系统，推动产业化落地。

项目八 Linux 远程控制与 Zabbix 系统监控

2023 年 10 月 30 日，国家智能网联汽车创新中心表示，集合了清华大学等国内产学研用各方力量的国产自主智能驾驶操作系统取得阶段性突破，其基线版本 1.0 已取得阶段性成果，完成了哪吒 U 电动汽车在 8 种典型场景 L2 级自动驾驶的功能验证及应用示范，支撑金龙巴士完成 L4 级别的智能驾驶功能开发且取得测试牌照，可在公开道路上运行。

知识准备

一、Zabbix 分布式系统监控简介

Zabbix 是一款开源的分布式系统监控工具，可以帮助管理员对 IT 基础设施进行全面的监控和管理，Zabbix 标识如图 8-10 所示。它支持多种操作系统、数据库和网络协议，并提供了丰富的监控功能，覆盖 CPU、内存、磁盘、网络等各个方面。Zabbix 分布式系统监控的优点如下：

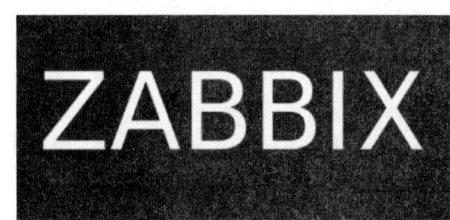

图 8-10 Zabbix 标识

- 开源免费：Zabbix 是完全开源的，可以在任何平台上自由使用和修改，且不需要支付任何费用。
- 多样化监控：Zabbix 支持多种操作系统、数据库和网络协议的监控，可以监控各种 IT 基础设施，包括服务器、网络设备、应用程序等。
- 分布式架构：Zabbix 采用分布式架构，可以轻松地扩展监控节点，以实现更高的性能和可靠性。
- 自定义报警：Zabbix 提供了灵活的报警规则和通知方式，管理员可以根据实际需求进行配置，及时发现和解决问题，保障业务的高可用性。
- 数据库存储：Zabbix 将所有监控数据存储在一个关系型数据库中，这使得数据的查询和分析变得更加容易和高效。
- API 接口：Zabbix 提供了 API 接口，可以与其他系统进行集成，实现自动化运维，提高管理效率。

总之，Zabbix 作为一款功能强大的分布式系统监控工具，可以帮助管理员实现对 IT 基础设施的全面监控和管理，提高运维效率，降低故障风险。

二、Zabbix 的组件

Zabbix 组件主要由三大部分组成：Zabbix server 端、Zabbix proxy、Zabbix agent，其中 Zabbix server 端包括 Web GUI、database、Zabbix server。Zabbix 架构如图 8-11 所示。

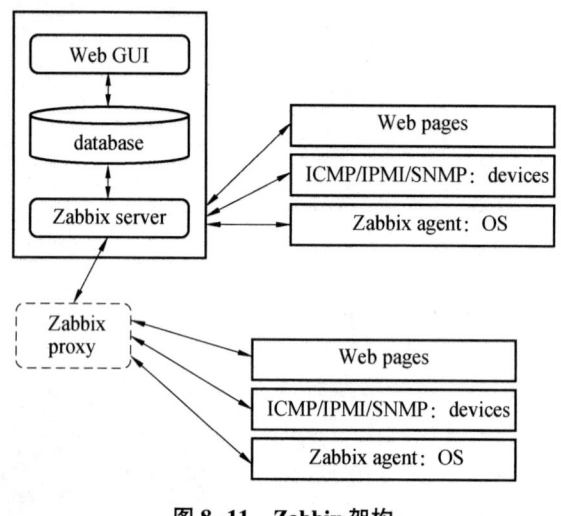

图 8-11　Zabbix 架构

- Zabbix server：Zabbix 的核心组件，其内部存储了所有的配置信息、统计信息和操作信息。Zabbix agent 会向 Zabbix server 报告可用性、完整性及其他统计信息。
- Web GUI：通常和 Zabbix server 位于一台物理设备上，但是在特殊情况下也可以分开配置。Web 页面主要提供了直观的监控信息，以方便运维人员监控、管理。
- database：Zabbix 数据库内存储了配置信息、统计信息等 Zabbix 相关内容。
- Zabbix proxy：可以根据具体生产环境选择使用或者放弃。如果使用了 Zabbix proxy，则其会替代 Zabbix server 采集数据信息，可以很好地分担 Zabbix server 的负载。
- Zabbix agent：通常部署在被监控目标上，用于主动监控本地资源和应用程序，并将监控的数据发送给 Zabbix server。

三、Zabbix 监控对象

Zabbix 支持监控各种操作系统，包括 Linux 和 Windows 等主流操作系统，也可以借助简单网络管理协议（Simple Network Management Protocol，SNMP）或者 SSH 协议监控交换设备。

Zabbix 如果部署在服务器上，则可以监控其 CPU、内存、网络性能等硬件参数，也可以监控具体的服务或者应用程序的运行情况及性能。

- 硬件监控：Zabbix IPMI Interface，通过 IPMI 接口进行监控。通过标准的 IPMI 硬件接口，可以监控被监控对象的物理特征，如电压、温度、风扇状态、电源状态等。

● 系统监控：Zabbix Agent Interface，通过专用的代理程序进行监控，与常见的 master/agent 模型类似。如果被监控对象支持对应的 agent，则推荐首选这种方式。

● Java 监控：Zabbix JMX Interface，通过 Java 管理扩展（Java Management Extensions，JMX）进行监控。监控 Java 虚拟机时，使用这种方法是非常不错的选择。

四、Zabbix 的工作流程

Zabbix 架构如图 8-12 所示。

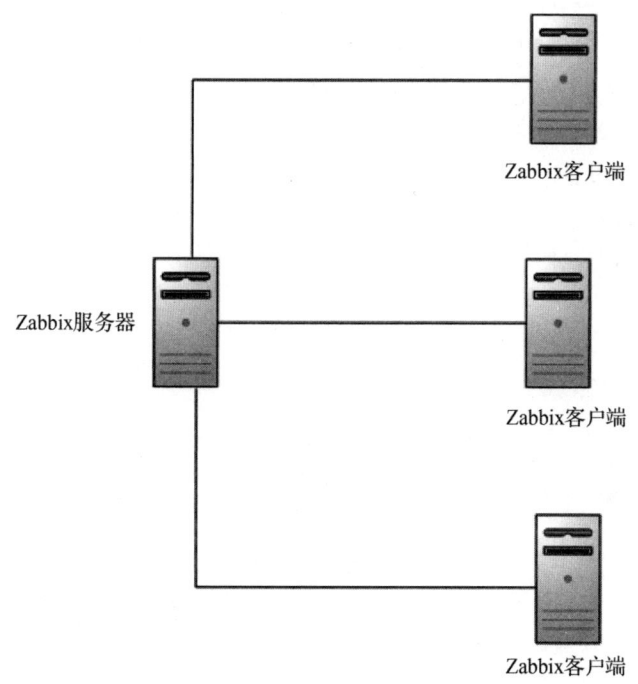

图 8-12　Zabbix 架构

Zabbix 在进行监控时，Zabbix 客户端要安装在被监控设备上，负责定期收集数据，并将其发送给 Zabbix 服务器；Zabbix 服务器要安装在监控设备上，其将 Zabbix 客户端发送的数据存储在数据库中，Zabbix Web 根据数据在前端进行展示和绘图。

当 Zabbix 监控某个具体项目时，该项目会设置一个触发器阈值，当被监控的指标超过该触发器设定的阈值时，Zabbix 会进行一些必要的动作，包括邮件、微信报警或者执行命令等。

 任务设计与准备

一、任务设计

任务目的：
- 掌握 Zabbix 安装及部署方法；
- 掌握 Zabbix 配置及使用方法；
- 掌握 Zabbix 主动监控方法；
- 掌握 Zabbix 监控 Nginx 服务的方法。

任务内容：
- Zabbix 安装及部署；
- Zabbix 配置及使用；
- Zabbix 主动监控；
- Zabbix 监控 Nginx 服务。

二、任务准备

1. 硬件准备

硬件准备如下：

主机名称	IP 地址
zabbixserver	192.168.200.150
web1	192.168.200.151

2. 软件准备

软件准备如下：

Zabbix 5.4	mariadb	mariadb-server

 任务实施

一、添加 YUM 软件仓库

删除/etc/yum.repos.d/目录下的所有 YUM 源，安装阿里软件仓库配置包。在两台主机上做同样的以下操作。

```
[root@zabbixserver ~]# cd /etc/yum.repos.d/ && rm -rf *repo
[root@zabbixserver ~]## curl -o /etc/yum.repos.d/CentOS-Base.repo https://mirrors.aliyun.com/repo/Centos-vault-8.5.2111.repo
[root@zabbixserver ~]#   yum clean all
[root@zabbixserver ~]#   yum makecache
```

二、部署监控服务器

步骤 1：关闭防火墙和 SELinux 服务，对两台主机做同样的操作，重启主机。

```
#关闭防火墙和 SELinux 服务
[root@zabbixserver ~]# systemctl stop firewalld
[root@zabbixserver ~]# systemctl disable firewalld
#永久关闭
[root@zabbixserver ~]# sed -i '/SELINUX/s/enforcing/disabled/' /etc/selinux/config
[root@zabbixserver ~]# sed -i '/SELINUX/s/targeted/disabled/' /etc/selinux/config
[root@zabbixserver ~]# reboot
```

步骤 2：安装 mariadb、mariadb-server 软件。

```
#安装 mariadb、mariadb-server 软件
[root@zabbixserver ~]# yum install -y mariadb mariadb-server
#启动 mariadb,设置开机启动,查看启动状态
[root@zabbixserver ~]# systemctl start mariadb && systemctl enable mariadb
[root@zabbixserver ~]# systemctl status mariadb
mariadb.service - MariaDB 10.3 database server
    Loaded: loaded (/usr/lib/systemd/system/mariadb.service; enabled;...
    Active: active (running)...
```

步骤 3：添加 Zabbix 仓库，安装 Zabbix server、Web 前端、Zabbix agent。

```
[root@zabbixserver ~]# rpm -ivh https://repo.zabbix.com/zabbix/5.4/rhel/8/x86_64/zabbix-release-5.4-1.el8.noarch.rpm
Retrievinghttps://repo.zabbix.com/zabbix/5.4/rhel/8/x86_64/zabbix-release-5.4-1.el8.noarch.rpm
warning: /var/tmp/rpm-tmp.VTUF6L: Header V4 RSA/SHA512 Signature, key ID a14fe591: NOKEY
Verifying...        ################################# [100%]
Preparing...        ################################# [100%]
Updating / installing...
  1:zabbix-release-5.4-1.el8        ################################# [100%]
#清理缓存
[root@zabbixserver ~]# yum clean all
27 files removed
#安装 Zabbix server、Web 前端、Zabbix agent
[root@zabbixserver ~]# yum install -y zabbix-server-mysql zabbix-web-mysql zabbix-agent zabbix-apache-conf zabbix-sql-scripts
```

步骤 4：安装 Zabbix proxy 并使用 MySQL 数据库。

```
[root@zabbixserver ~]# yum install -y zabbix-proxy-mysql
```

步骤5：创建数据库、用户，给用户授权，导入数据表。

#创建一个数据库并设置UTF-8字符编码格式，创建zabbix用户，给用户授权
#进入MariaDB数据库
[root@zabbixserver ~]# mysql
#创建数据库，设置字符编码格式
MariaDB [(none)]> create database zabbix character set utf8 collate utf8_bin;
#创建zabbix用户，密码也是zabbix
MariaDB [(none)]> create user zabbix@localhost identified by 'zabbix';
#给zabbix用户授权：对zabbix库有所有权限
MariaDB [(none)]> grant all privileges on zabbix.* to zabbix@localhost;
MariaDB [(none)]> set global log_bin_trust_function_creators = 1;
#刷新数据库
MariaDB [(none)]> flush privileges;
#退出MariaDB
MariaDB [(none)]> exit;
Bye

#使用zabbix用户解压导入的数据表，提示输入密码，密码就是zabbix用户的密码
[root@zabbixserver ~]# zcat /usr/share/doc/zabbix-sql-scripts/mysql/create.sql.gz | mysql -uzabbix -p zabbix
#添加数据库用户密码，在第130行处加入DBPassword=zabbix
[root@zabbixserver ~]# vi /etc/zabbix/zabbix_server.conf
...
# Mandatory: no
# Default:
# DBPassword=
DBPassword=zabbix
Option: DBSocket
Path to MySQL socket.
...

步骤6：启动Zabbix服务，设置开机启动。

[root@zabbixserver ~]# systemctl restart zabbix-server zabbix-agent httpd php-fpm
[root@zabbixserver ~]# systemctl enable zabbix-server zabbix-agenthttpd php-fpm

步骤7：打开浏览器，在地址栏中输入"http://192.168.200.150/zabbix"，访问服务器，如图8-13所示。

图 8-13 访问服务器

步骤8：配置服务器。根据提示单击"Next step"按钮，Zabbix 会检测页面超文本处理器（Page Hypertext Preprocessor，PHP）是否支持它的一些前台功能，确保所有的检测结果为"OK"。检测配置如图 8-14 所示。

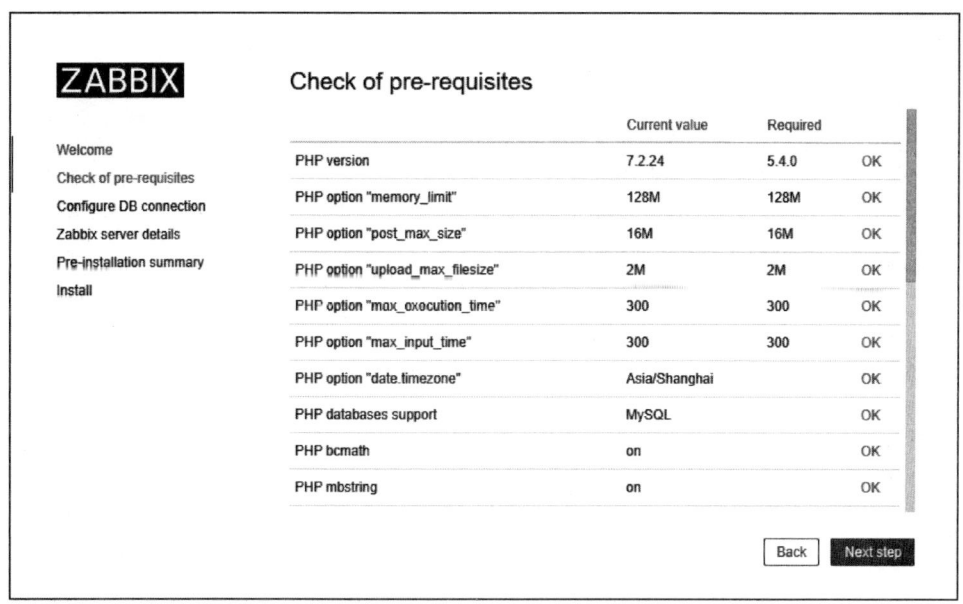

图 8-14 检测配置

检测通过后单击"Next step"按钮进入下一步，设置数据库主机、用户名、数据库名、密码、端口号。设置数据库如图 8-15 所示。

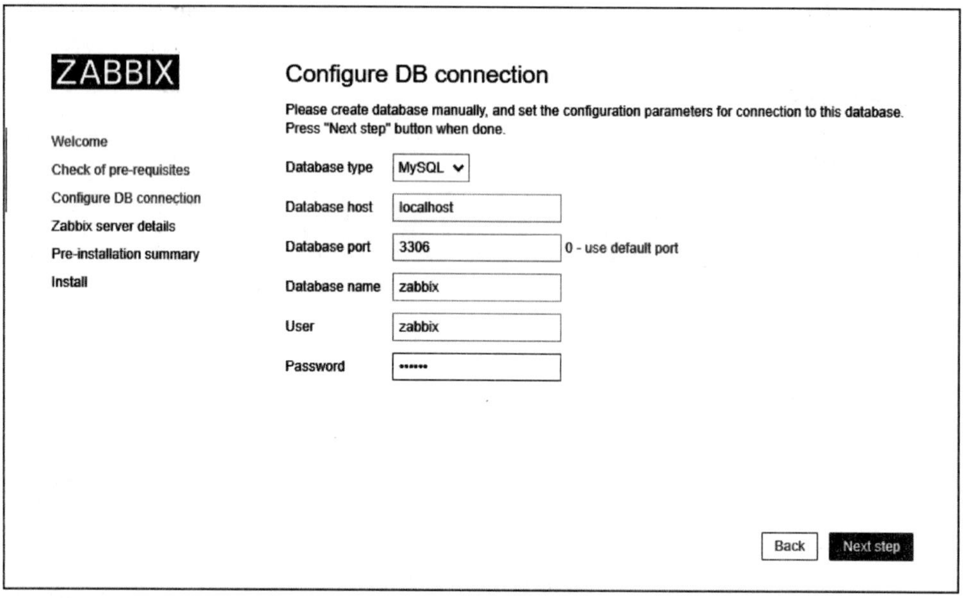

图 8-15　设置数据库

设置完成后单击"Next step"按钮进入下一步，设置 Zabbix 服务器信息，如图 8-16 所示。

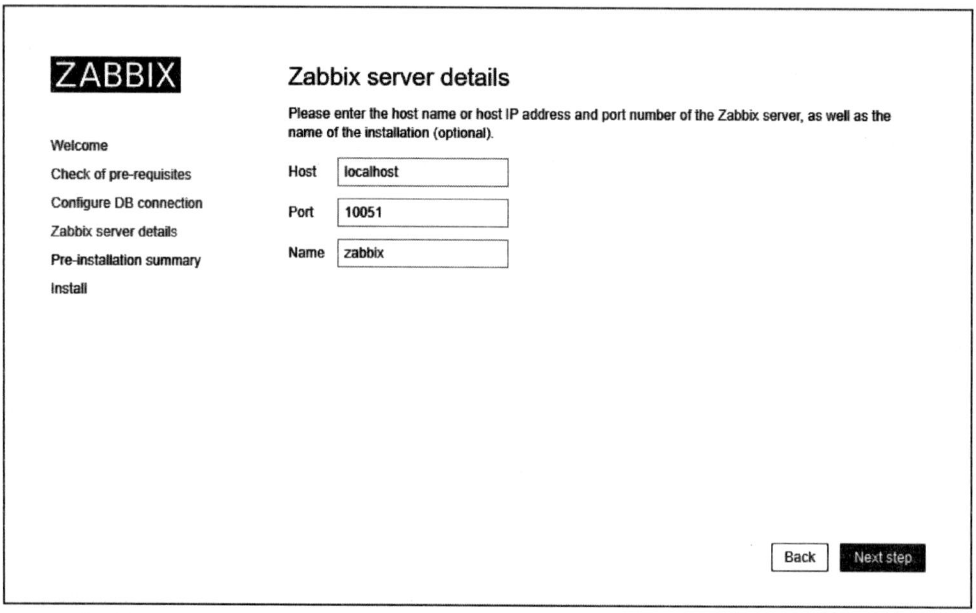

图 8-16　设置 Zabbix 服务器信息

设置完成后单击"Next step"按钮进入下一步,设置时区,如图8-17所示,选择"(UTC+08:00)Asia/Shanghai"。

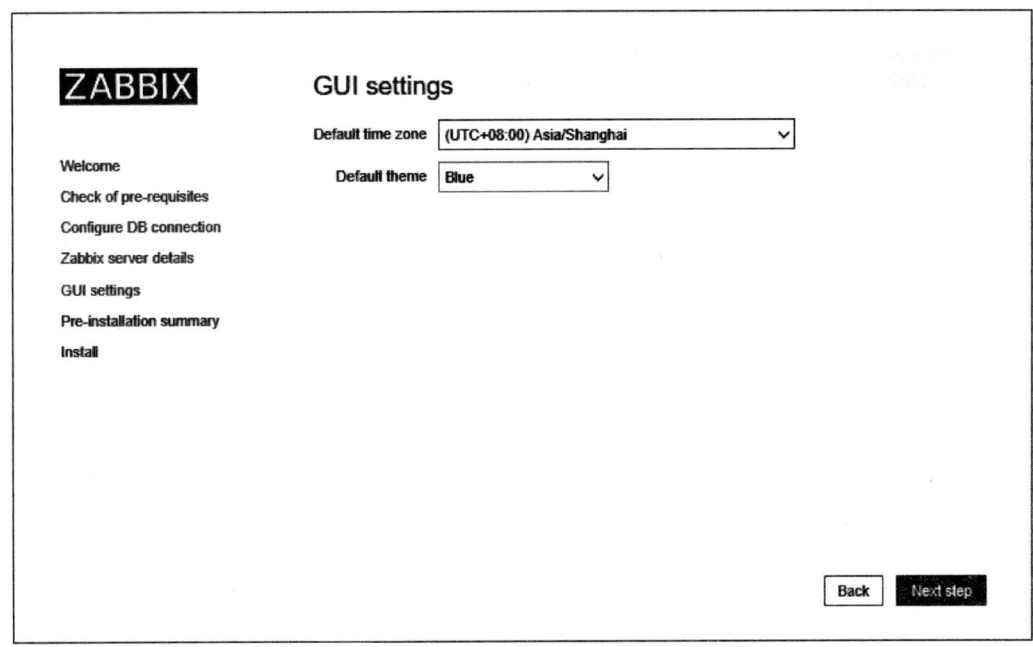

图8-17 设置时区

设置完成后单击"Next step"按钮进入下一步,显示详细的安装配置信息,如图8-18所示。

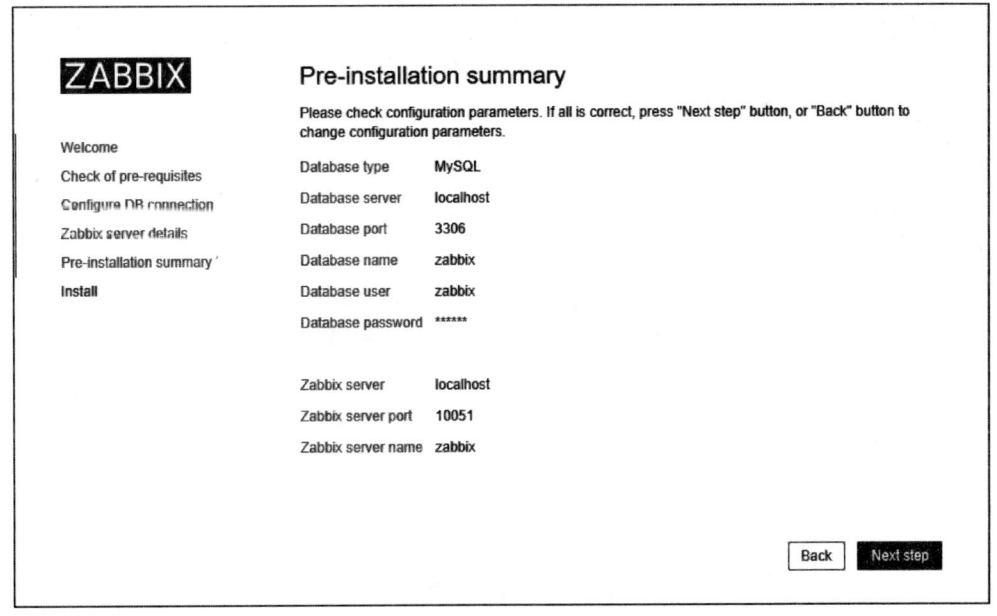

图8-18 显示详细的安装配置信息

单击"Next step"按钮，提示用户安装配置成功，单击"Finish"按钮完成配置，如图 8-19 所示。

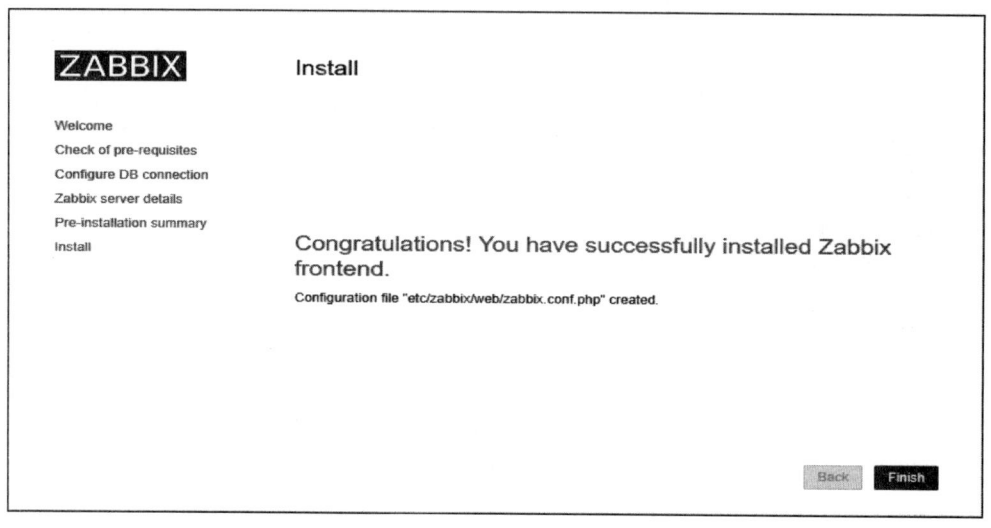

图 8-19 完成配置

进入 Zabbix 服务器登录界面，如图 8-20 所示，输入用户名（Admin）和密码（zabbix）登录，进入主界面，如图 8-21 所示。至此，Zabbix 5.4 服务器安装完成。

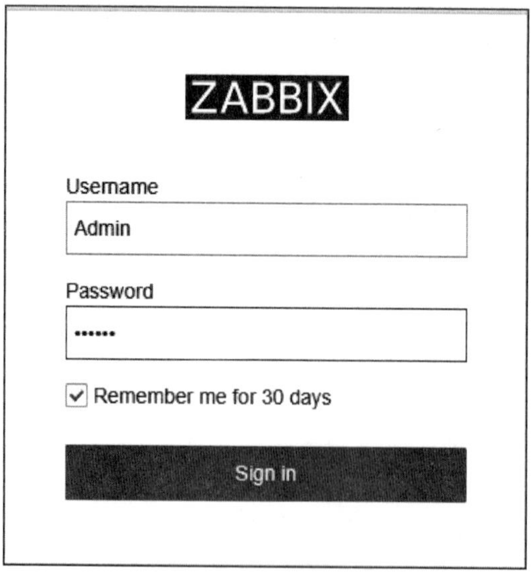

图 8-20 进入 Zabbix 服务器登录界面

项目八 Linux 远程控制与 Zabbix 系统监控

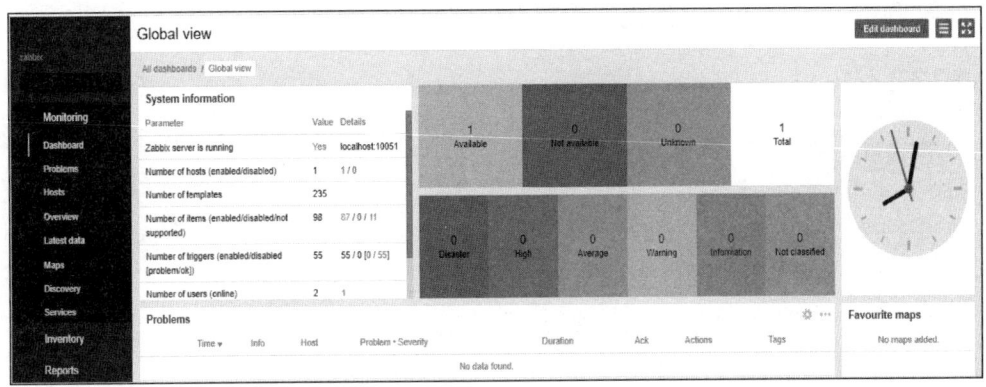

图 8-21 进入主界面

三、部署被监控主机

(一) 添加 Zabbix 仓库

[root@ web1 ~]# rpm - ivh https://repo. zabbix. com/zabbix/5. 4/rhel/8/x86_64/zabbix - release - 5. 4 - 1. el8. noarch. rpm
Retrieving https://repo. zabbix. com/zabbix/5. 4/rhel/8/x86_64/zabbix-release-5. 4-1. el8. noarch. rpm
warning: /var/tmp/rpm-tmp. VTUF6L: Header V4 RSA/SHA512 Signature, key ID a14fe591: NOKEY
Verifying... ################################# [100%]
Preparing... ################################# [100%]
Updating / installing...
1:zabbix-release-5. 4-1. el8   ################################# [100%]
#清理缓存
[root@web1 ~]# yum clean all

(二) 安装 zabbix-agent

[root@ web1 ~]# yum install zabbix-agent -y
...
Installed:
   zabbix-agent-5. 4. 12-1. el8. x86_64
Complete!

(三) 修改 zabbix_agentd. conf 配置文件

[root@web1~]# vim /etc/zabbix/zabbix_agentd. conf
#配置 Zabbix 服务器的 IP 地址
Server=192. 168. 200. 150   #被动模式,Zabbix 服务器的 IP 地址
ServerActive=192. 168. 200. 150 #主动模式,Zabbix 服务器的 IP 地址

(四)启动 zabbix-agent 服务,设置开机启动,查看状态

```
#启动服务
[root@web1 ~]# systemctl start zabbix-agent
#开机启动
[root@web1 ~]# systemctl enable zabbix-agent
Created symlink /etc/systemd/system/multi-user.target.wants/zabbix-agent.service → /usr/lib/systemd/system/zabbix-agent.service.
#查看状态
[root@web1 ~]# systemctl status zabbix-agent
zabbix-agent.service - Zabbix Agent
Loaded: loaded (/usr/lib/systemd/system/zabbix-agent.service; enabled; vendor preset: disabled)
Active: active (running) since...
Main PID: 31284 (zabbix_agentd)
```

四、Zabbix 主机监控

(一)添加被监控主机

进入 Zabbix 服务器 Web 界面,选择"Configuration"中的"Hosts"项,选择"Create host"进入主机创建界面,分别输入主机名称、群组,添加被监控主机 IP 地址。添加被监控主机如图 8-22、图 8-23 所示。

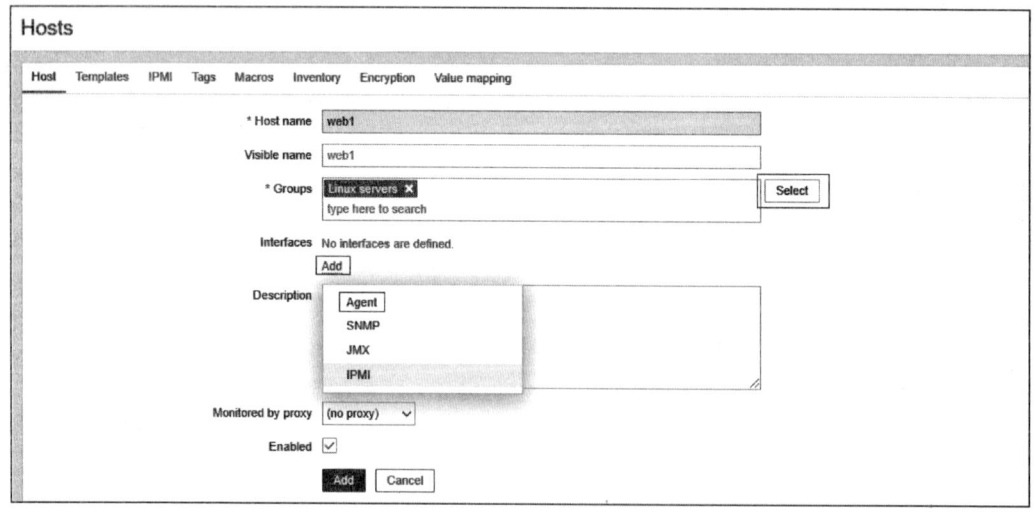

图 8-22 添加被监控主机(1)

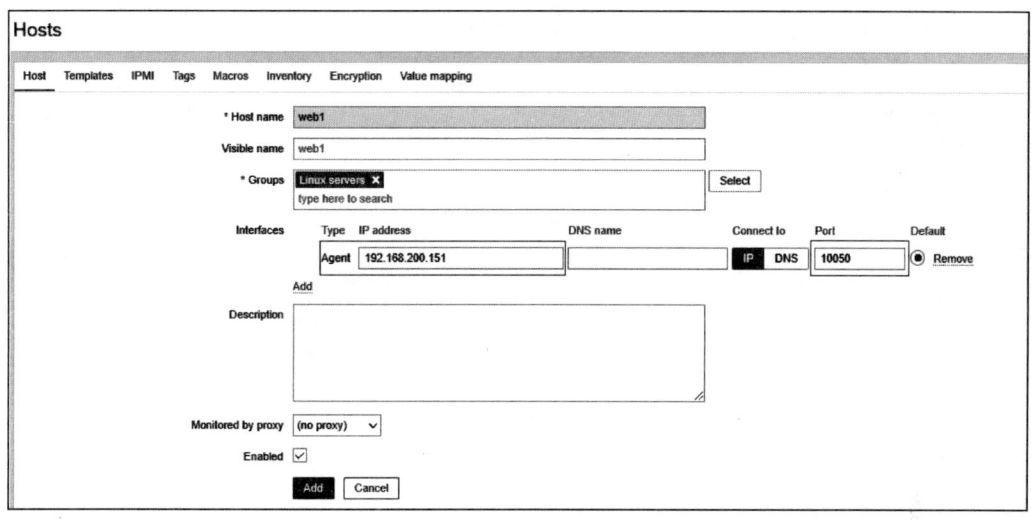

图 8-23　添加被监控主机(2)

(二)设定监控模板

选择"Templates"项，单击"Select"按钮，在列表中勾选"Zabbix agent"和"Linux CPU by Zabbix agent"，单击"Add"按钮，完成添加。设定监控模板如图 8-24 所示。

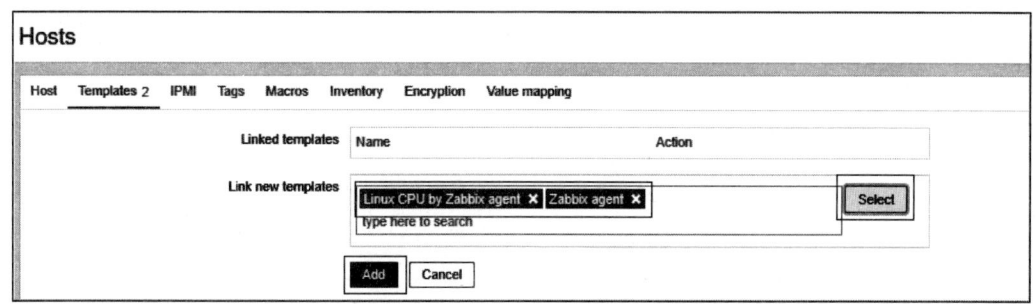

图 8-24　设定监控模板

(三)被监控主机列表

添加完成后，主机 web1 呈现在被监控主机列表中，如果"ZBX"状态为绿色的，则表示主机可用。被监控主机列表如图 8-25 所示。

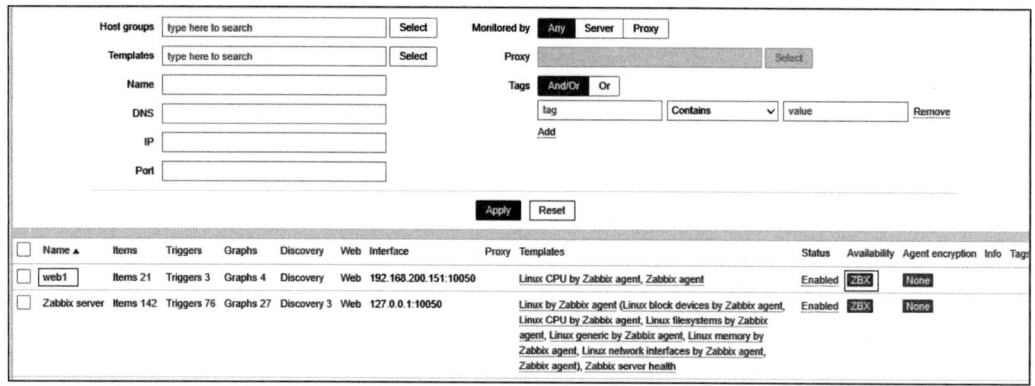

图 8-25　被监控主机列表

(四)查看监控数据

单击"Monitoring"→"Latest data",在过滤器中填写过滤条件,选择需要查看哪些监控数据,如图 8-26 所示。找到需要监控的数据后,可以单击后面的"Graph"查看监控图形,如图 8-27 所示。

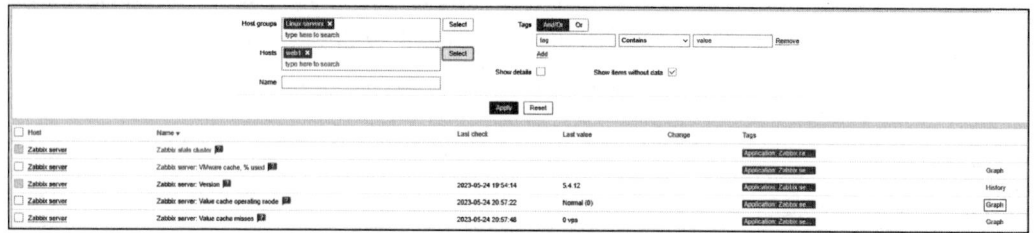

图 8-26　选择需要查看哪些监控数据

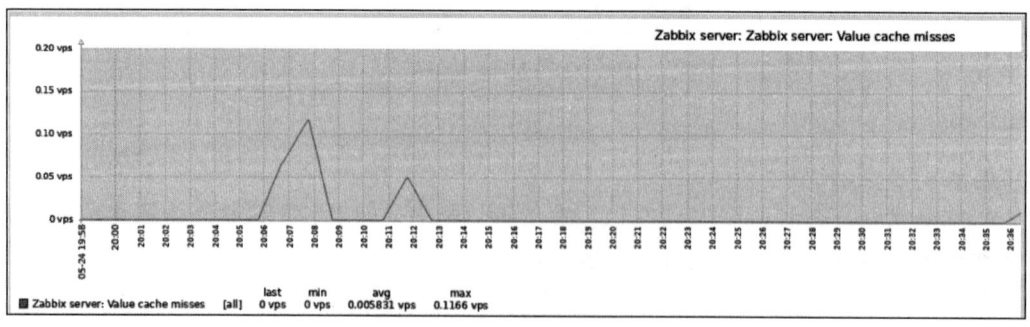

图 8-27　查看监控图形

五、Zabbix 自定义监控

(一)监控 Nginx 服务状态

准备环境,安装 Nginx 软件,开启 status 模块。

```
#安装 Nginx
[root@web1 ~]# yum install nginx -y
#修改 nginx.conf 配置文件
[root@web1 ~]# vi /etc/nginx/nginx.conf
#在 server 节点添加以下配置
location /status {
            stub_status on;
        }
#启动 Nginx 服务
[root@web1 ~]# /usr/sbin/nginx
#测试 status 模块
[root@web1 ~]# curl  http://192.168.200.151/status
Active connections: 1
server accepts handled requests
 1 1 1
Reading: 0 Writing: 1 Waiting: 0
```

(二)创建自定义 key

编写自定义监控脚本,把 Nginx 的状态收集起来并发送给 Zabbix。

```
[root@web1 ~]# vim /usr/sbin/nginx_status.sh
#! /bin/bash
case $1 in
active) #当前连接活动数
    curl -s http://192.168.200.151/status | awk '/Active/{print $NF}' ;;
waiting) #等待请求空闲客户端的当前连接数
    curl -s http://192.168.200.151/status | awk '/Waiting/{print $NF}' ;;
accepts) #已接受的客户端连接数
    curl -s http://192.168.200.151/status | awk 'NR==3{print $2}' ;;
esac
[root@web1 ~]# chmod +x  /usr/sbin/nginx_status.sh
```

(三)Zabbix 客户端配置

自定义监控配置语法如下:

```
UserParameter=key,command UserParameter=key[* ],<command>  $1
[root@web1 ~]# vim /etc/zabbix/zabbix_agentd.conf
```

```
#修改 UnsafeUserParameters=1（必须配置,配置的目的是启动自定义脚本功能）
UnsafeUserParameters=1
#添加 UserParameter 配置
UserParameter=nginx.status[*],/usr/sbin/nginx_status.sh $1
#nginx.status 是参数,需要与后面的 zabbix-web 模板中对应的参数对应,后面是脚本路径
#重新启动 zabbix-agent 服务
[root@web1 ~]# systemctl restart zabbix-agent
```

（四）Zabbix 服务器端测试

在 Zabbix 服务器上验证 Zabbix 客户端是否有对应的监控项。

```
[root@zabbixserver    ~]# yum -y install zabbix-get
#获取 nginx.status 中的 accepts 值,输出为 2
[root@zabbixserver    ~]# zabbix_get  -s 192.168.200.151 -k ' nginx.status[accepts]'
2
```

登录 Zabbix 服务器 Web 界面，单击"Configuration"→"Hosts"，单击主机后面的"items"监控项，单击"Create item"，分别添加"Name"和"Key"，单击"Add"按钮，创建监控项，如图 8-28、图 8-29 所示。

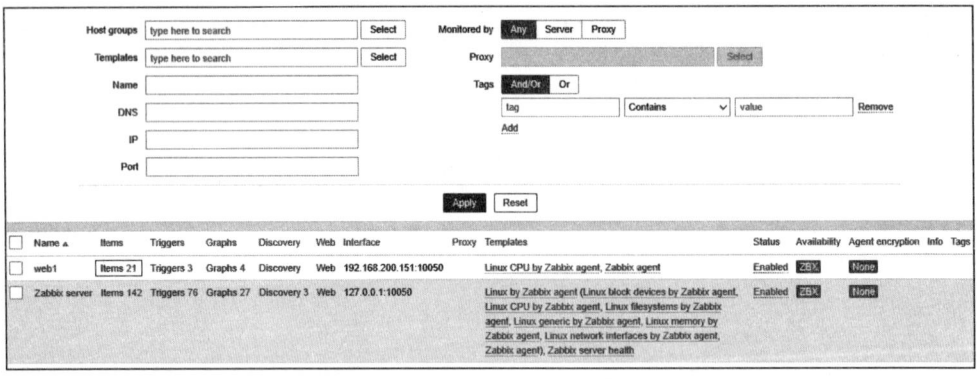

图 8-28　创建监控项（1）

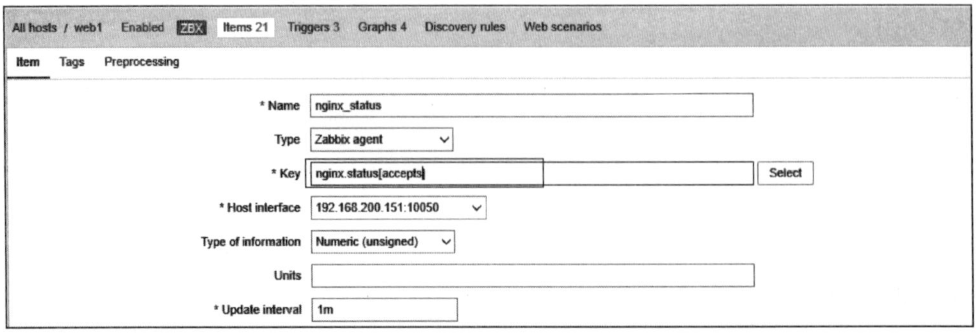

图 8-29　创建监控项（2）

单击"Monitoring"→"Latest data",在"Name"中输入"nginx",查找 nginx.status 的最新监控数据,如图 8-30 所示。

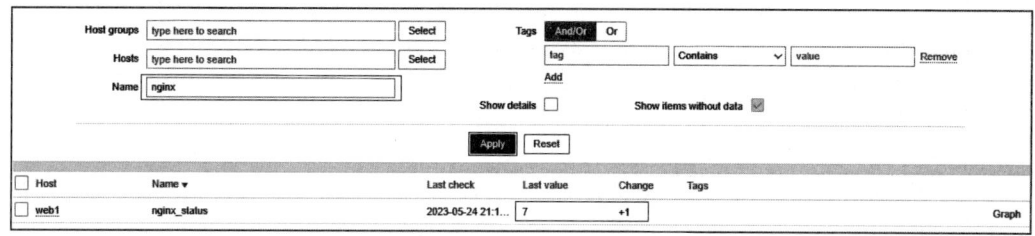

图 8-30　查找 nginx.status 的最新监控数据

本任务介绍了 Zabbix 基本概念、组件、监控对象和工作流程。通过本任务的学习,要求掌握 Zabbix 的安装及配置、Zabbix 自定义监控。Zabbix 作为一款功能强大的开源系统监控软件,涉及的功能非常多,读者可以根据实际的生产环境需要,参考官方网站提供的相关解决方案深入学习,熟练掌握 Zabbix 的各种功能,为系统管理和维护实践奠定基础。

思考与练习

一、填空题

1. Zabbix 提供了_____接口,可以与其他系统进行集成,实现自动化运维,提高管理效率。

2. Zabbix 采用_____架构,可以轻松地扩展监控节点,以实现更高的性能和可靠性。

3. Zabbix 支持监控各种操作系统,包括 Linux 和 Windows 等主流操作系统,也可以借助_____或者是_____监控交换设备。

4. Zabbix 在进行监控时,Zabbix 客户端要安装在_____上,负责定期收集数据,并将其发送给 Zabbix 服务器;Zabbix 服务器要安装在_____上,其将 Zabbix 客户端发送的数据存储在数据库中,Zabbix Web 根据数据在前端进行展示和绘图。

5. Zabbix 如果部署在服务器上,则可以监控其_____等硬件参数,也可以监控具体的服务或者应用程序的运行情况及性能。

二、选择题

1. Zabbix 组件主要由(　　)组成。
①Zabbix server 端　　　　　　　　②Zabbix proxy
③Web GUI　　　　　　　　　　　④Zabbix agent
A. ①②③　　　B. ①②④　　　C. ①③④　　　D. ②③④

2. 下面属于 Zabbix 分布式系统监控的优点的有(　　)个。
①开源免费　　②多样化监控　　③分布式架构
④自定义报警　　⑤数据库存储　　⑥API 接口
A. 3　　　　　　B. 4　　　　　　C. 5　　　　　　D. 6

3. Zabbix Agent Interface 的监控对象是(　　)。
A. 硬件监控　　B. 软件监控　　C. 系统监控　　D. Java 监控

4. 部署监控服务器时，最先安装的是(　　)。
A. mariadb　　B. Zabbix server　　C. Web 前端　　D. Zabbix agent

5. (　　)可以根据具体生产环境进行采用或者放弃，其会替代 Zabbix server 采集数据信息，可以很好地分担 Zabbix server 的负载。
A. Zabbix proxy　　　　　　　　　　B. Web GUI
C. Zabbix agent　　　　　　　　　　D. Zabbix IPMI Interface

三、判断题

1. Zabbix 组件中的 Zabbix server 端包括 Web GUI、database、Zabbix proxy。(　　)

2. Web GUI 只能与 Zabbix server 位于同一台物理设备上。(　　)

3. 系统监控是指通过标准的 IPMI 硬件接口，监控被监控对象的物理特征，如电压、温度、风扇状态、电源状态等。(　　)

4. 当 Zabbix 监控某个具体项目时，该项目会设置一个触发器阈值，当被监控的指标超过该触发器设定的阈值时，Zabbix 会进行一些必要的动作，包括邮件、微信报警或者执行命令等。(　　)

5. 添加 YUM 软件仓库时，只需要一台主机删除 localhost /etc/yum.repos.d/目录下的所有 YUM 源。(　　)

四、简答题

1. Zabbix 系统由哪些部分构成？
2. 简述 Zabbix 分布式架构的优点。
3. 简述配置 Zabbix 自定义监控流程。
4. 简述 Zabbix 部署监控服务器的步骤。
5. 简述 Zabbix 主机监控的步骤。

参考文献

[1] 杨云，唐柱斌. Linux 操作系统及应用[M]. 5 版. 大连：大连理工大学出版社，2021.
[2] 唐锡雷，兰娅勋，张新琴. Linux 操作系统应用与实战[M]. 上海：上海交通大学出版社，2022.
[3] 卢启臣. Linux 操作系统基础[M]. 西安：西安电子科技大学出版社，2022.
[4] 袁宝华，朱长水. Linux 操作系统[M]. 2 版. 大连：大连理工大学出版社，2020.